U0098720

機器學習
的公式推導和程式實作

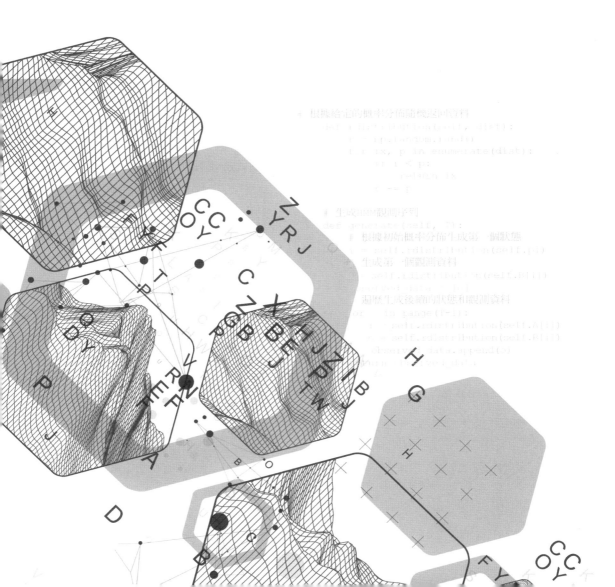

序

機器學習雖經近幾十年的發展，但大規模流行卻是近幾年的事情。這些年機器學習領域歷經產學研的極大繁榮，越來越多的人投入到機器學習的學習與研究工作之中。在此背景下，機器學習領域的相關教材和參考書大多以快速上手、重在實戰為主。

然而，本書卻好像在逆潮流而行。本書的兩大主題：公式推導與程式實作，毫無疑義都是機器學習的基本功。在如今的大環境下，作者編寫此書的目的無疑是呼籲大家重視基礎，夯實理論學習的基本功。

這是一本極具特色的機器學習參考書。全書有兩個非常鮮明的特色。第一個是書名所點出的，基於數學理論的公式推導與基於 NumPy 的程式實作之間的對應；第二個則是基於 NumPy 的程式實作與基於 sklearn 函式庫的實現的比較。

第一個特色展現出這是一本作者總結個人學習和工作經驗編寫而成的書。依託於兩本機器學習理論著作，根據它們重在理論而缺少程式的特點，並結合當前學習者和求職者遇到的問題，將機器學習的公式推導與演算法的程式邏輯實現進行有機的融合，能夠給讀者帶來耳目一新的體驗。

第二個特色則表明作者希望大家在熟悉理論和夯實基本功之後，還是要迴歸到機器學習的實踐應用上。重視公式推導和程式實作的最終目的，也還是要落地於實際應用。本書用 NumPy 實現機器學習演算法，目的不是讓大家在實際工作的過程中重複造輪子，而是重視機器學習演算法的基本功。真正實際應用時，調用現成的機器學習演算法庫仍然是第一選擇。

對於本書，有如下幾點閱讀建議，供大家參考。

首先，本書的理論框架借鑒了《統計學習方法》和「西瓜書」《機器學習》，閱讀本書的同時可以配套上述兩本書進行參考，相信會有不小的幫助。其次，本書中的公式推導大多只涉及演算法的邏輯層面，非常易於閱讀，推薦大家參照本書手動推導一遍。最後，對於本書所有的程式實作例子，希望大家可以基於本書配套的函式庫，親自動手做一遍，相信一定會學有所獲。

祝大家閱讀愉快！

清華大學交叉資訊研究院助理教授、博士生導師

前言

時至今日，以機器學習為代表的人工智慧技術已經取得令人驚歎的成就。從電腦視覺、自然語言處理、推薦系統，到人臉識別、自動駕駛、醫學診斷和電子競技等，機器學習已逐漸普及到各行各業。

作為一名演算法工程師，筆者從 2017 年以來一直從事醫療資料和醫學影像資料的處理和分析工作。在筆者的技術成長過程中，李航老師的《統計學習方法》[1] 和周志華老師的「西瓜書」《機器學習》[2]，給了筆者極大的幫助和啟發。對於國內機器學習相關方向的學生和從業人員，這兩本書幾乎人手一本。

這兩本書有一個共同的特點，就是理論功底相當深厚，但不太注重演算法的程式實作。這兩年筆者接觸了不少求職者，其中大部分人除了在機器學習基本原理上狠下功夫之外，並不滿足于現有機器學習調包的學習方式，希望能夠從底層的演算法實現邏輯和方法上更加深入地掌握機器學習。事實上，隨著這幾年機器學習的熱門，從業門檻也越來越高，以至於經常出現讓面試者現場手推邏輯迴歸（logistic regression）和手寫反向傳播代碼的情況。這些都使得筆者產生了撰寫這本書的想法。

機器學習是一門建立在數學理論上的應用型學科，完備的數學公式推導對於每一個機器學習研究者都是非常必要的。而程式實作是更加深入地理解機器學習演算法的內在邏輯和運行機制的不二法門。因此，本書取名為《機器學習的公式推導和程式實作》。

本書力求系統、全面地展示公式推導和程式實作這兩個維度。全書分為六大部分，26章，包括入門篇、監督學習單模型、監督學習集成模型、無監督學習模型、概率模型和總結。其中監督學習的兩大部分是本書的重點內容。在敘述方式上，第 2～25 章中的每一章對應一個具體的模型和演算法，一般會以一個例子或者概念作為切入點，然後重點從公式推導的角度介紹演算法，最後輔以一定程度的基礎程式實作，重在展現演算法實現的內在邏輯。各部分、各章內容相對獨立，但前後又多有聯繫，讀者可以從頭到尾通讀全書，也可以根據自身情況選讀某一部分或某一章節。

---

[1] 這是一本簡體中文書，ISBN: 978-7302517276，由清華大學出版社出版
[2] 這是一本簡體中文書，ISBN: 978-7302423287，由清華大學出版社出版

本書既可以作為機器學習相關專業的教學參考書，也可以作為相關從業者的面試工具書。本書的理論體系在很大程度上參考了《統計學習方法》和「西瓜書」《機器學習》，在此也向二位老師表示感謝。本書初稿完成後，人民郵電出版社圖靈公司的王軍花老師認真對本書做了審稿和編校，提出了很多建設性的修改意見，並全程指導了本書的出版過程，在此向王老師表示衷心的感謝。全書程式實作思路和框架部分參考了開源函式庫的官方教學、GitHub 的開源貢獻和一些網路資源，包括但不限於史丹佛大學的 CS231n 電腦視覺課程、吳恩達 deeplearningai 深度學習專項課程、博客園和知乎專欄。寫作過程中也得到了一些開源貢獻者的支持，在此一併表示感謝。因篇幅有限，部分章節的模型和演算法借助了一些現成的演算法函式庫進行實際操作，全書程式碼可參考筆者的 GitHub（luwill）[3]。

由於筆者才疏學淺，且資訊技術日新月異，書中或有錯誤和不當之處，歡迎各位讀者指正或提出修改意見。

魯偉

---

[3] https://github.com/Iszhanghailun/https-github.com-luwill-Machine_Learning_Code_Implementation

目錄

第一部分

入門篇

第 1 章　機器學習預備知識

第 1 章

機器學習預備知識

1.1 引言

隨著人工智慧技術的快速發展，如今**機器學習**（machine learning）這個名詞大家可說是耳熟能詳。作為一門以數學計算理論為支撐的綜合性學科，機器學習的範疇早已廣博繁雜，以至於別人問你擅長什麼，你回答機器學習，那麼極有可能你是沒有專長的。在不同的細分領域、應用場景和研究方向下，每個人做的機器學習研究可能天差地遠。

甲同學即將畢業，他想用線性迴歸來預測應屆畢業生在機器學習職位上的薪資水平；乙同學任職於一家醫療技術公司，他想用卷積神經網路來預測患者肺部是否發生病變；丙同學是一家遊戲公司的演算法工程師，他的工作是利用強化學習來進行遊戲開發。上面提到的線性迴歸、卷積神經網路和強化學習，都是機器學習演算法在不同場景下的應用。機器學習的應用千變萬化，但其底層技術是不變的。

那麼，什麼是機器學習的底層技術呢？一是必備的數學推導能力，二是基於資料結構和演算法的基本程式碼實現能力。本書名為「機器學習的公式推導和程式實作」，正是源於此。筆者希望透過對主流機器學習模型的詳細數學推導，和不借助或少借助第三方機器學習函式庫的原始碼實現，來幫助各位讀者從底層技術的角度完整、系統和深入地掌握機器學習。

為了方便本章的行文敘述，下面透過一個簡單的例子來介紹機器學習：丁師傅是一家飯店的廚師，根據他的專業經驗，他認為「食材新鮮度」、「食材是否經過處理」、「火候」、「調味品用量」和「烹飪技術」是影響一盤菜餚烹飪水準的關鍵因素。

1.2 關鍵術語與任務類型

機器學習的官方定義為：系統透過計算手段利用經驗來改善自身性能的過程。更具體的說法是，機器學習是一門透過分析和計算資料來歸納出資料中普遍規律的學科。

要進行機器學習，最關鍵的是要有資料。我們根據丁師傅的經驗，記錄和蒐集了一些關於烹飪的資料，這些資料的集合稱為**資料集**（data set），如表 1-1 所示。

表 1-1　烹飪資料集範例

食材新鮮度	食材是否經過處理	火候	調味品用量	烹飪技術	菜餚評價
新鮮	是	偏大	偏大	熟練	中等
不夠新鮮	否	適中	適中	一般	好
新鮮	是	適中	適中	熟練	好
新鮮	否	適中	偏小	一般	差
不夠新鮮	是	偏小	適中	一般	差

我們把資料集中的紀錄（即烹飪過程中各種影響因素和結果的組合）叫作**樣本**（sample）或者**實例**（instance）。影響烹飪結果的各種因素，如「食材新鮮度」和「火候」等，稱為**特徵**（feature）或者**屬性**（attribute）。樣本的數量叫作**資料量**（data size），特徵的數量叫作**特徵維度**（feature dimension）。

對於實際的機器學習任務，我們需要將整個資料集劃分為**訓練集**（train set）和**測試集**（test set），其中前者用於訓練機器學習模型，而後者用於驗證模型在未知資料上的效果。假設我們要預測的目標變數是離散值，如本例中的「菜餚評價」，分為「好」、「差」和「中等」，那麼該機器學習任務就是一個**分類**（classification）問題。但如果我們想要對烹飪出來的菜餚進行量化評分，比如表 1-1 的資料，第一條我們評為 5 分，第二條我們評為 8 分……等，這種預測目標為連續值的任務稱為**迴歸**（regression）問題。

分類問題和迴歸問題可以統稱為「**監督學習**」（supervised learning）問題。但當蒐集的資料沒有具體的標籤時，我們也可以僅根據輸入特徵來對資料進行**聚類**（clustering）。聚類分析可以對資料進行潛在的概念劃分，自動將上述烹飪資料劃分為「好菜餚」和「一般菜餚」。這種無標籤情形下的機器學習稱為「**無監督學習**」（unsupervised learning）。監督學習和無監督學習共同構建起了機器學習的內容框架。

1.3　機器學習三要素

按照統計機器學習的觀點，任何一個機器學習方法都是由**模型**（model）、**策略**（strategy）和**演算法**（algorithm）三個要素構成的，具體可理解為機器學習模型在一定的最佳化策略下使用相應求解演算法來達到最優目標的過程。

機器學習的第一個要素是模型。機器學習中的模型就是要學習的決策函數或者條件機率分布，一般用**假設空間**（hypothesis space）來描述所有可能的決策函數或條件機率分布。當模型是一個決策函數時，如線性模型的線性決策函數，F 可以表示為若干決策函數的集合：

$$\mathcal{F} = \{ f \mid Y = f(X) \} \tag{1-1}$$

其中 X 和 Y 為定義在輸入空間和輸出空間中的變數。

當模型是一個條件機率分布時，如決策樹是定義在特徵空間和類空間中的條件機率分布，F 可以表示為條件機率分布的集合：

$$\mathcal{F} = \{ P \mid P(Y \mid X) \} \tag{1-2}$$

其中 X 和 Y 為定義在輸入空間和輸出空間中的隨機變數。

機器學習的第二個要素是策略。簡單來說，就是在假設空間的眾多模型中，機器學習需要按照什麼標準選擇最優模型。對於給定模型，模型輸出和真實輸出之間的誤差可以用一個**損失函數**（loss function）來度量。不同的機器學習任務都有對應的損失函數，迴歸任務一般使用均方誤差，分類任務一般使用對數損失函數或者交叉熵損失函數等。

機器學習的最後一個要素是演算法。這裡的演算法有別於所謂的「機器學習演算法」，在沒有特別說明的情況下，「機器學習演算法」實際上指的是模型。作為機器學習三要素之一的演算法，指的是學習模型的具體最佳化方法。當機器學習的模型和損失函數確定時，機器學習就可以具體地形式化為一個最佳化問題，可以透過常用的最佳化演算法，比如隨機梯度下降法、牛頓法、擬牛頓法等進行模型參數的最佳化求解。

當一個機器學習問題的模型、策略和演算法都確定了，相應的機器學習方法也就確定了，因而這三者也叫「機器學習三要素」。

1.4 機器學習核心

機器學習的目的在於訓練模型，使其不僅能夠對已知資料而且能對未知資料有較好的預測能力。當模型對已知資料預測效果很好但對未知資料預測效果很差的時候，就引出了機器學習的核心問題之一：**過擬合**（over-fitting）。

先來看一下監督機器學習的核心哲學。總的來說，所有監督機器學習都可以用如下公式來概括：

$$\min \frac{1}{N} \sum_{i=1}^{N} L(y_i, f(x_i)) + \lambda J(f) \tag{1-3}$$

式(1-3)便是監督機器學習中的損失函數計算公式，其中第一項為針對訓練集的經驗誤差項，即我們常說的**訓練誤差**；第二項為正則化項，也稱**懲罰項**，用於對模型複雜度的約束和懲罰。所以，所有監督機器學習的核心任務無非就是正則化參數的同時最小化經驗誤差。多麼簡約的哲學啊！各類機器學習模型的差別無非就是變著方式改變經驗誤差項，即我們常說的**損失函數**。不信你看：當第一項是**平方損失**（square loss）時，機器學習模型便是線性迴歸；當第一項變成**指數損失**（exponential loss）時，模型則是著名的 AdaBoost（一種整合學習樹模型演算法）；而當損失函數為**合頁損失**（hinge loss）時，模型便是大名鼎鼎的 SVM 了！

綜上所述，第一項「經驗誤差項」很重要，它能改變模型形式，我們在訓練模型時要盡可能地把它變小。但在很多時候，決定機器學習模型品質的關鍵通常不是第一項，而是第二項「正則化項」。正則化項透過對模型參數施加約束和懲罰，讓模型時時刻刻保持對過擬合的警惕。所以，我們再回到前面提到的監督機器學習的核心任務：正則化參數的同時最小化經驗誤差。一般而言，就是訓練集誤差小，測試集誤差也小，模型有著較好的泛化能力；或者模型偏差小，變異數也小。

但是很多時候模型的訓練並不如人願。當你在機器學習領域摸爬滾打已久時，想必更能體會到模型訓練的艱辛，要想訓練集和測試集的效能表現高度一致實在太難了。很多時候，我們會把經驗損失（即訓練誤差）降到極低，但模型一到測試集上，瞬間「天崩地裂」，表現得一塌糊塗。這種情況便是本節要談的主題：過擬合。所謂過擬合，指在機器學習模型訓練的過程中，模型對訓練資料學習過度，將資料中包含的雜訊和誤差也學習了，使得模型在訓練集上表現很好，而在測試集上表現很差的一種現象。機器學習簡單而言就是歸納學習資料中的普遍規律，一定得是普遍規律，像這種將資料中的雜訊也一起學習了的，歸納出來的便不是普遍規律，而是過擬合。欠擬合、正常擬合與過擬合的表現形式如圖 1-1 所示。

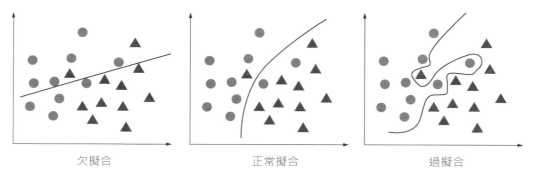

欠擬合　　　　　　正常擬合　　　　　　過擬合

圖 1-1　欠擬合、正常擬合與過擬合

鑑於過擬合十分普遍並且攸關模型的品質，筆者認為，在機器學習實踐中，長期堅持不懈地修正與調整過擬合的狀況是機器學習的核心。而機器學習的一些其他問題，諸如特徵工程、擴大訓練集數量、演算法設計和超參數調優等都是為防止過擬合這個核心問題而服務的。

1.5 機器學習流程

雖然本書主要聚焦於機器學習模型與演算法，但作為預備知識，還是非常有必要了解一個完整的機器學習專案的流程，具體如圖 1-2 所示。下面詳細介紹一下。

■ **需求分析**。很多演算法工程師可能覺得需求分析沒有技術含量，因而不太重視專案啟動前的需求分析工作。這對於一個專案而言其實是非常危險的。需求分析的主要目的是為專案確定方向和目標，為整個專案的順利開展制訂計劃和設立里程碑。我們需要釐清機器學習目標，輸入是什麼，目標輸出是什麼，是迴歸任務還是分類任務，關鍵性能指標都有哪些，是結構化的機器學習任務還是基於深度學習的圖像和文字任務，市面上專案相關的產品都有哪些，對應的 SOTA（state of the art）模型有哪些，相關領域的前沿研究和進展都到什麼程度了，專案有哪些有利條件和風險。這些都需要在需求分析階段認真考慮。

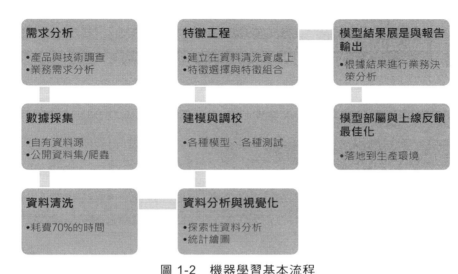

圖 1-2　機器學習基本流程

■ **資料採集**。一個機器學習專案要開展下去,最關鍵的資源就是資料。在資料資源相對豐富的領域,比如電商、O2O、直播以及短影片等行業,企業一般會有自己的資料源,業務部門提出相關需求後,資料工程師可直接根據需求從資料庫中提取資料。但對於本身資料資源就貧乏或者資料隱私性較強的行業,以醫療業為例,一般很難獲得大量資料,並且醫療資料的標註也比較專業化,高品質的醫療標註資料尤為難得。對於這種情況,我們可以先取得一些公開資料集或者競賽資料集進行演算法開發。還有一種情況是目標資料在網頁端,比如我們想了解某個地區二手房價格訊息,找出影響該地區的二手房價格的關鍵因素,這時候可能需要使用像爬蟲之類的資料採集技術取得相關資料。

■ **資料清洗**。由於公開資料集和一些競賽資料集非常「乾淨」,有的甚至可以直接用於模型訓練,所以一些機器學習初學者認為只需專注於模型與演算法設計就可以了。其實不然。在生產環境下,我們拿到的資料都會比較「髒」,以至於需要花大量時間清洗資料,有些人甚至認為資料清洗和特徵工程要占用專案 70%以上的時間。

■ **資料分析與視覺化**。資料清洗完後,一般不建議直接對資料進行訓練。這時候我們對於要訓練的資料還是非常陌生的。資料都有哪些特徵?是否有很多類別特徵?目標變數分布如何?各自變數與目標變數的關係是否需要視覺化展示?資料中各變數缺失值的情況如何？怎樣處理缺失值？上述問題都需要在**探索性資料分析**（exploratory data analysis, EDA）和資料視覺化過程中找到答案。

■ **建模調校與特徵工程**。資料初步分析完後，對資料就會有一個整體的認識，一般就可以著手訓練機器學習模型了。但建模通常不是一錘定音，訓練完一個**基線**（baseline）模型之後，需要花大量時間進行模型參數優化和最佳化。另外，結合業務的精細化特徵工程工作比模型調參更能改善模型表現。建模調優與特徵工程之間本身是個互動性的過程，在實際工作中我們可以一邊進行參數優化，一邊進行特徵設計，交替進行，相互促進，共同改善模型表現。

■ **模型結果展示與報告輸出**。經過一定的特徵工程和模型優化之後，一般會有一個階段性的最佳模型結果，模型對應的關鍵性能指標都會達到最佳狀態。這時候需要透過一定的方式呈現模型，並對模型的業務含義進行解釋。如果需要給上級主管和業務部門做決策參考，一般還需要生成一份有價值的分析報告。

■ **模型部署與上線回饋最佳化**。給出一份分析報告不是一個機器學習專案的最終目的，將模型部署到生產環境，並能切實產生收益才是機器學習的最終價值所在。如果新上線的推薦演算法能讓使用者的廣告點閱率上升 0.5%，為企業帶來的收益也是巨大的。該階段更多的是需要進行工程方面的一些考量，是以 Web 介面的形式提供給開發部門，還是以腳本的形式嵌入到軟體中，後續如何收集回饋並提供產品迭代參考，這些都是需要在模型部署和上線之後考慮的。

1.6 NumPy 必學必會

本書所講的模型和演算法的主要實現工具是 Python 的第三方科學計算函式庫 NumPy（Numerical Python），本章作為機器學習的入門介紹，有必要單獨對 NumPy 的常用方法進行梳理和總結。NumPy 是一個用於大規模矩陣和陣列運算的高性能 Python 計算函式庫，廣泛應用於 Python 矩陣運算和資料處理，在機器學習中也有大量應用。NumPy 的基本用法包括建立陣列、索引與切片、基礎運算、維度變換和陣列合併與切分等內容。本節所使用的 NumPy 版本為 1.16.2。

1.6.1 建立陣列

NumPy 有多種建立陣列的方式,其核心為 array 方法。NumPy 透過 array 方法將一般的**串列**(list)和**元組**(tuple)等資料結構轉化為陣列。array 的基本用法如程式碼清單 1-1 所示。

程式碼清單 1-1　array 方法

```
# 匯入 numpy 模組
>>> import numpy as np
# 將整數串列轉換為 NumPy 陣列
>>> a = np.array([1, 2, 3])
# 查看陣列物件
>>> a
array([1, 2, 3])
# 查看整數陣列物件類型
>>> a.dtype
dtype('int64')
# 將浮點數列表轉換為 NumPy 陣列
>>> b = np.array([1.2, 2.3, 3.4])
# 查看浮點數陣列物件類型
>>> b.dtype
dtype('float64')
```

此外,array 方法也可以轉換多維陣列,如程式碼清單 1-2 所示。

程式碼清單 1-2　轉換多維陣列

```
# 將兩個整數串列轉換為二維 NumPy 陣列
>>> c = np.array([[1,2,3], [4,5,6]])
>>> c
array([[1, 2, 3],
       [4, 5, 6]])
```

除使用一般的 array 方法構建陣列外,NumPy 還提供了一些方法來建立固定形式的陣列。比如,zeros 方法用於建立全 0 陣列,ones 方法用於建立全 1 陣列,empty 方法用於建立未初始化的隨機數陣列,arange 方法用於建立給定範圍內的陣列。具體範例如程式碼清單 1-3 所示。

程式碼清單 1-3　其他生成陣列的方法

```
# 生成 2×3 的全 0 陣列
>>> np.zeros((2, 3))
array([[0., 0., 0.],
       [0., 0., 0.]])
# 生成 3×4 的全 1 陣列
>>> np.ones((3, 4), dtype=np.int16))
array([[1, 1, 1, 1],
       [1, 1, 1, 1],
       [1, 1, 1, 1]])
# 生成 2×3 未初始化的隨機數陣列
>>> np.empty([2, 3])
array([[6.51395443e-312, 6.51395462e-312, 6.51395462e-312],
       [6.51395474e-312, 6.51394714e-312, 6.51374504e-312]])
# arange 方法用於建立給定範圍內的陣列
>>> np.arange(10, 30, 5 )
array([10, 15, 20, 25])
```

NumPy random 模組也提供了多個生成隨機數陣列的方法，包括 rand、randint 和 randn 等，其中 rand 方法用於生成符合(0, 1)均勻分布的隨機數陣列，randint 方法用於生成指定範圍內固定長度的整數陣列，而 randn 用於生成符合標準常態分布的隨機數陣列，具體用法如程式碼清單 1-4 所示。

程式碼清單 1-4　NumPy random 模組提供的生成隨機數陣列的方法

```
# 生成 3×2 的符合(0,1)均勻分布的隨機數陣列
>>> np.random.rand(3,2)
array([[ 0.14022471,  0.96360618],
       [ 0.37601032,  0.25528411],
       [ 0.49313049,  0.94909878]])
# 生成 0 到 2 範圍內長度為 5 的陣列
>>> np.random.randint(3, size=5)
array([0, 2, 1, 0, 1])
# 生成一組符合標準常態分布的隨機數陣列
>>> np.random.randn(3)
array([-1.02912516,  2.60962431,  0.79762957])
```

1.6.2　陣列的索引與切片

類似於 Python 的列表和元組等資料結構，NumPy 陣列有著靈活且強大的索引與切片功能，無論是一維陣列還是多維陣列，NumPy 都可以靈活地進行索引。NumPy 陣列索引範例如程式碼清單 1-5 所示。

程式碼清單 1-5　NumPy 陣列索引

```
# 建立一個一維陣列
>>> a = np.arange(10)**2
>>> a
array([ 0,  1,  4,  9, 16, 25, 36, 49, 64, 81], dtype=int32)
# 獲取陣列的第 3 個元素
>>> a[2]
4
# 獲取第 2 個到第 4 個陣列元素
>>> a[1:4]
array([1, 4, 9])
# 一維陣列翻轉
>>> a[::-1]
array([81, 64, 49, 36, 25, 16,  9,  4,  1,  0], dtype=int32)
# 建立一個多維陣列
>>> b = np.random.random((3,3))
>>> b
array([[0.8659863 , 0.25414013, 0.28693072],
       [0.64070509, 0.33274465, 0.42479728],
       [0.70247791, 0.56211258, 0.95634787]])
# 獲取第 2 行第 3 列的陣列元素
>>> b[1,2]
0.42479728
# 獲取第 2 列資料
>>> b[:,1]
array([0.25414013, 0.33274465, 0.56211258])
# 獲取第 3 列的前兩行資料
>>> b[:2, 2]
array([0.28693072, 0.42479728])
```

1.6.3　陣列的基礎運算

一般的數學運算都可以借助 NumPy 陣列向量化計算的**廣播**（broadcast）形式提高運算效率。陣列的基礎運算範例如程式碼清單 1-6 所示。

程式碼清單 1-6　陣列的基礎運算

```
# 建立兩個不同的陣列
>>> a = np.arange(4)
>>> b = np.array([5, 10, 15, 20])
# 兩個陣列做減法運算
>>> b - a
array([ 5, 9, 13, 17])
# 計算陣列的平方
>>> b**2
```

```
array([ 25, 100, 225, 400], dtype=int32)
# 計算陣列的正弦值
>>> np.sin(a)
array([0.        , 0.84147098, 0.90929743, 0.14112001])
# 陣列的邏輯運算
>>> b < 20
array([ True, True, False, False])
# 陣列求均值和變異數
>>> np.mean(b)
12.5
>>> np.var(b)
31.25
```

除基礎運算外，NumPy 陣列以及 linalg 模組還支援大部分線性代數運算。程式碼清單 1-7 給出了一些計算範例，更多線性代數計算方法可參考 NumPy 官方文件。

程式碼清單 1-7　陣列線性代數運算

```
# 建立兩個不同的陣列
>>> A = np.array([[1,1],
                  [0,1]])
>>> B = np.array([[2,0],
                  [3,4]])
# 矩陣元素乘積
>>> A * B
array([[2, 0],
       [0, 4]])
# 矩陣乘法
>>> A.dot(B)
array([[5, 4],
       [3, 4]])
# 矩陣求逆
>>> np.linalg.inv(A)
array([[ 1., -1.],
       [ 0.,  1.]])
# 矩陣求行列式
>>> np.linalg.det(A)
1. 0
```

1.6.4　陣列維度變換

在編寫機器學習演算法時，為了適應計算需要，有時候需要靈活地對陣列進行維度變換。NumPy 可以方便地變換陣列維度。應用範例如程式碼清單 1-8 所示。

程式碼清單 1-8　陣列維度變換

```
# 建立一個 3×4 的陣列
>>> a = np.floor(10*np.random.random((3,4)))
>>> a
array([[4., 0., 2., 1.],
       [1., 4., 3., 5.],
       [2., 3., 7., 5.]])
# 查看陣列維度
>>> a.shape
(3, 4)
# 陣列展平
>>> a.ravel()
array([4., 0., 2., 1., 1., 4., 3., 5., 2., 3., 7., 5.])
# 將陣列變換為 2×6 陣列
>>> a.reshape(2,6)
array([[4., 0., 2., 1., 1., 4.],
       [3., 5., 2., 3., 7., 5.]])
# 求陣列的轉置
>>> a.T
array([[4., 1., 2.],
       [0., 4., 3.],
       [2., 3., 7.],
       [1., 5., 5.]])
>>> a.T.shape
(4, 3)
# -1 維度表示 NumPy 會自動計算該維度
>>> a.reshape(3,-1)
array([[4., 0., 2., 1.],
       [1., 4., 3., 5.],
       [2., 3., 7., 5.]])
```

1.6.5　陣列合併與切分

陣列合併與切分也是 NumPy 陣列的常用方法。其中，按照水平方向合併和垂直方向合併陣列時，使用的分別為 hstack 方法和 vstack 方法；按照水平方向切分和垂直方向切分陣列時，使用的分別為 hsplit 方法和 vsplit 方法。應用範例如程式碼清單 1-9 所示。

程式碼清單 1-9　陣列合併與切分

```
# 按行合併程式碼清單 1-7 中的 A 陣列和 B 陣列
>>> np.hstack((A, B))
array([[1, 1, 2, 0],
       [0, 1, 3, 4]])
```

```
# 按列合併 A 陣列和 B 陣列
>>> np.vstack((A, B))
array([[1, 1],
       [0, 1],
       [2, 0],
       [3, 4]])
# 建立一個新陣列
>>> C = np.arange(16.0).reshape(4, 4)
>>> C
array([[  0.,    1.,    2.,    3.],
       [  4.,    5.,    6.,    7.],
       [  8.,    9.,   10.,   11.],
       [ 12.,   13.,   14.,   15.]])
# 按水平方向將陣列 C 切分為兩個陣列
>>> np.hsplit(C, 2)
   [array([[  0.,    1.],
           [  4.,    5.],
           [  8.,    9.],
           [ 12.,   13.]]),
    array([[  2.,    3.],
           [  6.,    7.],
           [ 10.,   11.],
           [ 14.,   15.]])]
# 按垂直方向將陣列 C 切分為兩個陣列
>>> np.vsplit(C, 2)
[array([[  0.,    1.,    2.,    3.],
        [  4.,    5.,    6.,    7.]]),
 array([[  8.,    9.,   10.,   11.],
        [ 12.,   13.,   14.,   15.]])]
```

本節簡單梳理了 NumPy 的常用方法，這些方法也是本書後續章節實現大多數機器學習演算法所用到的核心方法。當然，NumPy 是一個功能強大的科學計算函式庫，我們在學習時不可能面面俱到，一些用法可在實際需要時再查閱 NumPy 官方文件。

1.7 sklearn 簡介

sklearn 是 Python 機器學習的核心模型與演算法函式庫，其全稱為 scikit-learn，模型和演算法實現主要建立在 NumPy、SciPy 和 matplotlib 等 Python 核心函式庫上，對主流的監督學習和無監督學習模型與演算法均有較佳的支援。

sklearn 的官網首頁如圖 1-3 所示，其中有六大核心模組：分類、迴歸、聚類、降維、模型選擇和預處理，基本包含了全方位機器學習的項目。實際應用機器學習演算法時，只需要呼叫 sklearn 對應的演算法模組即可，能夠對機器學習演算法落地和部署提供較好的支援。程式碼清單 1-10 給出了一個基於 sklearn 實現邏輯迴歸的範例。在該範例程式碼中,先是匯入 iris 資料集和邏輯迴歸演算法模組,然後匯入資料並基於 LogisticRegression 進行模型擬合,最後分別給出類別預測和機率預測兩種模型預測方式,並計算模型的分類準確率。

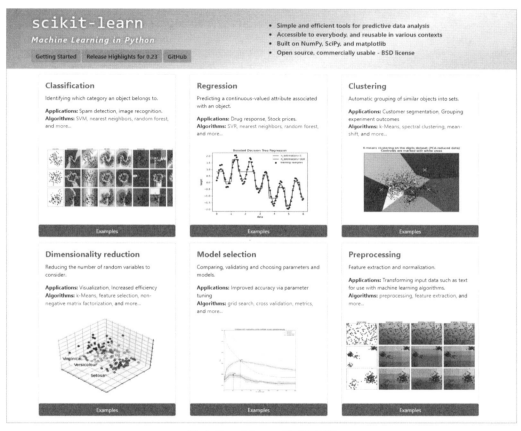

圖 1-3　sklearn 官網首頁

程式碼清單 1-10　sklearn 邏輯迴歸

```
# 匯入 iris 資料集和邏輯迴歸演算法模組
>>> from sklearn.datasets import load_iris
>>> from sklearn.linear_model import LogisticRegression
# 匯入資料
>>> X, y = load_iris(return_X_y=True)
# 擬合模型
>>> clf = LogisticRegression(random_state=0).fit(X, y)
```

```
# 預測
>>> clf.predict(X[:2, :])
array([0, 0])
# 機率預測
>>> clf.predict_proba(X[:2, :])
array([[8.78030305e-01, 1.21958900e-01, 1.07949250e-05],
       [7.97058292e-01, 2.02911413e-01, 3.02949242e-05]])
# 模型分類準確率
>>> clf.score(X, y)
0. 96
```

為了方便讀者參照，對於大多數機器學習模型，本書在基於 NumPy 實現的同時，也會基於 sklearn 進行實現，旨在讓各位讀者在呼叫演算法時，不僅知其然，更知其所以然，對各種演算法有更深入的理解。

1.8 章節安排

為了能夠系統、全面和深入地對主流機器學習模型和演算法進行推導和手動實現，除第 1 章的預備知識和最後一章的總結外，本書將機器學習知識體系分為四大部分，包括監督學習單模型、監督學習整合模型、無監督學習模型和機率模型。

監督學習單模型主要包括線性迴歸、邏輯迴歸、迴歸模型擴展（包括 LASSO 迴歸和 Ridge 迴歸）、線性判別分析（LDA）、k 近鄰演算法、決策樹、神經網路和支援向量機等 8 章，監督學習整合模型主要包括 AdaBoost、GBDT、XGBoost、LightGBM、CatBoost、隨機森林和整合學習模型對比等 7 章，無監督學習模型主要包括聚類分析與 k 均值聚類演算法、主成分分析（PCA）、奇異值分解（SVD）等三章，機率模型主要包括最大訊息熵模型、貝氏機率模型、EM 演算法、隱馬爾可夫模型（HMM）、條件隨機場（CRF）和馬可夫鏈蒙地卡羅方法（MCMC）等 6 章。加了第 1 章的預備知識和最後一章的總結，全書共計 26 章。

全書針對機器學習模型的主要寫作模式是原理和數學推導加上基於 NumPy 的手動實現，然後基於 sklearn 或演算法的原生函式庫進行對比分析，側重於讓讀者全面、系統和深入地掌握主流機器學習模型，熟練掌握演算法細節。完整的機器學習模型知識體系如圖 1-4 所示。

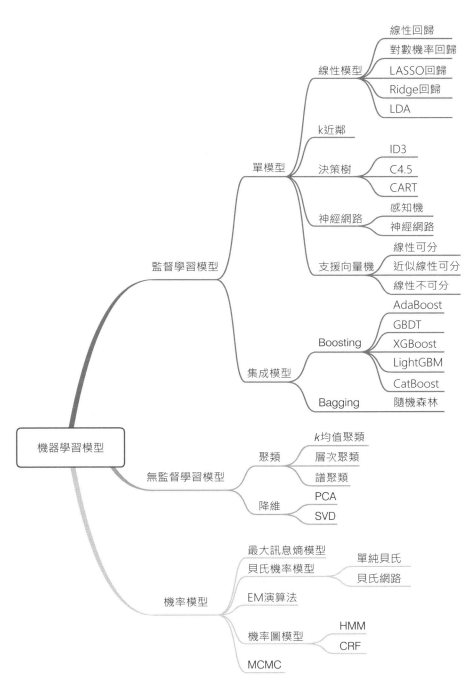

圖 1-4　機器學習模型知識體系

需要說明的是，作為一本以解說演算法為主的書籍，本書側重於理論細節，並沒有實戰案例，但部分章節還是會有模型應用的小例子。

1.9　小結

本章作為全書的第一個部分，是機器學習的入門介紹章節。本章對機器學習的基本概念、三要素、核心、基本流程做了一個概覽性的介紹，同時對全書程式碼實現的兩大基礎工具——NumPy 和 sklearn 的基本用法進行了講解。

第二部分

監督學習單模型

## 第 2 章

線性迴歸

在機器學習模型中，**線性模型**（linear model）是一種形式簡單但包含機器學習主要建模思想的模型。**線性迴歸**（linear regression）是線性模型的一種典型方法，比如「雙十一」中某項產品的銷量預測、某資料職位的薪資水平預測，都可以用線性迴歸來擬合模型。從某種程度上來說，迴歸分析不再局限於線性迴歸這一具體模型和演算法，更包含了廣泛的由自變數到因變數的機器學習建模思想。

2.1 杭州的二手房房價

自從 G20 峰會之後，杭州房地產市場已逐漸成為中國最為發達和最具代表性的房地產市場之一。2019 年杭州二手房掛牌數量累計超過 10 萬套，在新房數量少和排隊搖號的限制下，購買二手房已成為杭州人買房更重要的方式。圖 2-1 是某二手房網站公開的杭州部分地區的二手房房價訊息。

滨江中天大两房，高楼层，精装，满五唯一 必看好房

◎ 中天官河锦庭 · 西兴

339万

🏠 2室1厅 | 73.52平米 | 南 西南 | 精装 | 高楼层(共34层) | 板楼

单价46110元/平米

☆ 8人关注 / 4天以前发布

近地铁　VR看装修　随时看房

江涛阁 3室1厅 405万 必看好房

◎ 江涛阁 · 彩虹城

405万

🏠 3室1厅 | 124.71平米 | 西 | 精装 | 低楼层(共18层) | 塔楼

单价32476元/平米

☆ 8人关注 / 2个月以前发布

近地铁　VR房源　随时看房

绿城明月江南 2室1厅 540万 必看好房

◎ 绿城明月江南 · 滨江区政府

540万

🏠 2室1厅 | 88.63平米 | 南 | 精装 | 中楼层(共18层) | 板楼

单价60928元/平米

☆ 3人关注 / 7天以前发布

VR看装修

圖 2-1　杭州二手房訊息

二手房的市場價格是多種因素綜合作用的結果。現在我們想對杭州二手房的房屋單價做預測。以圖 2-1 中公布的相關訊息為例，可以看到，影響二手房單價的主要因素包括面積、戶型、朝向、是否為高檔裝潢、樓層、建築形態、所屬地段、所屬城區和附近是否有地鐵等。我們的目標是預測二手房的均價，輸入自變數包括上述特徵，因為二手房房屋單價是一個連續數值，所以可以直接建立起由自變數到因變數的線性迴歸模型。

2.2　線性迴歸的原理推導

給定一組由輸入 x 和輸出 y 構成的資料集 $D = \{(x_1, y_1), (x_2, y_2), \cdots, (x_m, y_m)\}$，其中 $x_i = (x_{i1}; x_{i2}; \cdots; x_{id})$, $y_i \in \mathbb{R}$。線性迴歸就是透過訓練學習得到一個線性模型來最大限度地根據輸入 x 擬合輸出 y。

以前述杭州二手房房價預測為例：影響杭州二手房房屋單價的主要因素包括面積、戶型和地段等因素。線性迴歸試圖以上述影響因素 x_i 作為輸入，以房屋單價作為輸出 y_i，學習得到：$y = wx_i + b$，使得 $y \simeq y_i$。

線性迴歸學習的關鍵問題在於確定參數 w 和 b，使得擬合輸出 y 與真實輸出 y_i 盡可能接近。在迴歸任務中，我們通常使用均方誤差來度量預測與標籤之間的損失，所以迴歸任務的最佳化目標就是使得擬合輸出和真實輸出之間的均方誤差最小化，所以有：

$$(w^*, \ b^*) = \arg\min \sum_{i=1}^{m}(y - y_i)^2$$

$$= \arg\min \sum_{i=1}^{m}(wx_i + b - y_i)^2$$

(2-1)

為求得 w 和 b 的最小化參數和 w^* 和 b^*，可基於式(2-1)分別對 w 和 b 求一階導數並令其為 0，對 w 求導的推導過程如式(2-2)所示：

$$\frac{\partial L(w, \ b)}{\partial w} = \frac{\partial}{\partial w}\left[\sum_{i=1}^{m}\left(wx_i + b - y_i\right)^2\right]$$

$$= \sum_{i=1}^{m}\frac{\partial}{\partial w}\left[(y_i - wx_i - b)^2\right]$$

$$= \sum_{i=1}^{m}\left[2 \cdot (y_i - wx_i - b) \cdot (-x_i)\right]$$

$$= \sum_{i=1}^{m}\left[2 \cdot (wx_i^2 - y_i x_i + bx_i)\right]$$

$$= 2 \cdot \left(w\sum_{i=1}^{m}x_i^2 - \sum_{i=1}^{m}y_i x_i + b\sum_{i=1}^{m}x_i\right)$$

(2-2)

同理，對參數 b 求導的推導過程如式(2-3)所示：

$$\frac{\partial L\left(w, \ b\right)}{\partial b} = \frac{\partial}{\partial b}\left[\sum_{i=1}^{m}(wx_i + b - y_i)^2\right]$$

$$= \sum_{i=1}^{m}\frac{\partial}{\partial b}\left[(y_i - wx_i - b)^2\right]$$

$$= \sum_{i=1}^{m}\left[2 \cdot (y_i - wx_i - b) \cdot (-1)\right]$$

$$= \sum_{i=1}^{m}\left[2 \cdot (-y_i + wx_i + b)\right]$$

$$= 2 \cdot \left(-\sum_{i=1}^{m}y_i + \sum_{i=1}^{m}wx_i + \sum_{i=1}^{m}b\right)$$

$$= 2 \cdot \left(mb - \sum_{i=1}^{m}(y_i - wx_i)\right)$$

(2-3)

基於式(2-2)和式(2-3)，分別令其為 0，可解得 w 和 b 的最優解表達式為：

$$w^* = \frac{\sum\limits_{i=1}^{m} y_i(x_i - \overline{x})}{\sum\limits_{i=1}^{m} x_i^2 - \frac{1}{m}\left(\sum\limits_{i=1}^{m} x_i\right)^2} \tag{2-4}$$

$$b^* = \frac{1}{m}\sum\limits_{i=1}^{m}(y_i - wx_i) \tag{2-5}$$

其中 $\overline{x} = \frac{1}{m}\sum\limits_{i=1}^{m} x_i$ 為 x 的均值。這種基於均方誤差最小化求解線性迴歸參數的方法就是著名的最小平方法（least squares method）。最小平方法的簡單圖示如圖 2-2 所示。

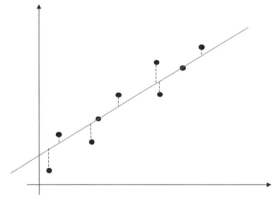

圖 2-2　最小平方法

下面我們將上述推導過程進行矩陣化以適應多元線性迴歸問題。所謂多元問題，就是輸入有多個變數，如前述影響薪資水平的因素包括城市、學歷、年齡和經驗等。為方便矩陣化的最小二乘法的推導，可將參數 w 和 b 合併為向量表達形式：$\hat{w} = (w; b)$。訓練集 D 的輸入部分可表示為一個 $m \times (d+1)$ 維的矩陣 X，其中 d 為輸入變數的個數。則矩陣 X 可表示為：

$$X = \begin{pmatrix} x_{11} & x_{12} & \cdots & x_{1d} & 1 \\ x_{21} & x_{22} & \cdots & x_{2d} & 1 \\ \vdots & \vdots & \ddots & \vdots & \vdots \\ x_{m1} & x_{m2} & \cdots & x_{md} & 1 \end{pmatrix} = \begin{pmatrix} x_1^{\mathrm{T}} & 1 \\ \vdots & \vdots \\ x_m^{\mathrm{T}} & 1 \end{pmatrix} \tag{2-6}$$

輸出 y 的向量表達形式為 $\boldsymbol{y} = (y_1; y_2; \cdots; y_m)$，類似於式(2-1)，參數最佳化目標函數的矩陣化表達式為：

$$\hat{\boldsymbol{w}}^* = \arg\min(\boldsymbol{y} - X\hat{\boldsymbol{w}})^{\top}(\boldsymbol{y} - X\hat{\boldsymbol{w}}) \tag{2-7}$$

令 $L = (\boldsymbol{y} - X\hat{\boldsymbol{w}})^{\top}(\boldsymbol{y} - X\hat{\boldsymbol{w}})$，基於式(2-7)對參數求導，其推導過程如下：

$$L = \boldsymbol{y}^{\top}\boldsymbol{y} - \boldsymbol{y}^{\top}X\hat{\boldsymbol{w}} - \hat{\boldsymbol{w}}^{\top}X^{\top}\boldsymbol{y} + \hat{\boldsymbol{w}}^{\top}X^{\top}X\hat{\boldsymbol{w}} \tag{2-8}$$

$$\frac{\partial L}{\partial \hat{\boldsymbol{w}}} = \frac{\partial \boldsymbol{y}^{\top}\boldsymbol{y}}{\partial \hat{\boldsymbol{w}}} - \frac{\partial \boldsymbol{y}^{\top}X\hat{\boldsymbol{w}}}{\partial \hat{\boldsymbol{w}}} - \frac{\partial \hat{\boldsymbol{w}}^{\top}X^{\top}\boldsymbol{y}}{\partial \hat{\boldsymbol{w}}} + \frac{\partial \hat{\boldsymbol{w}}^{\top}X^{\top}X\hat{\boldsymbol{w}}}{\partial \hat{\boldsymbol{w}}} \tag{2-9}$$

根據矩陣微分公式：

$$\frac{\partial \boldsymbol{a}^{\top}\boldsymbol{x}}{\partial \boldsymbol{x}} = \frac{\partial \boldsymbol{x}^{\top}\boldsymbol{a}}{\partial \boldsymbol{x}} = \boldsymbol{a} \tag{2-10}$$

$$\frac{\partial \boldsymbol{x}^{\top}A\boldsymbol{x}}{\partial \boldsymbol{x}} = (A + A^{\top})\boldsymbol{x} \tag{2-11}$$

可得：

$$\frac{\partial L}{\partial \hat{\boldsymbol{w}}} = 0 - X^{\top}\boldsymbol{y} - X^{\top}\boldsymbol{y} + (X^{\top}X + X^{\top}X)\hat{\boldsymbol{w}} \tag{2-12}$$

$$\frac{\partial L}{\partial \hat{\boldsymbol{w}}} = 2X^{\top}(X\hat{\boldsymbol{w}} - \boldsymbol{y}) \tag{2-13}$$

當矩陣 $X^{\top}X$ 為滿秩矩陣（non-singular matrix）或者正定矩陣（positive-definite matrix）時，令式(2-13)等於 0，可解得參數為：

$$\hat{\boldsymbol{w}}^* = (X^{\top}X)^{-1}X^{\top}\boldsymbol{y} \tag{2-14}$$

但有些時候，矩陣 $X^{\top}X$ 並不是滿秩矩陣，我們透過對 $X^{\top}X$ 添加正則化項來使得該矩陣可逆。一個典型的表達式如下：

$$\hat{\boldsymbol{w}}^* = (X^{\top}X + \lambda I)^{-1}X^{\top}\boldsymbol{y} \tag{2-15}$$

其中 λI 即為添加的正則化項。線上性迴歸模型的迭代訓練時，基於式(2-14)直接求解參數的方法並不常用，通常我們可以使用梯度下降之類的最佳化演算法來求得 $\hat{\boldsymbol{w}}^*$ 的最優估計。

從上述推導來看，線性迴歸本身非常簡單，但其蘊含的樸素的機器學習建模思想非常關鍵，即對於任何目標變數 y，我們總能基於一系列輸入變數 X，構建從 X 到 y 的機器學習模型。根據目標變數的類型，分別構建迴歸和分類等模型。

2.3 線性迴歸的程式碼實現

基於一個完整機器學習模型實現的視角，我們從整體編寫思路到具體分步實現，使用 NumPy 實現一個線性迴歸模型。按照機器學習三要素：模型、策略和演算法的原則，逐步搭建線性迴歸程式碼框架。

2.3.1 編寫思路

線性迴歸模型的主體較為簡單，即 $y = w^{\mathrm{T}}x + b$，在具體編寫過程中，基於均方損失最小化的最佳化策略和梯度下降的尋優演算法非常關鍵。一個線性迴歸模型程式碼的編寫思路如圖 2-3 所示。

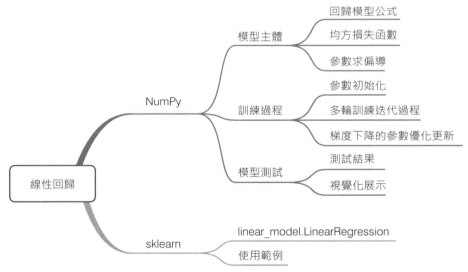

圖 2-3　線性迴歸模型程式碼的編寫思路

可以看到，圖 2-3 提供了兩種實現方式。一種是基於 NumPy 的手動實現，也是本章的重點所在。具體包括三個主要模組：線性迴歸模型的主體部分，包括迴歸模型公式、均方損失函數和參數求偏導；線性迴歸模型的訓練過程，包括參數初始化、多輪訓練迭代過程和梯度下降的參數最佳化更新；最後是基於資料範例的模型測試，包括測試結果和視覺化展示。另一種是呼叫 sklearn 機器學習函式庫的實現方式，旨在提供對比參考。

2.3.2 基於 NumPy 的程式碼實現

按照 2.3.1 節的編寫思維，我們首先嘗試實現線性迴歸模型的主體部分，包括迴歸模型公式、均方損失函數和參數求偏導。線性迴歸模型主體部分的實現如程式碼清單 2-1 所示。

程式碼清單 2-1　定義線性迴歸模型主體

```python
# 匯入 numpy 模組
import numpy as np
### 定義模型主體部分
### 包括線性迴歸模型公式、均方損失函數和參數求偏導三部分
def linear_loss(X, y, w, b):
    '''
    輸入：
    X：輸入變數矩陣
    y：輸出標籤向量
    w：變數參數權重矩陣
    b：偏置
    輸出：
    y_hat：線性迴歸模型預測值
    loss：均方損失
    dw：權重係數一階偏導
    db：偏置一階偏導
    '''
    # 訓練樣本量
    num_train = X.shape[0]
    # 訓練特徵數
    num_feature = X.shape[1]
    # 線性迴歸模型預測值
    y_hat = np.dot(X, w) + b
    # 計算預測值與實際標籤之間的均方損失
    loss = np.sum((y_hat-y)**2) / num_train
    # 基於均方損失對權重係數的一階梯度
    dw = np.dot(X.T, (y_hat-y)) / num_train
    # 基於均方損失對偏置的一階梯度
    db = np.sum((y_hat-y)) / num_train
    return y_hat, loss, dw, db
```

在程式碼清單 2-1 中，我們嘗試將線性迴歸模型的主體部分定義為 linear_loss 函數。該函數的輸入參數包括訓練資料和權重係數，輸出為線性迴歸模型預測值、均方損失、權重係數一階偏導和偏置一階偏導。在給定模型初始參數的情況下，線性迴歸模型根據訓練資料和參數，計算出目前均方損失和參數一階梯度。

然後在 linear_loss 函數的基礎上，定義線性迴歸模型的訓練過程。主要包括參數初始化、迭代訓練和梯度下降尋優。我們可以先定義一個參數初始化函數 initialize_params，再基於 linear_loss 函數和 initialize_params 函數來定義包含迭代訓練和梯度下降尋優的線性迴歸擬合過程。參數初始化函數 initialize_params 如程式碼清單 2-2 所示。

程式碼清單 2-2　初始化模型參數

```
### 初始化模型參數
def initialize_params(dims):
    '''
    輸入：
    dims：訓練資料的變數維度
    輸出：
    w：初始化權重係數
    b：初始化偏置參數
    '''
    # 初始化權重係數為零向量
    w = np.zeros((dims, 1))
    # 初始化偏置參數為零
    b = 0
    return w, b
```

在程式碼清單 2-2 中，我們輸入訓練資料的變數維度，即對於線性迴歸而言，每一個變數都有一個權重係數。輸出為初始化為零向量的權重係數和初始化為零的偏置參數。

最後，我們嘗試結合 linear_loss 和 initialize_params 函數定義線性迴歸模型訓練過程的函數 linear_train，如程式碼清單 2-3 所示。

程式碼清單 2-3　定義線性迴歸模型的訓練過程

```
### 定義線性迴歸模型的訓練過程
def linear_train(X, y, learning_rate=0.01, epochs=10000):
    '''
    輸入：
    X：輸入變數矩陣
```

```
y：輸出標籤向量
learning_rate：學習率
epochs：訓練迭代次數
輸出：
loss_his：每次迭代的均方損失
params：最佳化後的參數字典
grads：最佳化後的參數梯度字典
'''
# 記錄訓練損失的空列表
loss_his = []
# 初始化模型參數
w, b = initialize_params(X.shape[1])
# 迭代訓練
for i in range(1, epochs):
    # 計算目前迭代的預測值、均方損失和梯度
    y_hat, loss, dw, db = linear_loss(X, y, w, b)
    # 基於梯度下降法的參數更新
    w += -learning_rate * dw
    b += -learning_rate * db
    # 記錄目前迭代的損失
    loss_his.append(loss)
    # 每 10000 次迭代列印目前損失訊息
    if i % 10000 == 0:
        print('epoch %d loss %f' % (i, loss))
    # 將目前迭代步最佳化後的參數儲存到字典中
    params = {
        'w': w,
        'b': b
    }
    # 將目前迭代步的梯度儲存到字典中
    grads = {
        'dw': dw,
        'db': db
    }
return loss_his, params, grads
```

在程式碼清單 2-3 中，我們首先初始化模型參數，然後對遍歷設定訓練迭代過程。在每一次迭代過程中，基於 linear_loss 函數計算目前迭代的預測值、均方損失和梯度，並根據梯度下降法不斷更新係數。在訓練過程中記錄每一步的損失、每 10,000 次迭代列印目前損失訊息、儲存更新後的模型參數字典和梯度字典。這樣，一個完整的線性迴歸模型就基本完成了。

基於上述程式碼實現，我們使用 sklearn 的 diabetes 資料集進行測試，其具體訊息如表 2-1 所示。

表 2-1　diabetes 資料集

資料集屬性	基本訊息
樣本量	442
特徵數	10
各特徵含義	年齡、性別、BMI、平均血壓，S1, S2, S3, S4, S5, S6（S1～S6 為一年後的患病級數指標）
特徵取值範圍	(-0.2, 0.2)
標籤含義	基於病情發展一年後的定量測量結果
標籤取值範圍	[25, 346]

從 sklearn 中匯入該資料集並將其劃分為訓練集和測試集，如程式碼清單 2-4 所示。

程式碼清單 2-4　匯入資料集

```python
# 匯入 load_diabetes 模組
from sklearn.datasets import load_diabetes
# 匯入打亂資料函數
from sklearn.utils import shuffle
# 獲取 diabetes 資料集
diabetes = load_diabetes()
# 獲取輸入和標籤
data, target = diabetes.data, diabetes.target
# 打亂資料集
X, y = shuffle(data, target, random_state=13)
# 按照 8：2 劃分訓練集和測試集
offset = int(X.shape[0] * 0.8)
# 訓練集
X_train, y_train = X[:offset], y[:offset]
# 測試集
X_test, y_test = X[offset:], y[offset:]
# 將訓練集改為列向量的形式
y_train = y_train.reshape((-1,1))
# 將測試集改為列向量的形式
y_test = y_test.reshape((-1,1))
# 列印訓練集和測試集的維度
print("X_train's shape: ", X_train.shape)
print("X_test's shape: ", X_test.shape)
print("y_train's shape: ", y_train.shape)
print("y_test's shape: ", y_test.shape)
```

程式碼清單 2-4 首先匯入 sklearn 的 diabetes 公開資料集，獲取資料輸入和標籤並打亂順序後劃分資料集，輸出為：

```
X_train's shape:  (353, 10)
X_test's shape:  (89, 10)
y_train's shape:  (353, 1)
y_test's shape:  (89, 1)
```

然後我們使用程式碼清單 2-3 定義的 linear_train 函數訓練劃分後的資料集，如程式碼清單 2-5 所示。

程式碼清單 2-5　模型訓練過程

```
# 線性迴歸模型訓練
loss_his, params, grads = linear_train(X_train, y_train, 0.01, 200000)
# 列印訓練後得到的模型參數
print(params)
```

輸出如下：

```
{'w': array([[  10.56390075],
             [-236.41625133],
             [ 481.50915635],
             [ 294.47043558],
             [ -60.99362023],
             [-110.54181897],
             [-206.44046579],
             [ 163.23511378],
             [ 409.28971463],
             [  65.73254667]]),
 'b': 150.8144748910088}
```

在學習率為 0.01、迭代次數為 200,000 的條件下，我們得到上述訓練參數。訓練中的均方損失下降過程如圖 2-4 所示。

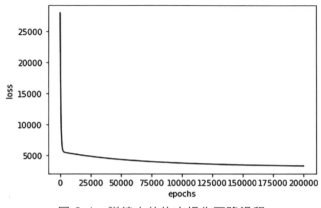

圖 2-4　訓練中的均方損失下降過程

基於前述訓練參數，我們可以定義一個預測函數對測試集進行預測，如程式碼清單 2-6 所示。

程式碼清單 2-6　迴歸模型的預測函數

```
### 定義線性迴歸模型的預測函數
def predict(X, params):
    '''
    輸入：
    X：測試集
    params：模型訓練參數
    輸出：
    y_pred：模型預測結果
    '''
    # 獲取模型參數
    w = params['w']
    b = params['b']
    # 預測
    y_pred = np.dot(X, w) + b
    return y_pred
# 基於測試集的預測
y_pred = predict(X_test, params)
```

程式碼清單 2-6 定義了迴歸模型的預測函數，輸入參數為測試集和模型訓練參數，然後透過迴歸表達式即可進行迴歸預測。

如何衡量預測結果的好壞呢？除均方損失外，迴歸模型的一個重要評估指標是 R^2 係數，用來判斷模型擬合水平。我們嘗試自訂一個 R^2 係數計算方法，並基於該係數計算程式碼清單 2-6 預測結果的擬合水平，具體如程式碼清單 2-7 所示。

程式碼清單 2-7　迴歸模型 R^2 係數

```
### 定義 R² 係數函數
def r2_score(y_test, y_pred):
    '''
    輸入：
    y_test：測試集標籤值
    y_pred：測試集預測值
    輸出：
    r2：R² 係數
    '''
    # 測試集標籤均值
    y_avg = np.mean(y_test)
    # 總離差平方和
    ss_tot = np.sum((y_test - y_avg)**2)
    # 殘差平方和
    ss_res = np.sum((y_test - y_pred)**2)
    # R² 計算
    r2 = 1- (ss_res/ss_tot)
    return r2
# 計算測試集的 R² 係數
print(r2_score(y_test, y_pred))
```

程式碼清單 2-7 給出了迴歸模型 R^2 係數的計算方式。根據總離差平方和、殘差平方和以及 R^2 計算公式，我們計算測試集的 R^2 係數。程式碼清單 2-7 的輸出如下：

```
0.5334188457463576
```

可以看到，我們自訂並訓練的線性迴歸模型在該測試集上的 R^2 係數為 0.53，結果並不算太好，除了模型的一些超參數需要做一些調整和最佳化外，可能線性迴歸模型本身對該資料集擬合效果有限。

2.3.3　基於 sklearn 的模型實現

作為參考對比，這裡同樣基於 sklearn 的 LinearRegression 類別給出對於該資料集的擬合效果。LinearRegression 函數位於 sklearn 的 linear_model 模組下，定義該類的一個線性迴歸實例後，直接呼叫其 fit 方法擬合訓練集即可。參考實現如程式碼清單 2-8 所示。

程式碼清單 2-8　基於 sklearn 的線性迴歸模型

```python
# 匯入線性模型模組
from sklearn import linear_model
from sklearn.metrics import mean_squared_error, r2_score
# 定義模型實例
regr = linear_model.LinearRegression()
# 模型擬合訓練資料
regr.fit(X_train, y_train)
# 模型預測值
y_pred = regr.predict(X_test)
# 輸出模型均方誤差
print("Mean squared error: %.2f"% mean_squared_error(y_test, y_pred))
# 計算 R² 係數
print('R Square score: %.2f' % r2_score(y_test, y_pred))
```

輸出如下：

```
Mean squared error: 3371.88
R Square score: 0.54
```

可以看到，在不做任何特徵處理的情況下，基於 sklearn 的線性迴歸模型在同樣的資料集上與我們基於 NumPy 手寫的模型表現差異並不大，這也驗證了我們手寫演算法的有效性。

2.4　小結

作為最常用的統計分析方法和機器學習模型之一，線性迴歸包含了最樸素的由自變數到因變數的機器學習建模思想。基於均方誤差最小化的最小二乘法是線性迴歸模型求解的基本方法，透過最小均方誤差和 R2 係數可以評估線性迴歸的擬合效果。此外，線性迴歸模型也是其他各種線性模型的基礎。

第 3 章

邏輯迴歸

由第 2 章可知，線性迴歸就是基於線性模型進行迴歸學習，但如果想用線性模型進行分類學習的話，是否可行呢？答案是肯定的。**邏輯迴歸**（logistic regression, LR）正是這樣一種線性分類模型。邏輯迴歸作為機器學習的一個基礎分類模型，廣泛應用於各類業務場景：信用卡場景下基於客戶資料對其進行違約預測，網路廣告場景下預測使用者是否會點擊廣告，醫療場景下基於患者的體檢資料預測其是否罹患某種疾病，以及在社交場景下判斷一封郵件是否是垃圾郵件等。本章以 App 開屏廣告作為引入，深入邏輯迴歸的理論推導，並在此基礎上給出邏輯迴歸的 NumPy 和 sklearn 實現方式。

3.1 App 開屏廣告（啓動頁廣告）

廣告已成為現在行動 App 的主要盈利方式。除極少數可以靠增值服務賺錢的 App 外，大多數 App 很難實現向使用者收費，所以向廣告主出售廣告位成了 App 的盈利來源。行動 App 能提供的廣告位有很多，在使用者打開 App 時曝光給使用者的廣告叫開屏廣告。圖 3-1 分別是 12306、嗶哩嗶哩和杭州公車 App 的開屏廣告。

圖 3-1　App 開屏廣告

一個使用者是否點擊 App 開屏廣告的因素有很多。除使用者的個人特徵和行為資料外，廣告內容本身也對使用者是否點擊有較大影響，比如 App 類型、推送時間段、廣告尺寸、使用者手機品牌等。所以基於這些自變數訊息，我們就可以構建對目標變數「是否點擊」的分類模型。因為這裡目標變數是一個 0-1 分類變數，所以我們的目的是構建一個分類模型，而邏輯迴歸正是典型的線性分類模型。

3.2　邏輯迴歸的原理推導

線性模型如何執行分類任務呢？只需要找到一個單調可微函數將分類任務的真實標籤 y 與線性迴歸模型的預測值進行映射。線上性迴歸中，我們直接令模型學習逼近真實標籤 y，但在邏輯迴歸中，我們需要找到一個映射函數將線性迴歸模型的預測值轉化為 0/1 值。

Sigmoid 函數正好具備上述條件，單調可微，取值範圍為 $(0, 1)$，且具有較好的求導特性。Sigmoid 函數的表達式如式(3-1)所示：

$$y = \frac{1}{1 + e^{-z}} \tag{3-1}$$

Sigmoid 函數的圖像如圖 3-2 所示。

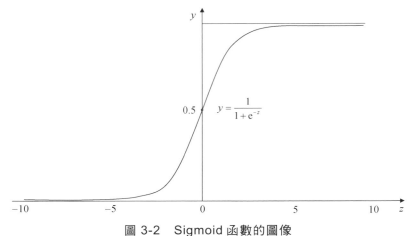

圖 3-2　Sigmoid 函數的圖像

Sigmoid 函數的一個重要特性是其求導函數可以用其本身來表達：

$$f'(x) = f(x)(1 - f(x)) \tag{3-2}$$

下面開始邏輯迴歸的基本數學推導。線性迴歸模型的公式為：

$$z = \boldsymbol{w}^\mathrm{T}\boldsymbol{x} + b \tag{3-3}$$

將式(3-3)代入式(3-1)，得到：

$$y = \frac{1}{1 + \mathrm{e}^{-(\boldsymbol{w}^\mathrm{T}\boldsymbol{x}+b)}} \tag{3-4}$$

對式(3-4)兩邊取對數並轉換為：

$$\ln \frac{y}{1 - y} = \boldsymbol{w}^\mathrm{T}\boldsymbol{x} + b \tag{3-5}$$

式(3-5)即為邏輯迴歸的模型表達式。如果將 y 看作樣本 x 作為正例的可能性，那麼 $1 - y$ 即為樣本作為反例的機率。$\dfrac{y}{1 - y}$ 也稱「機率」（odds），對機率取對數則得到對數機率。

為了確定式(3-5)中的模型參數 w 和 b，我們需要推導邏輯迴歸的損失函數，然後對損失函數進行最小化，得到 w 和 b 的估計值。給定訓練集 $\{(\boldsymbol{x}_i, y_i)\}_{i=1}^m$，將式(3-4)中的 y 視作類後驗機率估計 $p(y=1\,|\,\boldsymbol{x})$，則邏輯迴歸模型的表達式(3-5)可重寫為：

$$\ln\frac{p(y=1\,|\,\boldsymbol{x})}{p(y=0\,|\,\boldsymbol{x})} = \boldsymbol{w}^{\mathrm{T}}\boldsymbol{x} + b \tag{3-6}$$

展開式(3-6)，可得：

$$p(y=1\,|\,\boldsymbol{x}) = \frac{\mathrm{e}^{w^{\mathrm{T}}x+b}}{1+\mathrm{e}^{w^{\mathrm{T}}x+b}} = \hat{y} \tag{3-7}$$

$$p(y=0\,|\,\boldsymbol{x}) = \frac{1}{1+\mathrm{e}^{w^{\mathrm{T}}x+b}} = 1-\hat{y} \tag{3-8}$$

將式(3-7)和式(3-8)綜合，可得：

$$p(y\,|\,\boldsymbol{x}) = \hat{y}^y(1-\hat{y})^{1-y} \tag{3-9}$$

對式(3-9)兩邊取對數，改為求和式，並取負號，有：

$$-\ln p(y\,|\,\boldsymbol{x}) = -\frac{1}{m}\sum_{i=1}^m (y\ln\hat{y} + (1-y)\ln(1-\hat{y})) \tag{3-10}$$

式(3-10)就是經典的交叉熵損失函數，其中 $\hat{y} = \dfrac{1}{1+\mathrm{e}^{-(w^{\mathrm{T}}x+b)}}$。令 $L = \ln p(y\,|\,\boldsymbol{x})$，基於 L 分別對 w 和 b 求偏導，有：

$$\frac{\partial L}{\partial \boldsymbol{w}} = \frac{1}{m}\boldsymbol{x}(\hat{y} - y) \tag{3-11}$$

$$\frac{\partial L}{\partial b} = \frac{1}{m}\sum_{i=1}^m (\hat{y} - y) \tag{3-12}$$

基於 w 和 b 的梯度下降對交叉熵損失最小化，相應的參數即為模型最優參數。

另一種求解邏輯迴歸模型參數的方法為**極大似然法**（maximum likehood method）。給定訓練集 $\{(\boldsymbol{x}_i, y_i)\}_{i=1}^m$，邏輯迴歸模型最大化的對數似然可表示為：

$$L(\boldsymbol{w},\, b) = \sum_{i=1}^m \ln p(y_i\,|\,\boldsymbol{x}_i;\, \boldsymbol{w},\, b) \tag{3-13}$$

所謂對數似然，即最大化抽樣樣本的對數化機率估計，令每個樣本屬於其真實標籤的機率越大越好。令 $\boldsymbol{\beta} = (\boldsymbol{w};\, b)$，$\hat{\boldsymbol{x}} = (\boldsymbol{x};\, 1)$，相應的 $\boldsymbol{w}^{\mathrm{T}}\boldsymbol{x} + b$ 可表示為 $\boldsymbol{\beta}^{\mathrm{T}}\hat{\boldsymbol{x}}$。然後令 $p_1(\hat{\boldsymbol{x}},\, \boldsymbol{\beta}) = p(y = 1 \,|\, \hat{\boldsymbol{x}};\, \boldsymbol{\beta})$，$p_0(\hat{\boldsymbol{x}},\, \boldsymbol{\beta}) = p(y = 0 \,|\, \hat{\boldsymbol{x}};\, \boldsymbol{\beta}) = 1 - p_1(\hat{\boldsymbol{x}},\, \boldsymbol{\beta})$，則式(3-13)似然項可表示為：

$$p(y_i \,|\, \boldsymbol{x}_i;\, \boldsymbol{w},\, b) = y_i p_1(\hat{\boldsymbol{x}}_i,\, \boldsymbol{\beta}) + (1 - y_i) p_0(\hat{\boldsymbol{x}}_i,\, \boldsymbol{\beta}) \tag{3-14}$$

將式(3-14)代入式(3-13)，並結合式(3-7)和式(3-8)，最大化式(3-13)相當於最小化式(3-15)：

$$L(\boldsymbol{\beta}) = \sum_{i=1}^{m} \left(-y_i \boldsymbol{\beta}^{\mathrm{T}} \hat{\boldsymbol{x}}_i + \ln\left(1 + \mathrm{e}^{\boldsymbol{\beta}^{\mathrm{T}}\hat{\boldsymbol{x}}_i}\right) \right) \tag{3-15}$$

最小化式(3-15)可使用梯度下降法、牛頓法或擬牛頓法等凸最佳化求解演算法進行計算，這裡不做過多闡述。

從上述推導來看，邏輯迴歸雖是分類模型，但總體上仍屬於線性模型框架，其推導思路跟線性迴歸有不少相似之處：一方面，我們可以直接基於模型主體推匯出交叉熵損失函數，然後基於損失函數進行梯度最佳化；另一方面，也可以透過極大似然法來進行參數最佳化推導。

3.3　邏輯迴歸的程式碼實現

基於一個完整機器學習模型實現的視角，我們從整體編寫思路到具體分步實現，使用 NumPy 實現一個邏輯迴歸模型。下面按照機器學習三要素：模型、策略和演算法的原則，逐步搭建邏輯迴歸的程式碼框架。

3.3.1　編寫思路

邏輯迴歸的編寫思路跟線性迴歸較為相似。模型主體方面需要注意對線性模型預測值使用 Sigmoid 函數進行轉換，對於預測函數，需要注意使用分類閾值對機率結果進行分類轉換。如圖 3-3 所示，邏輯迴歸程式碼實現仍然包括了 NumPy 和 sklearn 兩種實現方式，其中基於 NumPy 的程式碼實現主要包括模型主體、訓練過程和預測函數三大部分，旨在讓讀者從原理上掌握邏輯迴歸的基本過程。另外，作為對比和實際應用，我們也給出了 sklearn 的邏輯迴歸實現方式。

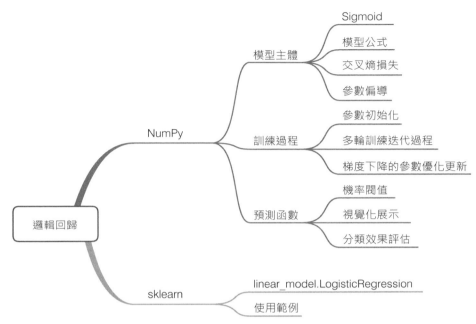

圖 3-3　邏輯迴歸程式碼的編寫思路

3.3.2　基於 NumPy 的邏輯迴歸實現

根據圖 3-3 的 NumPy 程式碼編寫思路，在實現邏輯迴歸模型主體之前，需要先定義一些輔助函數，包括一個 Sigmoid 函數和一個參數初始化函數。

1. 定義輔助函數

分別定義 Sigmoid 函數和參數初始化函數，具體如程式碼清單 3-1 所示。

程式碼清單 3-1　定義輔助函數

```
# 匯入 numpy 模組
import numpy as np
### 定義 sigmoid 函數
def sigmoid(x):
    '''
    輸入：
    x：陣列
    輸出：
    z：經過 sigmoid 函數計算後的陣列
    '''
    z = 1 / (1 + np.exp(-x))
```

```
    return z
### 定義參數初始化函數
def initialize_params(dims):
    '''
    輸入：
    dims：參數維度
    輸出：
    z：初始化後的參數向量 W 和參數值 b
    '''
    # 將權重向量初始化為零向量
    W = np.zeros((dims, 1))
    # 將偏置初始化為零
    b = 0
    return W, b
```

2. 定義邏輯迴歸模型主體

基於 Sigmoid 函數和式(3-4)的邏輯迴歸模型公式，我們可以定義邏輯迴歸模型的主體部分，包括計算模型輸出、計算損失函數和參數梯度等，如程式碼清單 3-2 所示。

程式碼清單 3-2　定義邏輯迴歸模型主體

```
### 定義邏輯迴歸模型主體
def logistic(X, y, W, b):
    '''
    輸入：
    X:  輸入特徵矩陣
    y:  輸出標籤向量
    W:  權重係數
    b:  偏置參數
    輸出：
    a:  邏輯迴歸模型輸出
    cost: 損失
    dW:  權重梯度
    db:  偏置梯度
    '''
    # 訓練樣本量
    num_train = X.shape[0]
    # 訓練特徵數
    num_feature = X.shape[1]
    # 邏輯迴歸模型輸出
    a = sigmoid(np.dot(X, W) + b)
    # 交叉熵損失
    cost = -1/num_train * np.sum(y*np.log(a) + (1-y)*np.log(1-a))
    # 權重梯度
```

```
dW = np.dot(X.T, (a-y))/num_train
# 偏置梯度
db = np.sum(a-y)/num_train
# 壓縮損失陣列維度
cost = np.squeeze(cost)
return a, cost, dW, db
```

3. 定義邏輯迴歸模型訓練過程

定義完邏輯迴歸模型主體之後，即可定義其訓練過程，如程式碼清單 3-3 所示。

程式碼清單 3-3　定義邏輯迴歸模型訓練過程

```
### 定義邏輯迴歸模型訓練過程
def logistic_train(X, y, learning_rate, epochs):
    '''
    輸入：
    X: 輸入特徵矩陣
    y: 輸出標籤向量
    learning_rate: 學習率
    epochs: 訓練輪數
    輸出：
    cost_list: 損失列表
    params: 模型參數
    grads: 參數梯度
    '''
    # 初始化模型參數
    W, b = initialize_params(X.shape[1])
    # 初始化損失列表
    cost_list = []
    # 迭代訓練
    for i in range(epochs):
        # 計算目前迭代的模型輸出、損失和參數梯度
        a, cost, dW, db = logistic(X, y, W, b)
        # 參數更新
        W = W - learning_rate * dW
        b = b - learning_rate * db
        # 記錄損失
        if i % 100 == 0:
            cost_list.append(cost)
        # 列印訓練過程中的損失
        if i % 100 == 0:
            print('epoch %d cost %f' % (i, cost))

    # 儲存參數
    params = {
```

```
            'W': W,
            'b': b
        }

        # 儲存梯度
        grads = {
            'dW': dW,
            'db': db
        }
    return cost_list, params, grads
```

4. 定義預測函數

邏輯迴歸模型訓練完成之後，我們需要借助訓練好的模型參數定義預測函數，用以對驗證集進行預測以及方便後續評估模型的分類準確性。定義預測函數的程式碼如程式碼清單 3-4 所示。

程式碼清單 3-4　定義預測函數

```
### 定義預測函數
def predict(X, params):
    '''
    輸入：
    X：輸入特徵矩陣
    params：訓練好的模型參數
    輸出：
    y_pred：轉換後的模型預測值
    '''
    # 模型預測值
    y_pred = sigmoid(np.dot(X, params['W']) + params['b'])
    # 基於分類閾值對機率預測值進行類別轉換
    for i in range(len(y_pred)):
        if y_pred[i] > 0.5:
            y_pred[i] = 1
        else:
            y_pred[i] = 0
    return y_pred
```

5. 生成模擬二分類資料集

為了測試上述邏輯迴歸模型的表現，我們嘗試基於 sklearn datasets 模組下的 make_classi-fication 函數生成模擬的二分類資料集，並對其進行視覺化，如程式碼清單 3-5 所示。

程式碼清單 3-5　生成模擬二分類資料集並進行視覺化

```python
# 匯入 matplotlib 繪圖函式庫
import matplotlib.pyplot as plt
# 匯入生成分類資料函數
from sklearn.datasets.samples_generator import make_classification
# 生成 100×2 的模擬二分類資料集
X, labels = make_classification(
    n_samples=100,
    n_features=2,
    n_redundant=0,
    n_informative=2,
    random_state=1,
    n_clusters_per_class=2)
# 設定隨機數種子
rng = np.random.RandomState(2)
# 對生成的特徵資料添加一組均勻分布噪聲
X += 2 * rng.uniform(size=X.shape)
# 標籤類別數
unique_labels = set(labels)
# 根據標籤類別數設定顏色
colors = plt.cm.Spectral(np.linspace(0, 1, len(unique_labels)))
# 繪製模擬資料的散點圖
for k,col in zip(unique_labels, colors):
    x_k = X[labels==k]
    plt.plot(x_k[:,0], x_k[:,1],'o',
            markerfacecolor=col,
            markeredgecolor='k',
            markersize=14)
plt.title('Simulated binary data set')
plt.show();
```

根據程式碼清單 3-5，我們生成了一個包含 100 個樣本和 2 個特徵的模擬二分類資料集，該資料集的散點圖如圖 3-4 所示。

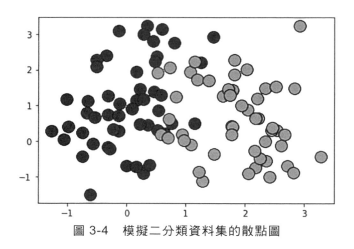

圖 3-4　模擬二分類資料集的散點圖

然後我們將生成的模擬資料集劃分為訓練集和測試集，前者用於訓練模型，後者用於
測試模型的分類準確性，如程式碼清單 3-6 所示。

程式碼清單 3-6　劃分資料集

```
# 按 9：1 簡單劃分訓練集與測試集
offset = int(X.shape[0] * 0.9)
X_train, y_train = X[:offset], labels[:offset]
X_test, y_test = X[offset:], labels[offset:]
y_train = y_train.reshape((-1,1))
y_test = y_test.reshape((-1,1))
print('X_train =', X_train.shape)
print('X_test =', X_test.shape)
print('y_train =', y_train.shape)
print('y_test =', y_test.shape)
```

輸出如下：

```
X_train = (90, 2)
X_test = (10, 2)
y_train = (90, 1)
y_test = (10, 1)
```

6. 執行訓練並基於訓練參數進行預測和評估

準備好資料之後即可開始訓練模型，獲取模型參數並對測試集進行預測，然後基於預
測結果評估模型表現，如程式碼清單 3-7 所示。

程式碼清單 3-7 模型訓練和預測

```
# 執行邏輯迴歸模型訓練
cost_list, params, grads = logistic_train(X_train, y_train, 0.01, 1000)
# 列印訓練好的模型參數
print(params)
# 基於訓練參數對測試集進行預測
y_pred = predict(X_test, params)
print(y_pred)
```

輸出如下：

```
{'W': array([[ 1.55740577],
            [-0.46456883]]), 'b': -0.5944518853151362}
[[0.]
 [1.]
 [1.]
 [0.]
 [1.]
 [1.]
 [0.]
 [0.]
 [1.]
 [0.]]
```

最後，我們可基於 sklearn 的分類評估方法來衡量模型在測試集上的表現，如程式碼清單 3-8 所示。

程式碼清單 3-8 測試集上的分類準確率評估

```
# 匯入 classification_report 模組
from sklearn.metrics import classification_report
# 列印測試集分類預測評估報告
print(classification_report(y_test, y_pred))
```

圖 3-5 為 classification_report 給出的分類預測評估報告，主要包括精確率、召回率和 F1 得分等分類評估指標結果。各項結果均為 1，雖然資料集劃分和模型預測有一定的隨機性，但這表示我們基於 NumPy 實現的邏輯迴歸模型還是有獲得成功的結果。

	precision	recall	f1-score	support
0	1.00	1.00	1.00	5
1	1.00	1.00	1.00	5
micro avg	1.00	1.00	1.00	10
macro avg	1.00	1.00	1.00	10
weighted avg	1.00	1.00	1.00	10

圖 3-5　測試集上的分類預測評估報告

7. 繪製分類決策邊界

我們還可以對模型進行視覺化，透過在資料集的散點圖上繪製分類決策邊界的方式來直觀地評估模型表現，具體如程式碼清單 3-9 所示。

程式碼清單 3-9　繪製邏輯迴歸分類決策邊界

```python
### 繪製邏輯迴歸分類決策邊界
def plot_decision_boundary(X_train, y_train, params):
    '''
    輸入：
    X_train: 訓練集輸入
    y_train: 訓練集標籤
    params：訓練好的模型參數
    輸出：
    分類決策邊界圖
    '''
    # 訓練樣本量
    n = X_train.shape[0]
    # 初始化類別座標點列表
    xcord1 = []
    ycord1 = []
    xcord2 = []
    ycord2 = []
    # 獲取兩類座標點並存入列表
    for i in range(n):
        if y_train[i] == 1:
            xcord1.append(X_train[i][0])
            ycord1.append(X_train[i][1])
        else:
            xcord2.append(X_train[i][0])
            ycord2.append(X_train[i][1])
    # 建立繪圖
    fig = plt.figure()
    ax = fig.add_subplot(111)
    # 繪製兩類散點，以不同顏色表示
```

```
        ax.scatter(xcord1, ycord1,s=32, c='red')
        ax.scatter(xcord2, ycord2, s=32, c='green')
        # 取值範圍
        x = np.arange(-1.5, 3, 0.1)
        # 分類決策邊界公式
        y = (-params['b'] - params['W'][0] * x) / params['W'][1]
        # 繪圖
        ax.plot(x, y)
        plt.xlabel('X1')
        plt.ylabel('X2')
        plt.show()

    plot_decision_boundary(X_train, y_train, params)
```

程式碼清單 3-9 繪製的邏輯迴歸分類決策邊界如圖 3-6 所示。

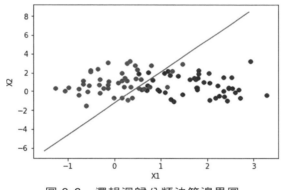

圖 3-6　邏輯迴歸分類決策邊界圖

3.3.3　基於 sklearn 的邏輯迴歸實現

作為參考對比，這裡同樣基於 sklearn 的 LogisticRegression 類別給出該資料集的擬合效果。LogisticRegression 函數位於 sklearn 的 linear_model 模組下，定義該類的一個邏輯迴歸實例後，直接呼叫其 fit 方法擬合訓練集即可。參考實現如程式碼清單 3-10 所示。

程式碼清單 3-10　sklearn 邏輯迴歸範例

```
# 匯入邏輯迴歸演算法模組
from sklearn.linear_model import LogisticRegression
# 擬合訓練集
clf = LogisticRegression(random_state=0).fit(X_train, y_train)
# 預測測試集
```

```
y_pred = clf.predict(X_test)
# 列印預測結果
print(y_pred)
```

輸出如下：

```
array([0, 1, 1, 0, 1, 1, 0, 0, 1, 0])
```

可見，基於 sklearn 的邏輯迴歸預測結果跟基於 NumPy 手動實現的邏輯迴歸方法的預測結果完全一致。雖然有一定的隨機性，但也從側面說明了演算法實現的有效性。

3.4 小結

邏輯迴歸是用線性迴歸的結果來擬合真實標籤的對數機率。同時，我們也可以將邏輯迴歸看作由條件機率分布表示的分類模型。另外，邏輯迴歸也是感知機模型、神經網路和支援向量機等模型的基礎。

作為一種線性分類模型，邏輯迴歸在金融業的風險控管、計算廣告（Computational Advertising）、推薦系統和醫療健康領域都有著廣泛應用。

第 4 章

迴歸模型擴展

透過前兩章的學習，我們知道目標變數通常有很多影響因素。透過各類影響因素構建對目標變數的迴歸模型，能夠實現對目標的預測。但根據稀疏性的假設，即使影響一個變數的因素有很多，其關鍵因素永遠只會是少數。在這種情況下，還用傳統的線性迴歸方法來處理的話，效果可能並不理想。針對這種情況，本章介紹兩種線性迴歸模型的擴展模型，分別是 LASSO 迴歸和 Ridge 迴歸。

4.1 回到杭州二手房房價

回到 2.1 節的杭州二手房房價的例子，目前杭州房地產市場依舊是比較熱門的房地產市場之一。假設杭州某研究團隊為了研究杭州房地產市場，給相關部門提供房價調控建議，決定盡可能將影響杭州二手房房價的因素全都提取出來。幾輪腦力激盪下來，影響二手房房價的因素越找越多。實際上，這些因素中能夠對二手房房價起到關鍵影響的就那麼幾個，大多數因素可能只是「當個路人」，對房價的影響幾乎可以忽略不計。

在這種情況下，最好構建一個能夠找出關鍵影響因素的迴歸模型。這樣一來，研究得出的結論提供給相關部門進行決策，會更具針對性。

4.2 LASSO 迴歸的原理推導

為了從眾多因素中找出關鍵因素，我們先來看 LASSO（ the least absolute shrinkage and selection operator ）迴歸模型，可譯為最小絕對收縮和選擇運算元。由第 2 章的式(2-14)可知，線性迴歸模型的最優參數估計表達式為：

$$\hat{w}^* = (X^T X)^{-1} X^T y \tag{4-1}$$

假設訓練樣本量為 m，樣本特徵數為 n，按照慣例，就有 $m > n$，即樣本量大於特徵數。當 $m > n$ 時，若 $\text{rank}(X) = n$，即 X 為滿秩矩陣，則 $X^T X$ 是可逆矩陣，式(4-1)是可以直接求解的。但如果 $m < n$，即特徵數大於樣本量時，$\text{rank}(X) < n$，矩陣 X 不滿秩，$X^T X$ 不可逆，這時候式(4-1)中的參數是不可估計的。

對於這個問題，LASSO 迴歸的做法是線性迴歸的損失函數後面加一個 1-範數項，也叫正則化項，如式(4-2)所示：

$$L(w) = (y - wX)^2 + \lambda \| w \|_1 \tag{4-2}$$

其中 $\| w \|_1$ 即為矩陣的 1-範數，λ 為 1-範數項的係數。

這裡簡單解釋一下**範數**（norm）的概念。在數學分析中，範數可視為一種長度或者距離概念的函數。針對向量或者矩陣而言，常用的範數包括 0-範數、1-範數、2-範數和 p-範數等。矩陣的 0-範數為矩陣中非零元素的個數，矩陣的 1-範數可定義為矩陣中所有元素的絕對值之和，而矩陣的 2-範數是指矩陣中各元素的平方和再求均方根的結果。

從機器學習的角度來看，式(4-2)相當於給最初的線性迴歸損失函數添加了一個 L1 正則化項，也叫正則化係數。從防止模型過擬合的角度而言，正則化項相當於對目標參數施加了一個懲罰項，使得模型不能過於複雜。在最佳化過程中，正則化項的存在能夠使那些不重要的特徵係數逐漸為零，從而保留關鍵特徵，使得模型簡化。所以，式(4-2)等價於：

$$\arg \min (y - wX)^2 \tag{4-3}$$

$$\text{s.t.} \quad \sum | w_{ij} | < s \tag{4-4}$$

其中式(4-3)即為線性迴歸目標函數，式(4-4)為其約束條件，即權重係數矩陣所有元素絕對值之和小於一個指定常數 s，s 取值越小，特徵參數中被壓縮到零的特徵就會越多。圖 4-1 為 LASSO 迴歸的參數估計圖。

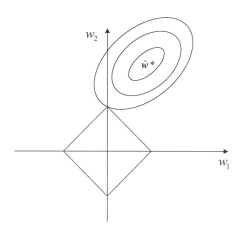

圖 4-1　LASSO 迴歸的參數估計圖

如圖 4-1 所示，橫縱座標分別為兩個迴歸參數 w_1 和 w_2，紅色線框表示 LASSO 迴歸的 L1 正則化約束 $|w_1|+|w_2| \leqslant s$，橢圓形區域為迴歸參數的求解空間。可以看到，LASSO 迴歸的參數解空間與縱座標軸相交，此時意味著參數 w_1 被壓縮為 0。

最後一個關鍵問題是如何針對式(4-2)的 LASSO 迴歸目標函數進行參數最佳化，即如何求 LASSO 迴歸的最優解問題。L1 正則化項的存在使得式(4-2)是連續不可導的函數，直接使用梯度下降法無法進行尋優，一種替代的 LASSO 迴歸尋優方法稱為**座標下降法**（coordinate descent method）。座標下降法是一種迭代演算法，相較於梯度下降法透過損失函數的負梯度來確定下降方向，座標下降法是在目前座標軸上搜尋損失函數的最小值，無須計算函數梯度。

以二維空間為例，假設 LASSO 迴歸損失函數為凸函數 $L(x, y)$，給定初始點 x_0，可以找到使得 $L(y)$ 達到最小的 y_1，然後固定 y_1，再找到使得 $L(x)$ 達到最小的 x_2。這樣反覆迭代之後，根據凸函數的性質，一定能夠找到使得 $L(x, y)$ 最小的點 (x_k, y_k)。座標下降法的尋找最家姁過程如圖 4-2 所示。

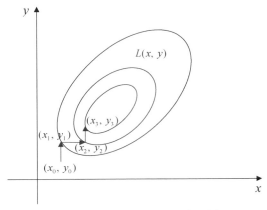

圖 4-2　座標下降法的尋優過程

4.3　LASSO 迴歸的程式碼實現

有了第 2 章線性迴歸模型程式碼實現的經驗，基於 2.3.2 節的程式碼框架快速搭建 LASSO 迴歸模型並非難事。為了內容的完整性，我們依然按照本書的編寫架構來闡述模型程式碼實現。

4.3.1　編寫思路

LASSO 迴歸的編寫思路跟線性迴歸比較一致，只是 LASSO 迴歸損失函數多了一個 L1 正則化項，所以基於 NumPy 實現 LASSO 迴歸的關鍵在於對基於 L1 損失的梯度最佳化處理。因為直接求導不太方便，所以可以嘗試設計一個符號函數並將其向量化，從而達到梯度下降尋優的目的。

LASSO 迴歸程式碼的編寫思路如圖 4-3 所示。程式碼實現同樣包括 NumPy 和 sklearn 兩種方式，基於 NumPy 的程式碼實現包括模型主體、訓練過程和資料測試三大模組，實現思路與第 2 章一致。

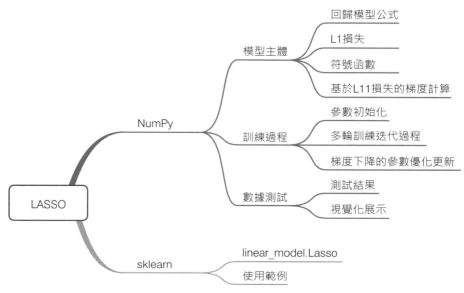

圖 4-3　LASSO 迴歸程式碼的編寫思路

4.3.2　基於 NumPy 的 LASSO 迴歸實現

按照 4.3.1 節的編寫思路，我們先嘗試定義一個符號函數來作為 L1 損失的梯度計算輔助函數，再定義 L1 損失和 LASSO 迴歸模型主體部分。L1 正則化項為 $\lambda \|w\|_1$，即參數項絕對值，無法直接計算梯度，因此我們可設計符號函數如式(4-5)所示：

$$\text{sign}(x) = \begin{cases} 1, & x > 0 \\ 0, & x = 0 \\ -1, & x < 0 \end{cases} \qquad (4\text{-}5)$$

定義符號函數並將其向量化，如程式碼清單 4-1 所示。

程式碼清單 4-1　定義符號函數

```
# 匯入 numpy 模組
import numpy as np
### 定義符號函數
def sign(x):
    '''
    輸入：
    x：浮點數值
    輸出：
```

```
    整型數值
    '''
    if x > 0:
        return 1
    elif x < 0:
        return -1
    else:
        return 0
# 利用 NumPy 對符號函數進行向量化
vec_sign = np.vectorize(sign)
```

然後基於 L1 損失和符號函數定義模型主體部分，包括迴歸模型公式、L1 損失函數和基於 L1 損失的參數梯度。定義 l1_loss 函數的程式碼如程式碼清單 4-2 所示。

程式碼清單 4-2　　LASSO 迴歸模型主體

```
### 定義 LASSO 迴歸損失函數
def l1_loss(X, y, w, b, alpha):
'''
    輸入：
    X：輸入變數矩陣
    y：輸出標籤向量
    w：變數參數權重矩陣
    b：偏置
    alpha：正則化係數
    輸出：
    y_hat：線性模型預測輸出
    loss：均方損失值
    dw：權重係數一階偏導
    db：偏置一階偏導
    '''
    # 訓練樣本量
    num_train = X.shape[0]
    # 訓練特徵數
    num_feature = X.shape[1]
    # 迴歸模型預測輸出
    y_hat = np.dot(X, w) + b
    # L1 損失函數
    loss = np.sum((y_hat-y)**2)/num_train + np.sum(alpha*abs(w))
    # 基於向量化符號函數的參數梯度計算
    dw = np.dot(X.T, (y_hat-y)) /num_train + alpha * vec_sign(w)
    db = np.sum((y_hat-y)) /num_train
    return y_hat, loss, dw, db
```

接下來的步驟跟線性迴歸一樣，在上述 l1_loss 函數的基礎上，定義線性迴歸模型的訓練過程，主要包括參數初始化、迭代訓練和梯度下降尋優。我們可以首先定義一個參數初始化函數 initialize_params，然後基於 l1_loss 函數和 initialize_params 函數定義包含迭代訓練和梯度下降尋優的 LASSO 迴歸的擬合過程，具體如程式碼清單 4-3 所示。

程式碼清單 4-3　參數初始化和 LASSO 迴歸模型訓練函數

```
### 初始化模型參數
def initialize_params(dims):
    '''
    輸入：
    dims：訓練資料變數維度
    輸出：
    w：初始化權重係數值
    b：初始化偏置參數值
    '''
    # 初始化權重係數為零向量
    w = np.zeros((dims, 1))
    # 初始化偏置參數為零
    b = 0
    return w, b

### 定義 LASSO 迴歸模型的訓練過程
def lasso_train(X, y, learning_rate=0.01, epochs=1000):
    '''
    輸入：
    X：輸入變數矩陣
    y：輸出標籤向量
    learning_rate：學習率
    epochs：訓練迭代次數
    輸出：
    loss_his：每次迭代的 L1 損失列表
    params：最佳化後的參數字典
    grads：最佳化後的參數梯度字典
    '''
    # 記錄訓練損失的空列表
    loss_his = []
    # 初始化模型參數
    w, b = initialize_params(X.shape[1])
    # 迭代訓練
    for i in range(1, epochs):
        # 計算目前迭代的預測值、損失和梯度
        y_hat, loss, dw, db = l1_loss(X, y, w, b, 0.1)
        # 基於梯度下降法的參數更新
```

```
        w += -learning_rate * dw
        b += -learning_rate * db
        # 記錄目前迭代的損失
        loss_his.append(loss)
        # 每 50 次迭代列印目前損失訊息
        if i % 50 == 0:
            print('epoch %d loss %f' % (i, loss))
        # 將目前迭代步最佳化後的參數儲存到字典中
        params = {
            'w': w,
            'b': b
        }
        # 將目前迭代步的梯度儲存到字典中
        grads = {
            'dw': dw,
            'db': db
        }
    return loss_his, params, grads
```

這樣我們就基本實現了 LASSO 迴歸模型。接下來，基於範例資料對我們實現的程式
碼進行測試。匯入範例資料並將其劃分成訓練集和測試集，如程式碼清單 4-4 所示。

程式碼清單 4-4　匯入資料集

```
# 讀取範例資料
data = np.genfromtxt('example.dat', delimiter=',')
# 選擇特徵與標籤
x = data[:,0:100]
y = data[:,100].reshape(-1,1)
# 加一列
X = np.column_stack((np.ones((x.shape[0],1)),x))
# 劃分訓練集與測試集
X_train, y_train = X[:70], y[:70]
X_test, y_test = X[70:], y[70:]
print(X_train.shape, y_train.shape, X_test.shape, y_test.shape)
```

輸出如下：

```
(70, 101) (70, 1) (31, 101) (31, 1)
```

程式碼清單 4-4 的輸出顯示，該範例資料集的訓練集有 70 個樣本，但特徵有 101 個，
屬於典型的特徵數大於樣本量的情形，適用於 LASSO 迴歸模型。所以我們用編寫的
LASSO 迴歸模型來訓練該資料集，如程式碼清單 4-5 所示。

程式碼清單 4-5　LASSO 迴歸訓練

```
# 執行訓練範例
loss, loss_list, params, grads = LASSO_train(X_train, y_train, 0.01, 300)
# 獲取訓練參數
print(params)
```

輸出如下：

```
{'w':
array([[-0.   , -0.   ,  0.594,  0.634,  0.001,  0.999, -0.   ,  0.821,
        -0.238,  0.001,  0.   ,  0.792,  0.   ,  0.738, -0.   , -0.129,
         0.   ,  0.784, -0.001,  0.82 ,  0.001,  0.001,  0.   ,  0.561,
         0.   , -0.001, -0.   , -0.001,  0.   ,  0.488, -0.   , -0.   ,
        -0.   ,  0.001, -0.001, -0.001,  0.   , -0.   ,  0.001, -0.001,
        -0.001, -0.   ,  0.001, -0.001, -0.006,  0.002,  0.001, -0.001,
        -0.   ,  0.028, -0.001,  0.   ,  0.001, -0.   ,  0.001, -0.065,
         0.251, -0.   , -0.044, -0.   ,  0.106,  0.03 ,  0.001,  0.   ,
        -0.   , -0.001,  0.   ,  0.   , -0.001,  0.132,  0.239, -0.001,
         0.   ,  0.169,  0.001,  0.013,  0.001, -0.   ,  0.002,  0.001,
        -0.   ,  0.202, -0.001,  0.   , -0.001, -0.042, -0.106, -0.   ,
         0.025, -0.111,  0.   , -0.001,  0.134,  0.001,  0.   , -0.055,
        -0.   ,  0.095,  0.   , -0.178,  0.067]],
 'b': -0.24041528707142962)
```

由參數結果可以看到，資料中大量特徵係數被壓縮成了零，可見我們實現的 LASSO
迴歸模型具備一定的有效性。

4.3.3 基於 sklearn 的 LASSO 迴歸實現

sklearn 中也提供了 LASSO 迴歸模型的呼叫介面。跟線性迴歸和邏輯迴歸等線性模型
一樣，LASSO 迴歸模型介面也位於 linear_model 模組下。其用法範例如程式碼清單
4-6 所示。

程式碼清單 4-6　sklearn LASSO 迴歸範例

```
# 匯入線性模型模組
from sklearn import linear_model
# 建立 LASSO 迴歸模型實例
sk_LASSO = linear_model.LASSO(alpha=0.1)
# 對訓練集進行擬合
sk_LASSO.fit(X_train, y_train)
# 列印模型相關係數
print("sklearn LASSO intercept :", sk_LASSO.intercept_)
```

```
print("\nsklearn LASSO coefficients :\n", sk_LASSO.coef_)
print("\nsklearn LASSO number of iterations :", sk_LASSO.n_iter_)
```

輸出如下：

```
sklearn LASSO intercept : [-0.238]
sklearn LASSO coefficients :
[ 0.    -0.     0.598  0.642  0.     1.007 -0.     0.818 -0.228  0.
  0.     0.794  0.     0.741 -0.    -0.125 -0.     0.794  0.     0.819
  0.     0.    -0.     0.567 -0.    -0.    -0.    -0.    -0.     0.495
  0.     0.     0.     0.    -0.    -0.    -0.    -0.    -0.    -0.
  0.    -0.     0.    -0.    -0.008  0.     0.    -0.    -0.     0.02
  0.    -0.     0.    -0.     0.    -0.068  0.246  0.    -0.042 -0.
  0.105  0.032  0.     0.     0.    -0.    -0.     0.    -0.     0.125
  0.234 -0.     0.     0.169  0.     0.016  0.    -0.     0.     0.
 -0.     0.201 -0.    -0.     0.    -0.041 -0.107 -0.     0.024 -0.108
 -0.    -0.     0.123  0.     0.    -0.059 -0.     0.094 -0.    -0.178
  0.066]
sklearn LASSO number of iterations : 24
```

由程式碼清單 4-6 的輸出結果可以看到，LASSO 迴歸模型使得大量特徵的參數被壓縮為 0。

4.4　Ridge 迴歸的原理推導

類似於 LASSO 迴歸模型，Ridge 迴歸（嶺迴歸）是一種使用 2-範數作為懲罰項改造線性迴歸損失函數的模型。此時損失函數如式(4-6)所示：

$$L(w) = (y - wX)^2 + \lambda \| w \|_2 \tag{4-6}$$

其中 $\lambda \| w \|_2 = \lambda \sum_{i=1}^{n} w_i^2$，也叫 L2 正則化項。採用 2-範數進行正則化的原理是最小化參數矩陣的每個元素，使其無限接近 0 但又不像 L1 那樣等於 0。為什麼參數矩陣中的每個元素變得很小，就能防止過擬合？下面以深度神經網路為例來說明。在 L2 正則化中，如果正則化係數取值較大，參數矩陣 w 中的每個元素都會變小，線性計算的結果也會變小，啟動函數在此時相對呈線性狀態，這樣就會降低深度神經網路的複雜性，因而可以防止過擬合。所以與式(4-2)一樣，式(4-6)等價於：

$$\arg\min(y - wX)^2$$
$$\text{s.t.} \quad \sum w_{ij}^2 < s \tag{4-7}$$

式(4-7)的第一個公式即為線性迴歸目標函數，第二個公式為其約束條件，即權重係數矩陣所有元素平方之和小於指定常數 s。相應地，式(4-1)可改寫為：

$$\hat{w}^* = (X^{\mathrm{T}}X + \lambda I)^{-1} X^{\mathrm{T}} y \tag{4-8}$$

從式(4-8)可以看到，透過給 $X^{\mathrm{T}}X$ 加上一個單位矩陣使其變成非奇異矩陣並可以進行求逆運算，從而求解 Ridge 迴歸。圖 4-4 是 Ridge 迴歸的參數估計圖。

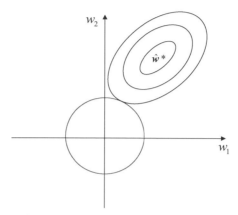

圖 4-4　Ridge 迴歸的參數估計圖

如圖 4-4 所示，橫縱座標分別為兩個迴歸參數 w_1 和 w_2，紅色圓形區域為 Ridge 迴歸的 L2 正則化約束 $w_1^2 + w_2^2 \leqslant s$，橢圓形區域為迴歸參數的求解空間。由此可見，LASSO 迴歸的參數解空間與縱座標軸相交，而 Ridge 迴歸參數只是接近 0 但不等於 0。

Ridge 迴歸參數求解要比 LASSO 迴歸相對容易一些，一方面，我們可以直接基於式(4-8)的矩陣運算進行求解，另一方面，也可以按照第 2 章線性迴歸的梯度下降最佳化方式進行迭代計算。

4.5　Ridge 迴歸的程式碼實現

因本節與 4.3 節的 LASSO 迴歸較為相似，基本程式碼框架和大部分實現細節不變，所以本節僅重點描述 Ridge 迴歸相較於 LASSO 迴歸的區別。參數初始化和匯入範例資料部分跟 LASSO 迴歸部分一致，最核心的區別在於損失函數。這裡我們先定義 Ridge 迴歸損失函數，如程式碼清單 4-7 所示。

程式碼清單 4-7　定義 L2 損失函數

```
### 定義 Ridge 迴歸損失函數
def l2_loss(X, y, w, b, alpha):
    '''
    輸入：
    X：輸入變數矩陣
    y：輸出標籤向量
    w：變數參數權重矩陣
    b：偏置
    alpha：正則化係數
    輸出：
    y_hat：線性模型預測輸出
    loss：均方損失值
    dw：權重係數一階偏導
    db：偏置一階偏導
    '''
    # 訓練樣本量
    num_train = X.shape[0]
    # 訓練特徵數
    num_feature = X.shape[1]
    # 迴歸模型預測輸出
    y_hat = np.dot(X, w) + b
    # L2 損失函數
    loss = np.sum((y_hat-y)**2)/num_train + alpha*(np.sum(np.square(w)))
    # 參數梯度計算
    dw = np.dot(X.T, (y_hat-y)) /num_train + 2*alpha*w
    db = np.sum((y_hat-y)) /num_train
    return y_hat, loss, dw, db
```

從程式碼清單 4-7 可知，L2 損失與 L1 損失的核心區別在於正則化項，L1 損失的正則化項因為帶有絕對值，所以實際最佳化時要複雜一些，而 L2 損失的正則化項為平方項，故計算梯度時要相對方便一點。

基於 l2_loss 函數，修改 LASSO 迴歸模型的訓練過程為 Ridge 迴歸模型的訓練過程，如程式碼清單 4-8 所示。

程式碼清單 4-8　定義 Ridge 迴歸模型的訓練過程

```
### 定義 Ridge 迴歸模型的訓練過程
def ridge_train(X, y, learning_rate=0.01, epochs=1000):
    '''
    輸入：
    X：輸入變數矩陣
    y：輸出標籤向量
    learning_rate：學習率
```

```
    epochs：訓練迭代次數
    輸出：
    loss_his：每次迭代的 L2 損失列表
    params：最佳化後的參數字典
    grads：最佳化後的參數梯度字典
    '''
    # 記錄訓練損失的空列表
    loss_his = []
    # 初始化模型參數
    w, b = initialize_params(X.shape[1])
    # 迭代訓練
    for i in range(1, epochs):
        # 這裡修改為 L2 Loss
        y_hat, loss, dw, db = l2_loss(X, y, w, b, 0.1)
        # 基於梯度下降的參數更新
        w += -learning_rate * dw
        b += -learning_rate * db
        # 記錄目前迭代的損失
        loss_his.append(loss)
        # 每 50 次迭代列印目前損失訊息
        if i % 50 == 0:
            print('epoch %d loss %f' % (i, loss))
        # 將目前迭代步最佳化後的參數儲存到字典中
        params = {
            'w': w,
            'b': b
        }
        # 將目前迭代步的梯度儲存到字典中
        grads = {
            'dw': dw,
            'db': db
        }
    return loss_his, params, grads
```

基於同樣的範例訓練資料，執行 Ridge 迴歸模型訓練，如程式碼清單 4-9 所示。

程式碼清單 4-9　執行 Ridge 迴歸模型訓練

```
# 執行訓練範例
loss, loss_list, params, grads = ridge_train(X_train, y_train, 0.01, 3000)
# 列印訓練參數
print(params)
```

輸出如下：

```
{'w':
array([[-0.01,  -0.10,   0.39,   0.27,   0.14,
         0.64,  -0.11,   0.63,  -0.24,  -0.01,
        -0.01,   0.59,   0.04,   0.57,   0.07,
        -0.25,   0.06,   0.35,  -0.05,   0.61,
         0.07,  -0.01,  -0.08,   0.38,  -0.02,
        -0.04,  -0.04,  -0.04,  -0.05,   0.35,
         0.09,   0.12,   0.12,   0.13,  -0.12,
        -0.03,   0.07,  -0.04,  -0.01,  -0.13,
        -0.03,   0.04,   0.07,   0.02,  -0.06,
         0.06,   0.03,  -0.11,   0.01,   0.16,
         0.02,  -0.15,   0.15,   0.01,  -0.03,
        -0.03,   0.25,  -0.03,  -0.29,  -0.29,
         0.24,   0.09,   0.07,   0.09,   0.15,
        -0.14,   0.02,  -0.09,  -0.14,   0.34,
         0.26,  -0.05,   0.17,   0.33,   0.15,
         0.21,  -0.01,  -0.16,   0.14,   0.09,
         0.07,   0.26,  -0.13,  -0.03,   0.01,
        -0.14,  -0.19,  -0.02,   0.22,  -0.26,
        -0.11,  -0.09,   0.31,   0.16,   0.12,
         0.04,  -0.12,   0.16,   0.08,  -0.24,
         0.15]]),
 'b': -0.19)
```

可以看到，Ridge 迴歸參數大多比較接近 0，但都不等於 0，這也正是 Ridge 迴歸的一個特徵。最後，我們也用 sklearn 的 Ridge 迴歸模組來試驗一下範例資料，如程式碼清單 4-10 所示。

程式碼清單 4-10　sklearn Ridge 迴歸範例

```
# 匯入線性模型模組
from sklearn.linear_model import Ridge
# 建立 Ridge 迴歸模型實例
clf = Ridge(alpha=1.0)
# 對訓練集進行擬合
clf.fit(X_train, y_train)
# 列印模型相關係數
print("sklearn Ridge intercept :", clf.intercept_)
print("\nsklearn Ridge coefficients :\n", clf.coef_)
```

輸出結果如圖 4-5 所示，可以看到也是有大量特徵的迴歸係數被壓縮到非常接近 0，但不會直接等於 0。

```
sklearn Ridge intercept : [-0.40576153]

sklearn Ridge coefficients :
 [[ 0.00000000e+00 -2.01786172e-01  5.45135248e-01  3.28370796e-01
   7.88208577e-02  8.63329630e-01 -1.28629181e-01  8.98548367e-01
  -4.15384520e-01  1.58905870e-01 -2.93807956e-02  6.32380717e-01
   4.21771945e-02  9.24308741e-01  1.20277300e-01 -3.85333806e-01
   1.63068579e-01  3.98963430e-01 -2.55902692e-02  8.88008417e-01
   3.69510302e-02  5.63702626e-04 -1.74758205e-01  4.51826721e-01
  -7.30107159e-02 -1.35017481e-01  5.39686001e-02 -4.02425081e-03
  -6.07507156e-02  3.75631827e-01  8.57162815e-02  1.45771573e-01
   1.44022204e-01  1.98972072e-01 -1.74729670e-01 -4.55411141e-02
   2.10931708e-01 -4.20589474e-02 -1.16955409e-01 -3.48704701e-01
   9.24987738e-02 -3.59919666e-02  3.12791851e-02  9.89341477e-02
  -3.20373964e-02  5.01884867e-04  2.52601261e-02 -1.43870413e-01
  -2.01630343e-01 -2.04659068e-02  1.39960583e-01 -2.40332862e-01
   1.64551174e-01  1.05411007e-02 -1.27446721e-01 -8.05713152e-02
   3.16799224e-01  2.97473607e-02 -3.62918779e-01 -4.33764143e-01
   1.85767035e-01  2.22954621e-01 -9.97451115e-02  3.27282961e-02
   2.41888947e-01 -2.56520012e-01 -9.21607311e-02 -1.32705556e-01
  -3.01710290e-01  3.25678251e-01  3.98328108e-01 -3.75685067e-01
   4.76284105e-01  4.66239153e-01  2.50059297e-01  3.35426970e-01
  -3.25276476e-04 -5.62721088e-02  3.05320327e-03  2.27021494e-01
   7.11869767e-02  1.96095806e-01 -4.35819139e-02 -1.69205809e-01
  -2.33710367e-02 -1.70079831e-01 -1.29346798e-01 -3.03112649e-02
   2.51270814e-01 -2.49230435e-01  6.83981071e-03 -2.30530011e-01
   4.31418878e-01  2.76385366e-01  3.30323011e-01 -7.26567151e-03
  -2.07740223e-01  2.47716612e-01  5.77447938e-02 -3.48931162e-01
   1.59732296e-01]]
```

圖 4-5　sklearn Ridge 迴歸參數

4.6　小結

從數學角度來看，LASSO 迴歸和 Ridge 迴歸都是在為不可逆矩陣的情況下，求解迴歸參數的一種「妥協」性的方法。透過給一般的平方損失函數添加 L1 正則化項和 L2 正則化項，使得迴歸問題有可行解，不過這種解是一種有偏估計。

從業務可解釋性的角度來看，影響一個變數的因素有很多，但關鍵因素永遠只會是少數。當影響一個變數的因素有很多時（特徵數可能會大於樣本量），用傳統的線性迴歸方法來處理可能效果會不太理想。LASSO 迴歸和 Ridge 迴歸透過對損失函數施加正則化項的方式，使得迴歸建模過程中大量不重要的特徵係數被壓縮為 0 或者接近 0，從而找出對目標變數有較強影響的關鍵特徵。

第 5 章

線性判別分析

線性判別分析（linear discriminant analysis, LDA）是一種經典的線性分類方法，其基本概念是將資料投影到低維空間，使得同類資料盡可能接近，異類資料盡可能疏遠。本章線上性判別分析數學推導的基礎上，給出其 NumPy 和 sklearn 實現方式。另外，線性判別分析能夠透過投影來降低樣本維度，並且投影過程中使用了標籤訊息，所以線性判別分析也是一種監督降維演算法。

5.1 LDA 基本概念

線性判別分析是一種經典的線性分類演算法，其基本概念是透過將給定資料集投影到一條直線上，使得同類樣本的投影點盡可能接近，異類樣本的投影點盡可能疏遠。按此規則訓練完模型後，將新的樣本投影到該直線上，根據投影點的位置來確定新樣本點的類別。

圖 5-1 是 LDA 模型的二維示意圖，「＋」和「－」分別代表正例和反例，虛線表示樣本點到直線的投影，圓點表示兩類投影的中心點。LDA 的最佳化目標就是使投影後的類內距離小，類間距離大。

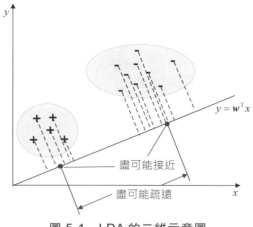

圖 5-1　LDA 的二維示意圖

5.2 LDA 數學推導

本節闡述 LDA 的基本原理與數學推導。給定資料集 $D = \{(x_1, y_1), (x_2, y_2), \cdots, (x_m, y_m)\}$，$y_i \in \{0, 1\}$，令 X_i、$\boldsymbol{\mu}_i$ 和 $\boldsymbol{\Sigma}_i$ 分別為第 $i \in \{0, 1\}$ 類資料的集合、均值向量和共變異數矩陣。假設將上述資料投影到直線 w 上，則兩類樣本的中心在直線上的投影分別為 $w^\mathrm{T}\boldsymbol{\mu}_0$ 和 $w^\mathrm{T}\boldsymbol{\mu}_1$，考慮所有樣本投影的情況下，假設兩類樣本的共變異數分別為 $w^\mathrm{T}\boldsymbol{\Sigma}_0 w$ 和 $w^\mathrm{T}\boldsymbol{\Sigma}_1 w$，直線 w 為一維空間，所以上述值均為實數。

LDA 模型的最佳化目標是使同類樣本的投影點盡可能接近，異類樣本的投影點盡可能疏遠。要讓同類樣本的投影點盡可能相近，我們可以使同類樣本投影點的共變異數盡可能小，即 $w^\mathrm{T}\boldsymbol{\Sigma}_0 w + w^\mathrm{T}\boldsymbol{\Sigma}_1 w$ 盡可能小。要讓異類樣本的投影點盡可能疏遠，可以使類中心點之間的距離盡可能遠，即 $\left\| w^\mathrm{T}\boldsymbol{\mu}_0 - w^\mathrm{T}\boldsymbol{\mu}_1 \right\|_2^2$ 盡可能大。同時考慮這兩個最佳化目標的情況下，我們可以定義最大化目標函數為：

$$F = \frac{\left\| w^\mathrm{T}\boldsymbol{\mu}_0 - w^\mathrm{T}\boldsymbol{\mu}_1 \right\|_2^2}{w^\mathrm{T}\boldsymbol{\Sigma}_0 w + w^\mathrm{T}\boldsymbol{\Sigma}_1 w} = \frac{w^\mathrm{T}(\boldsymbol{\mu}_0 - \boldsymbol{\mu}_1)(\boldsymbol{\mu}_0 - \boldsymbol{\mu}_1)^\mathrm{T} w}{w^\mathrm{T}(\boldsymbol{\Sigma}_0 + \boldsymbol{\Sigma}_1) w} \tag{5-1}$$

定義類內散度矩陣 $\boldsymbol{S}_w = \boldsymbol{\Sigma}_0 + \boldsymbol{\Sigma}_1$，定義類間散度矩陣 $\boldsymbol{S}_b = (\boldsymbol{\mu}_0 - \boldsymbol{\mu}_1)(\boldsymbol{\mu}_0 - \boldsymbol{\mu}_1)^\mathrm{T}$，則式(5-1)可以改寫為：

$$F = \frac{w^\mathrm{T}\boldsymbol{S}_b w}{w^\mathrm{T}\boldsymbol{S}_w w} \tag{5-2}$$

式(5-2)即為 LDA 模型的最佳化目標，繼續對其進行簡化，令 $w^T S_w w = 1$，則式(5-2) 可寫為約束最佳化問題：

$$
\begin{aligned}
&\min \quad -w^T S_b w \\
&\text{s.t.} \quad w^T S_w w = 1
\end{aligned}
\tag{5-3}
$$

利用拉格朗日乘數法，將式(5-3)轉換為：

$$
S_b w = \lambda S_w w
\tag{5-4}
$$

令 $S_b w = \lambda(\mu_0 - \mu_1)$，將其代入式(5-4)，有：

$$
w = S_w^{-1}(\mu_0 - \mu_1)
\tag{5-5}
$$

考慮到 S_w 矩陣數值解的穩定性，一般我們可以對其進行奇異值分解，即：

$$
S_w = U\Sigma V^T
\tag{5-6}
$$

對奇異值分解後的矩陣求逆即可得到 S_w^{-1}。

完整的 LDA 演算法流程如下：

(1) 對訓練集按類別進行分組；

(2) 分別計算每組樣本的均值和共變異數；

(3) 計算類間散度矩陣 S_w；

(4) 計算兩類樣本的均值差 $\mu_0 - \mu_1$；

(5) 對類間散度矩陣進行奇異值分解，並求其逆；

(6) 根據 $S_w^{-1}(\mu_0 - \mu_1)$ 得到 w；

(7) 最後計算投影後的資料點 $Y = wX$。

以上就是 LDA 在二分類任務中的簡單推導過程，LDA 也可以推廣到多分類任務中，這裡不做詳細展開。值得一提的是，多分類 LDA 將樣本投影到低維空間，降低了資料集的原有維度，並且在投影過程中使用了類別訊息，所以 LDA 也是一種經典的監督降維技術。

5.3 LDA 演算法實現

5.3.1 基於 NumPy 的 LDA 演算法實現

本節我們嘗試基於 NumPy 實現 LDA 演算法。根據 5.2 節對於 LDA 演算法流程的梳理，可以整理出 LDA 演算法實現的心智圖，如圖 5-2 所示。基於 NumPy 的 LDA 演算法實現包括三個部分：資料標準化的定義、LDA 流程的實現和資料測試，最核心的部分是 LDA 流程的實現。

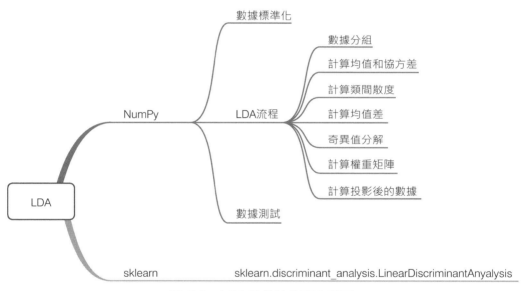

圖 5-2　LDA 演算法實現心智圖

根據圖 5-2 中的心智圖，我們直接定義一個 LDA 類別，完整過程如程式碼清單 5-1 所示。

程式碼清單 5-1　NumPy LDA 演算法實現

```
# 匯入 numpy
import numpy as np
### 定義 LDA 類別
class LDA:
    def __init__(self):
        # 初始化權重矩陣
```

```
        self.w = None
    # 共變異數矩陣計算方法
    def calc_cov(self, X, Y=None):
        m = X.shape[0]
        # 資料標準化
        X = (X - np.mean(X, axis=0))/np.std(X, axis=0)
        Y = X if Y == None else
            (Y - np.mean(Y, axis=0))/np.std(Y, axis=0)
        return 1 / m * np.matmul(X.T, Y)

    # 資料投影方法
    def project(self, X, y):
        # LDA 擬合獲取模型權重
        self.fit(X, y)
        # 資料投影
        X_projection = X.dot(self.w)
        return X_projection

    # LDA 擬合方法
    def fit(self, X, y):
        # (1) 按類分組
        X0 = X[y == 0]
        X1 = X[y == 1]
        # (2) 分別計算兩類資料自變數的共變異數矩陣
        sigma0 = self.calc_cov(X0)
        sigma1 = self.calc_cov(X1)
        # (3) 計算類間散度矩陣
        Sw = sigma0 + sigma1
        # (4) 分別計算兩類資料自變數的均值和差
        u0, u1 = np.mean(X0, axis=0), np.mean(X1, axis=0)
        mean_diff = np.atleast_1d(u0 - u1)
        # (5) 對類間散度矩陣進行奇異值分解
        U, S, V = np.linalg.svd(Sw)
        # (6) 計算類間散度矩陣的逆
        Sw_ = np.dot(np.dot(V.T, np.linalg.pinv(np.diag(S))), U.T)
        # (7) 計算 w
        self.w = Sw_.dot(mean_diff)

    # LDA 分類預測
    def predict(self, X):
        # 初始化預測結果為空列表
        y_pred = []
        # 遍歷待預測樣本
        for x_i in X:
            # 模型預測
            h = x_i.dot(self.w)
            y = 1 * (h < 0)
```

```
            y_pred.append(y)
        return y_pred
```

在程式碼清單 5-1 中,我們完整地定義了一個 LDA 演算法類,包括共變異數矩陣計算方法的定義、資料投影方法的定義、LDA 擬合和分類預測方法的定義。其中最核心的方法就是 LDA 擬合方法 LDA.fit,它完全按照 LDA 流程的 7 個步驟進行實現。模型寫好之後,接下來就是資料測試。資料測試過程如程式碼清單 5-2 所示。

程式碼清單 5-2　LDA 演算法的資料測試

```
# 匯入相關函式庫
from sklearn import datasets
from sklearn.model_selection import train_test_split
from sklearn.metrics import accuracy_score
# 匯入 iris 資料集
data = datasets.load_iris()
# 資料與標籤
X, y = data.data, data.target
# 取標籤不為 2 的資料
X = X[y != 2], y = y[y != 2]
# 劃分訓練集和測試集
X_train, X_test, y_train, y_test = train_test_split(X, y, test_size=0.2,
random_state=41)
# 建立 LDA 模型實例
lda = LDA()
# LDA 模型擬合
lda.fit(X_train, y_train)
# LDA 模型預測
y_pred = lda.predict(X_test)
# 測試集上的分類準確率
acc = accuracy_score(y_test, y_pred)
print("Accuracy of NumPy LDA:", acc)
```

輸出如下:

```
Accuracy of NumPy LDA: 0.85
```

在程式碼清單 5-2 中,我們用 sklearn 的 iris 資料集對模型進行測試,載入資料集後,篩選標籤,僅取標籤為 0 或 1 的資料,然後將資料集劃分為訓練集和測試集。準備完資料之後,建立 LDA 模型實例,然後擬合訓練集並對測試集進行預測,最後得到測試集上的分類準確率。可以看到,基於 NumPy 手寫的 LDA 模型分類準確率達 0.85,測試集分類如圖 5-3 所示。

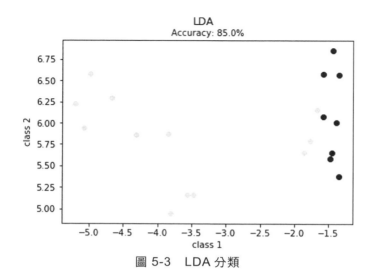

圖 5-3　LDA 分類

5.3.2　基於 sklearn 的 LDA 演算法實現

sklearn 也提供了 LDA 的演算法實現方式。sklearn 中 LDA 的演算法呼叫模組為 sklearn.discriminant_analysis.LinearDiscriminantAnalysis，同樣基於模擬測試集進行擬合，範例如程式碼清單 5-3 所示。

程式碼清單 5-3　sklearn LDA 範例

```
# 匯入 LinearDiscriminantAnalysis 模組
from sklearn.discriminant_analysis import LinearDiscriminantAnalysis
# 建立 LDA 分類器
clf = LinearDiscriminantAnalysis()
# 模型擬合
clf.fit(X_train, y_train)
# 模型預測
y_pred = clf.predict(X_test)
# 測試集上的分類準確率
acc = accuracy_score(y_test, y_pred)
print("Accuracy of Sklearn LDA:", acc)
```

輸出如下：

```
Accuracy of Sklearn LDA: 1
```

可以看到，基於 sklearn 的 LDA 演算法在該資料集上分類準確率較高。

5.4 小結

作為一種線性分類演算法，LDA 的基本概念是透過將給定資料集投影到一條直線上，使得同類樣本的投影點盡可能接近，異類樣本的投影點盡可能疏遠。用數學語言來說，我們要使訓練樣本的類內散度盡可能小，而類間散度盡可能大，從而設計出 LDA 的最佳化目標。

另外，多分類 LDA 將樣本投影到低維空間，降低了資料集的原有維度，並且在投影過程中使用了類別訊息，所以 LDA 也是一種經典的監督降維技術。

k 近鄰演算法

k 近鄰（k-nearest neighbor, k-NN）演算法是一種經典的分類方法。*k* 近鄰演算法根據新的輸入實例的 *k* 個最近鄰實例的類別來決定其分類。所以 *k* 近鄰演算法不像主流的機器學習演算法那樣有顯式的學習訓練過程。也正因為如此，*k* 近鄰演算法的實現跟前幾章所講的迴歸模型略有不同。*k* 值的選擇、距離度量方式以及分類決策規則是 *k* 近鄰演算法的三要素。

6.1 「猜你喜歡」的推薦邏輯

推薦系統算是目前機器學習技術在現實生活中最常見的應用了。在行動網路時代，一切都被資料化，推薦系統因而無處不在。甲同學昨天在購物網站上瀏覽了一款沙發，今天滑 FB 就彈出一則沙發廣告；乙同學前幾天在 Google 搜尋了高普考攻略，今天就收到了高普考補習班的廣告；丙同學日常愛逛淘寶，平時搜尋了某商品，下次打開 App 時「猜你喜歡」一欄便都是系統推薦的類似商品。圖 6-1 是淘寶網「有好貨」推薦欄，可以看到這裡給筆者推薦的都是書櫃，因為前段時間筆者想挑選一款書櫃，曾在淘寶上搜尋過書櫃，再次打開淘寶時推薦的就都是書櫃了。

圖 6-1　淘寶網「有好貨」推薦欄

k 近鄰演算法可以透過兩種方式來實現一個推薦系統。一種是**基於商品**（item-based）的推薦方法，即為目標使用者推薦一些他有購買偏好的商品的類似商品；另一種是**基於使用者**（user-based）的推薦方法，其思路是先利用 k 近鄰演算法找到與目標使用者喜好類似的使用者，然後根據這些使用者的喜好來向目標使用者做推薦。所以，k 近鄰演算法可以算是「猜你喜歡」背後的一種實現演算法。

6.2　距離度量方式

為了衡量特徵空間中兩個實例之間的相似度，我們可以用**距離**（distance）來描述。常用的距離度量方式包括**閔氏距離**和**馬氏距離**等。

閔氏距離即**閔可夫斯基距離**（Minkowski distance），具體定義如下。給定 m 維向量樣本集合 X，對於任意 $x_i, x_j \in X$，$x_i = (x_{1i}, x_{2i}, \cdots, x_{mi})^{\mathrm{T}}$，$x_j = (x_{1j}, x_{2j}, \cdots, x_{mj})^{\mathrm{T}}$，樣本 x_i 與樣本 x_j 之間的閔氏距離可定義為：

$$d_{ij} = \left(\sum_{k=1}^{m} | x_{ki} - x_{kj} |^p \right)^{\frac{1}{p}}, \quad p \geq 1 \tag{6-1}$$

當 $p=1$ 時，閔氏距離稱為**曼哈頓距離**（Manhattan distance）：

$$d_{ij} = \sum_{k=1}^{m} | x_{ki} - x_{kj} | \tag{6-2}$$

當 $p=2$ 時,閔氏距離就是著名的**歐幾里德距離**(Euclidean distance):

$$d_{ij} = \left(\sum_{k=1}^{m} | x_{ki} - x_{kj} |^2 \right)^{\frac{1}{2}} \tag{6-3}$$

當 $p = \infty$ 時,閔氏距離就變成了**切比雪夫距離**(Chebyshev distance):

$$d_{ij} = \max | x_{ki} - x_{kj} | \tag{6-4}$$

再來看馬氏距離。馬氏距離的全稱為**馬哈蘭距離**(Mahalanobis distance),是一種衡量各個特徵之間相關性的距離度量方式。給定一個樣本集合 $X = (x_{ij})_{m \times n}$,其共變異數矩陣為 S,那麼樣本 x_i 與樣本 x_j 之間的馬氏距離可定義為:

$$d_{ij} = \left[\left(x_i - x_j \right)^{\mathrm{T}} S^{-1} \left(x_i - x_j \right) \right]^{\frac{1}{2}} \tag{6-5}$$

當 S 為單位矩陣時,即樣本各特徵之間相互獨立且變異數為 1 時,馬氏距離就是歐幾里德距離。

k 近鄰演算法的特徵空間是 n 維實數向量空間,一般直接使用歐幾里德距離作為實例之間的距離度量,當然,我們也可以使用其他距離近似度量。

6.3 k 近鄰演算法的基本原理

先來看 k 近鄰演算法最直觀的解釋:給定一個訓練集,對於新的輸入實例,在訓練集中找到與該實例最近鄰的 k 個實例,這 k 個實例的多數屬於哪個類,則該實例就屬於哪個類。從上述對 k 近鄰的直觀解釋中,可以歸納出該演算法的幾個關鍵點。第一是找到與該實例最近鄰的實例,這裡就涉及如何找到,即在特徵向量空間中,要採取何種方式來度量距離。第二則是 k 個實例,這個 k 值的大小如何選擇。第三是 k 個實例的多數屬於哪個類,明顯是多數表決的歸類規則。當然,還可能使用其他規則,所以第三個關鍵就是分類決策規則。下面我們分別來看這幾個關鍵點。

首先是特徵空間中兩個實例之間的距離度量方式,這一點已經在 6.2 節中重點闡述了,k 近鄰演算法一般使用歐幾里德距離作為距離度量方式。

其次是 k 值的選擇。一般而言，k 值的大小對分類結果有重大影響。在選擇的 k 值較小的情況下，就相當於用較小的鄰域中的訓練實例進行預測，只有與輸入實例較近的訓練實例才會對預測結果起作用。但與此同時預測結果會對實例非常敏感，分類器抗噪能力較差，因而容易產生過擬合，所以一般而言，k 值的選擇不宜過小。但如果選擇較大的 k 值，就相當於用較大鄰域中的訓練實例進行預測，相應的分類誤差會增大，模型整體變得簡單，會產生一定程度的欠擬合。我們一般採用交叉驗證的方式來選擇合適的 k 值。

最後是分類決策規則。通常為多數表決方法，這個相對容易理解。所以總的來看，k 近鄰演算法的本質是基於距離和 k 值對特徵空間進行劃分。當訓練資料、距離度量方式、k 值和分類決策規則確定後，對於任一新輸入的實例，其所屬的類別唯一地確定。k 近鄰演算法不同於其他監督學習演算法，它沒有顯式的學習過程。

6.4 k 近鄰演算法的程式碼實現

由於 k 近鄰演算法跟前述迴歸模型的學習方式有較大差異，所以迴歸模型的程式碼實現框架這裡不再適用。本節先梳理 k 近鄰演算法的 NumPy 編寫思路，然後基於 sklearn 給出 k 近鄰演算法的實現範例。

6.4.1 編寫思路

k 近鄰演算法的三個核心要素分別是距離度量方式、k 值選擇和分類決策規則。k 近鄰演算法的程式碼實現思路如圖 6-2 所示。k 近鄰演算法實現的核心在於其三要素，以及基於這三要素定義 k 近鄰預測函數。另外，演算法編寫好後，還有一個問題：選擇合適的 k 值。我們可以嘗試基於交叉驗證來選擇最優 k 值。

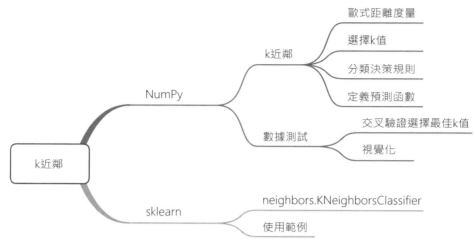

k近鄰
NumPy
sklearn
k近鄰
歐式距離度量
選擇k值
分類決策規則
定義預測函數
數據測試
交叉驗證選擇最佳k值
視覺化
neighbors.KNeighborsClassifier
使用範例

圖 6-2　*k* 近鄰演算法程式碼搭建框架

6.4.2　基於 NumPy 的 *k* 近鄰演算法實現[1]

按照圖 6-2 所示的程式碼實現思路，我們可以首先定義歐幾里德距離計算函數，然後將 *k* 值作為預設參數，並和分類決策規則一起整合定義到預測函數中。為了能夠在編寫過程中測試程式碼效果，在實際編寫之前要先匯入範例資料。我們依然以 sklearn 的 iris 資料集為例，匯入資料集，如程式碼清單 6-1 所示。

程式碼清單 6-1　匯入 iris 資料集

```
# 匯入相關模組
import numpy as np
from collections import Counter
import matplotlib.pyplot as plt
from sklearn import datasets
from sklearn.utils import shuffle
# 匯入 sklearn iris 資料集
iris = datasets.load_iris()
# 打亂資料後的資料與標籤
X, y = shuffle(iris.data, iris.target, random_state=13)
# 資料轉換為 float32 格式
X = X.astype(np.float32)
# 簡單劃分訓練集與測試集，訓練樣本 - 測試樣本比例為 7:3
```

---

[1]　本程式碼例子參考了史丹佛大學 CS231n 電腦視覺課程。

```
offset = int(X.shape[0] * 0.7)
X_train, y_train = X[:offset], y[:offset]
X_test, y_test = X[offset:], y[offset:]
# 將標籤轉換為豎向量
y_train = y_train.reshape((-1,1))
y_test = y_test.reshape((-1,1))
# 列印訓練集和測試集大小
print('X_train=', X_train.shape)
print('X_test=', X_test.shape)
print('y_train=', y_train.shape)
print('y_test=', y_test.shape)
```

輸出如下：

```
X_train= (105, 4)
X_test= (45, 4)
y_train= (105, 1)
y_test= (45, 1)
```

然後即可定義新的樣本實例與訓練樣本之間的歐幾里德距離函數，如程式碼清單 6-2
所示。

程式碼清單 6-2　定義歐幾里德距離函數

```
### 定義歐幾里德距離函數
def compute_distances(X, X_train):
    '''
    輸入：
    X：測試樣本實例矩陣
    X_train：訓練樣本實例矩陣
    輸出：
    dists：歐幾里德距離
    '''
    # 測試實例樣本量
    num_test = X.shape[0]
    # 訓練實例樣本量
    num_train = X_train.shape[0]
    # 基於訓練和測試維度的歐幾里德距離初始化
    dists = np.zeros((num_test, num_train))
    # 測試樣本與訓練樣本的矩陣點乘
    M = np.dot(X, X_train.T)
    # 測試樣本矩陣平方
    te = np.square(X).sum(axis=1)
    # 訓練樣本矩陣平方
    tr = np.square(X_train).sum(axis=1)
    # 計算歐幾里德距離
```

```
dists = np.sqrt(-2 * M + tr + np.matrix(te).T)
return dists
```

歐幾里德距離函數定義好後，我們可以基於 iris 資料集實際計算一下測試集與訓練集之間的歐幾里德距離，並進行視覺化展示。如程式碼清單 6-3 所示。

程式碼清單 6-3　繪製歐幾里德距離圖

```
dists = compute_distances(X_test, X_train)
plt.imshow(dists, interpolation='none')
plt.show();
```

繪製結果如圖 6-3 所示。

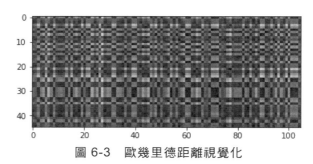

圖 6-3　歐幾里德距離視覺化

接下來，嘗試定義一個預測函數，將預設 k 值和分類決策規則包含在內，如程式碼清單 6-4 所示。

程式碼清單 6-4　標籤預測函數

```
### 定義預測函數
def predict_labels(y_train, dists, k=1):
    '''
    輸入：
    y_train：訓練集標籤
    dists：測試集與訓練集之間的歐幾里德距離矩陣
    k：k 值
    輸出：
    y_pred：測試集預測結果
    '''
    # 測試樣本量
    num_test = dists.shape[0]
    # 初始化測試集預測結果
    y_pred = np.zeros(num_test)
    # 遍歷
    for i in range(num_test):
```

```
        # 初始化最近鄰列表
        closest_y = []
        # 按歐幾里德距離矩陣排序後取索引，並用訓練集標籤按排序後的索引取值
        # 最後展平列表
        # 注意 np.argsort 函數的用法
        labels = y_train[np.argsort(dists[i, :])].flatten()
        # 取最近的 k 個值
        closest_y = labels[0:k]
        # 對最近的 k 個值進行計數統計
        # 這裡注意 collections 模組中的計數器 Counter 的用法
        c = Counter(closest_y)
        # 取計數最多的那個類別
        y_pred[i] = c.most_common(1)[0][0]
    return y_pred
```

在程式碼清單 6-4 中，我們透過遍歷測試集，利用預設 *k* 值和分類決策規則來對每一個測試樣本進行分類。這裡重點講一下 NumPy 的索引排序 argsort 函數和 collections.Counter 函數的用法。argsort 是一種索引排序方法，該方法對陣列按照從小到大排序後取每個數在原始排列中的索引值；Counter 是一種計數器，是 Python 內建模組 collections 下的一個常用方法，可以統計物件中每個元素的頻次。二者的用法範例如程式碼清單 6-5 所示。

程式碼清單 6-5　argsort 和 Counter 使用範例

```
>>> x = np.array([3, 1, 2])
>>> np.argsort(x)
array([1, 2, 0])
# 建立計數物件
>>> c = Counter('abcdeabcdabcaba')
# 取計數前三的元素
>>> c.most_common(3)
[('a', 5), ('b', 4), ('c', 3)]
```

基於程式碼清單 6-4 定義的預測函數，我們嘗試對測試集進行預測，在預設 k 值取 1 的情況下，來看一下分類準確率。測試如程式碼清單 6-6 所示。

程式碼清單 6-6　測試集預測

```
# 測試集預測結果
y_test_pred = predict_labels(y_train, dists, k=1)
y_test_pred = y_test_pred.reshape((-1, 1))
# 找出預測正確的實例
num_correct = np.sum(y_test_pred == y_test)
# 計算分類準確率
```

```
accuracy = float(num_correct) / X_test.shape[0]
print('KNN Accuracy based on NumPy: ', accuracy)
```

輸出如下：

```
# 計算分類準確率
KNN Accuracy based on NumPy: 0.977778
```

在 k 值取 1 的情況下，測試集上的分類準確率達到 0.98，可以說相當高了。

另外，為了找出最優 k 值，我們嘗試使用五折交叉驗證的方式進行搜尋，如程式碼清單 6-7 所示。

程式碼清單 6-7　用五折交叉驗證尋找最優 k 值

```
# 五折
num_folds = 5
# 候選 k 值
k_choices = [1, 3, 5, 8, 10, 12, 15, 20, 50, 100]
X_train_folds = []
y_train_folds = []
# 訓練資料劃分
X_train_folds = np.array_split(X_train, num_folds)
# 訓練標籤劃分
y_train_folds = np.array_split(y_train, num_folds)
k_to_accuracies = {}
# 遍歷所有候選 k 值
for k in k_choices:
    # 五折遍歷
    for fold in range(num_folds):
        # 為傳入的訓練集單獨劃分出一個驗證集作為測試集
        validation_X_test = X_train_folds[fold]
        validation_y_test = y_train_folds[fold]
        temp_X_train = np.concatenate(X_train_folds[:fold] + X_train_folds[fold + 1:])
        temp_y_train = np.concatenate(y_train_folds[:fold] + y_train_folds[fold + 1:])
        # 計算距離
        temp_dists = compute_distances(validation_X_test, temp_X_train)
        temp_y_test_pred = predict_labels(temp_y_train,temp_dists, k=k)
        temp_y_test_pred = temp_y_test_pred.reshape((-1, 1))
        # 查看分類準確率
        num_correct = np.sum(temp_y_test_pred == validation_y_test)
        num_test = validation_X_test.shape[0]
        accuracy = float(num_correct) / num_test
        k_to_accuracies[k] = k_to_accuracies.get(k,[]) + [accuracy]
```

```
# 列印不同 k 值、不同折數下的分類準確率
```

```
for k in sorted(k_to_accuracies):
    for accuracy in k_to_accuracies[k]:
        print('k = %d, accuracy = %f' % (k, accuracy))
```

輸出部分如圖 6-4 所示。可以看到，當 *k* 值取 10 的時候，平均分類準確率最高，所以在該例中最優 *k* 值應為 10。

```
k = 1, accuracy = 0.904762
k = 1, accuracy = 1.000000
k = 1, accuracy = 0.952381
k = 1, accuracy = 0.857143
k = 1, accuracy = 0.952381
k = 3, accuracy = 0.857143
k = 3, accuracy = 1.000000
k = 3, accuracy = 0.952381
k = 3, accuracy = 0.857143
k = 3, accuracy = 0.952381
k = 5, accuracy = 0.857143
k = 5, accuracy = 1.000000
k = 5, accuracy = 0.952381
k = 5, accuracy = 0.904762
k = 5, accuracy = 0.952381
k = 8, accuracy = 0.904762
k = 8, accuracy = 1.000000
k = 8, accuracy = 0.952381
k = 8, accuracy = 0.904762
k = 8, accuracy = 0.952381
k = 10, accuracy = 0.952381
k = 10, accuracy = 1.000000
k = 10, accuracy = 0.952381
k = 10, accuracy = 0.904762
k = 10, accuracy = 0.952381
k = 12, accuracy = 0.952381
k = 12, accuracy = 1.000000
k = 12, accuracy = 0.952381
k = 12, accuracy = 0.857143
k = 12, accuracy = 0.952381
k = 15, accuracy = 0.952381
k = 15, accuracy = 1.000000
k = 15, accuracy = 0.952381
k = 15, accuracy = 0.857143
k = 15, accuracy = 0.952381
```

圖 6-4　五折交叉驗證輸出結果

最後，我們用視覺化的方式，對不同 *k* 值下的分類準確率進行視覺化展示，如程式碼清單 6-8 所示。

程式碼清單 6-8　不同 *k* 值下的分類準確率

```
# 列印不同 k 值、不同折數下的分類準確率
for k in k_choices:
    # 取出第 k 個 k 值的分類準確率
    accuracies = k_to_accuracies[k]
```

```
    # 繪製不同 k 值下分類準確率的散點圖
    plt.scatter([k] * len(accuracies), accuracies)
# 計算分類準確率均值並排序
accuracies_mean = np.array([np.mean(v) for k,v in sorted(k_to_accuracies.items())])
# 計算分類準確率標準差並排序
accuracies_std = np.array([np.std(v) for k,v in sorted(k_to_accuracies.items())])
# 繪製有置信區間的誤差棒圖
plt.errorbar(k_choices, accuracies_mean, yerr=accuracies_std)
# 繪圖示題
plt.title('Cross-validation on k')
# x 軸標籤
plt.xlabel('k')
# y 軸標籤
plt.ylabel('Cross-validation accuracy')
plt.show();
```

繪製效果如圖 6-5 所示。可以看到，當 k 取值在 0~20 時，k 近鄰分類準確率的波動並不是很大，平均分類準確率在 0.95 左右；當 k 取值在 20~50 時，分類準確率開始下滑；當 k 取值大於 50 時，分類準確率則呈現斷崖式下跌。所以，一般而言，k 值不宜取得過大，應從一個較小的取值開始，然後用交叉驗證方法選取最優值。

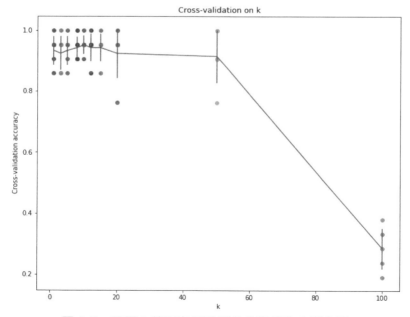

圖 6-5　不同 k 值下交叉驗證的分類準確率變化圖

6.4.3　基於 sklearn 的 *k* 近鄰演算法實現

同樣，sklearn 的 `neighbors.KNeighborsClassifier` 模組也提供了 *k* 近鄰演算法的實現方式。首先基於 KNeighborsClassifier 建立一個 *k* 近鄰實例，然後呼叫該實例的 `fit` 方法擬合訓練資料，最後對測試資料呼叫 `predict` 方法即可進行分類預測。基於 sklearn 的 *k* 近鄰範例如程式碼清單 6-9 所示。

> 程式碼清單 6-9　sklearn 的 k 近鄰範例

```
# 匯入 KNeighborsClassifier 模組
from sklearn.neighbors import KNeighborsClassifier
# 建立 k 近鄰實例
neigh = KNeighborsClassifier(n_neighbors=10)
# k 近鄰模型擬合
neigh.fit(X_train, y_train)
# k 近鄰模型預測
y_pred = neigh.predict(X_test)
# 預測結果陣列重塑
y_pred = y_pred.reshape((-1, 1))
# 統計預測正確的個數
num_correct = np.sum(y_pred == y_test)
# 計算分類準確率
accuracy = float(num_correct) / X_test.shape[0]
print('KNN Accuracy based on sklearn: ', accuracy)
```

輸出如下：

```
KNN Accuracy based on sklearn: 0.977778
```

可以看到，在 *k* 值取 10 的時候，sklearn *k* 近鄰的分類預測效果也是 0.98，跟 6.4.2 節我們基於 NumPy 的預測效果一樣，這也印證了我們基於 NumPy 的 *k* 近鄰演算法實現是成功的。

6.5　小結

k 近鄰是一種基於距離度量的資料分類模型，其基本做法是首先確定輸入實例的 *k* 個最近鄰實例，然後利用這 *k* 個訓練實例的多數所屬的類別來預測新的輸入實例所屬類別。距離度量方式、*k* 值的選擇和分類決策規則是 *k* 近鄰的三大要素。在給定訓練資料的情況下，當這三大要素確定時，*k* 近鄰的分類結果就可以確定。常用的距離度量

方式為歐幾里德距離，k 作為一個超參數，可以通過交叉驗證來獲得，而分類決策規則一般採用多數表決的方式。

## 第 7 章

決策樹

決策樹（decision tree）是最常見、最基礎的機器學習方法。決策樹基於特徵對資料實例按照條件不斷進行劃分，最終達到分類或者迴歸的目的。本章主要介紹如何將決策樹用於分類模型。決策樹模型預測的過程既可以看作一組 if-then 條件的集合，也可以視作定義在特徵空間與類空間中的條件機率分布。決策樹模型的核心概念包括特徵選擇方法、決策樹構造過程和決策樹剪枝。常見的特徵選擇方法包括訊息增益、訊息增益比和基尼指數（Gini index），對應的三種常見的決策樹演算法為 ID3、C4.5 和 CART。基於以上要點，本章會對決策樹進行完整的闡述。

7.1 「今天是否要打高爾夫」

從機器學習的角度來看，「今天是否要打高爾夫」是一個典型的二分類問題，答案不是肯定就是否定。在給定一組關於過去記錄打高爾夫情況資料的條件下，決策樹可以透過一個樹形結構進行決策。假設影響是否打高爾夫的決策因素包括天氣、溫度、濕度和是否有風這四個特徵，基於決策樹的決策過程就如圖 7-1 所示。

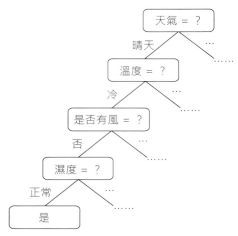

圖 7-1 是否打高爾夫的決策過程

在對「今天是否要打高爾夫」這樣的問題進行決策時,我們需要進行一系列子決策,如圖 7-1 所示,我們先判斷「天氣」如何,如果是「晴」,再看「溫度」,如果「溫度」是「冷」,再看「是否有風」,如果沒有風,再看「濕度」如何,在「濕度」為「正常」的情況下,我們做出今天要打高爾夫的決策。一組影響因素與是否打高爾夫的資料如表 7-1 所示。

表 7-1 高爾夫資料集

天氣	溫度	濕度	是否有風	是否打高爾夫
晴	熱	高	否	否
晴	熱	高	是	否
陰	熱	高	否	是
雨	適宜	高	否	是
雨	冷	正常	否	是
雨	冷	正常	是	否
陰	冷	正常	是	是
晴	適宜	高	否	否
晴	冷	正常	否	是
雨	適宜	正常	否	是
晴	適宜	正常	是	是
陰	適宜	高	是	是

天氣	溫度	濕度	是否有風	是否打高爾夫
陰	熱	正常	否	是
雨	適宜	高	是	否

表 7-1 是由 14 個樣本組成的高爾夫資料集,封包括影響是否打高爾夫的 4 個特徵。第一個特徵是天氣,包括 3 個取值:晴、陰和雨。第二個特徵是溫度,也有 3 個取值:熱、適宜和冷。第三個特徵是濕度,有 2 個取值:高和正常。第四個特徵為是否有風,同樣有 2 個取值:是和否。我們希望基於所給資料集來訓練一棵判斷是否打高爾夫的決策樹,用來對未來是否打高爾夫進行決策。為了完成上述任務,我們需要系統、深入地學習決策樹模型。

7.2 決策樹

決策樹透過樹形結構來對資料進行分類。一棵完整的決策樹由節點和有向邊構成,其中內部節點表示特徵,葉子節點表示類別,決策樹從根節點開始,選取資料中某一特徵,根據特徵取值對實例進行分配,透過不斷地選取特徵進行實例分配,決策樹可以達到對所有實例進行分類的目的。一棵典型的決策樹如圖 7-2 所示,圖中方框表示內部節點,圓表示葉子節點。

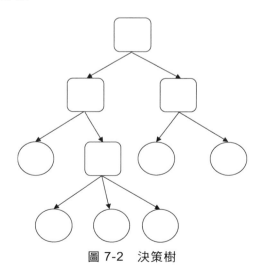

圖 7-2　決策樹

我們可以基於兩種視角來理解決策樹模型。第一種是將決策樹看作一組 if-then 規則的集合，為決策樹的根節點到葉子節點的每一條路徑都構建一條規則，路徑中的內部節點特徵代表規則條件，而葉子節點表示這條規則的結論。一棵決策樹所有的 if-then 規則都互斥且完備。if-then 規則本質上是一組分類規則，決策樹學習的目標就是基於資料歸納出這樣的一組規則。

第二種是從條件機率分布的角度來理解決策樹。假設將特徵空間劃分為互不相交的區域，且每個區域定義的類的機率分布就構成了一個條件機率分布。決策樹所表示的條件機率分布是由各個區域給定類的條件機率分布組成的。假設 X 為特徵的隨機變數，Y 為類的隨機變數，相應的條件機率分布可表示為 $P(Y \mid X)$，當葉子節點上的條件機率分布偏向某一類時，那麼屬於該類的機率就比較大。從這個角度來看，決策樹本質上也是一種機率模型。

下面我們基於一般機器學習的方法論來看決策樹的學習方式，透過模型、策略和演算法三要素來闡述決策樹。給定訓練集 $D = \{(x_1, y_1), (x_2, y_2), \cdots, (x_N, y_N)\}$，其中 $x_i = \left(x_i^{(1)}, x_i^{(2)}, \cdots, x_i^{(n)}\right)^{\mathrm{T}}$ 表示輸入實例，即特徵向量，n 為特徵個數，y_i 為類別標記，N 為樣本容量。決策樹的學習目標是構造一個決策樹模型，能夠對輸入實例進行最大可能正確的分類。

前面提到決策樹本質上是一種分類規則歸納，能夠對訓練資料進行正確分類的決策樹可能有很多個，也有可能一個也沒有。我們的學習目標是找到一棵能夠最大可能正確分類的決策樹，但是為了保證泛化性，我們也需要這棵決策樹不能過於「正確」，也就是說，決策樹也需要防止過擬合。所以，決策樹模型沒有偏離機器學習模型訓練的一般範式，即正則化參數的同時最小化經驗誤差。假設樹 T 的葉子節點個數為 $|T|$，t 為樹 T 的葉子節點，每個葉子節點有 N_t 個樣本，假設 k 類的樣本有 N_{tk} 個，其中 $k = 1, 2, \cdots, K$，$H_t(T)$ 為葉子節點上的經驗熵（empirical entropy），$\alpha \geqslant 0$ 為正則化參數，那麼決策樹學習的損失函數可表示為：

$$L_\alpha(T) = \sum_{t=1}^{|T|} N_t H_t(T) + \alpha \, |T| \tag{7-1}$$

決策樹學習的目標就是最小化式(7-1)的損失函數。式(7-1)並不是一個容易最佳化的函數，按照一般的梯度下降無法直接進行處理。因為從所有可能的決策樹中選擇最優決策樹是一個 NP 難問題，實際上我們一般使用啟發式方法來尋找最優決策樹。具體而言，就是遞迴地選擇最優特徵，並根據該特徵分割訓練集，這一步也對應決策樹的構建。從決策樹根節點開始，選擇一個最優特徵，按照該特徵取值將訓練集劃分為不同子集，使得各子集有一個在目前條件下的最優分類。如果這些子集都能被正確分類，即可將這些子集都歸類到葉子節點；否則可從這些子集中繼續選取最優特徵，如此遞迴地執行下去，直到所有子集都能被正確分類。以上過程對應式(7-1)的第一項。

以上構造決策樹的方法能夠最大限度地擬合訓練集，但極有可能發生過擬合現象。這時候我們需要透過式(7-1)的第二項來控制決策樹的複雜度以紓解過擬合的情況。為此我們需要對決策樹進行剪枝，決策樹的損失函數需要再加上式(7-1)的第二項。決策樹剪枝通常有預剪枝和後剪枝兩種方法。

所以，完整的決策樹模型包括特徵選擇、決策樹構建和決策樹剪枝三大方面。

7.3 特徵選擇：從訊息增益到基尼指數

7.3.1 什麼是特徵選擇

為了能夠構建一棵分類性能良好的決策樹，我們需要從訓練集中不斷選取具有分類能力的特徵。如果用一個特徵對資料集進行分類的效果與隨機選取的分類效果並無差異，我們可以認為該特徵對資料集的分類能力是低下的；反之，如果一個特徵能夠使得分類後的分支節點盡可能屬於同一類別，即該節點有著較高的**純度**（purity），那麼該特徵對資料集而言就具備較強的分類能力。

而決策樹的特徵選擇就是從資料集中選擇具備較強分類能力的特徵來對資料集進行劃分。那麼什麼樣的特徵才是具備較強分類能力的特徵呢？換言之，我們應該按照什麼標準來選取最優特徵？

在決策樹模型中，我們有三種方式來選取最優特徵，包括訊息增益、訊息增益比和基尼指數。

7.3.2 訊息增益

為了能夠更好地解釋訊息增益的概念，我們需要引入**訊息熵**（information entropy）的相關概念。在訊息論和機率統計中，熵是一種描述隨機變數不確定性的度量方式，也可以用來描述樣本集合的純度，訊息熵越低，樣本不確定性越小，相應的純度就越高。

假設目前樣本資料集 D 中第 k 個類所占比例為 $p_k (k = 1, 2, \cdots, Y)$，那麼該樣本資料集的熵可定義為：

$$E(D) = -\sum_{k=1}^{Y} p_k \log P_k \tag{7-2}$$[1]

假設離散隨機變數 (X, Y) 的聯合機率分布為：

$$P(X = x_i, Y = y_j) = P_{ij} (i = 1, 2, \cdots, m, j = 1, 2, \cdots, n) \tag{7-3}$$

條件熵 $E(Y | X)$ 表示在已知隨機變數 X 的條件下 Y 的不確定性的度量，$E(Y | X)$ 可定義為在給定 X 的條件下 Y 的條件機率分布的熵對 X 的數學期望。條件熵可以表示為：

$$E(Y | X) = \sum_{i=1}^{m} p_i E(Y | X = x_i) \tag{7-4}$$

其中 $p_i = P(X = x_i)$，$i = 1, 2, \cdots, n$。在利用實際資料進行計算時，熵和條件熵中的機率計算都是基於極大似然估計得到的，對應的熵和條件熵也叫經驗熵和經驗條件熵。

而**訊息增益**（information gain）則定義為由於得到特徵 X 的訊息而使得類 Y 的訊息不確定性減少的程度，即訊息增益是一種描述目標類別確定性增加的量，特徵的訊息增益越大，目標類的確定性越大。

假設訓練集 D 的經驗熵為 $E(D)$，給定特徵 A 的條件下 D 的經驗條件熵為 $E(D | A)$，那麼訊息增益可定義為經驗熵 $E(D)$ 與經驗條件熵 $E(D | A)$ 之差：

$$g(D, A) = E(D) - E(D | A) \tag{7-5}$$

構建決策樹時可以使用訊息增益進行特徵選擇。給定訓練集 D 和特徵 A，經驗熵 $E(D)$ 可以表示為對資料集 D 進行分類的不確定性，經驗條件熵 $E(D | A)$ 則表示在給定特徵 A 之後對資料集 D 進行分類的不確定性，二者的差即為兩個不確定性之間的差，也就是訊息增益。具體到資料集 D 中，每個特徵一般會有不同的訊息增益，訊息增益越大，代表對應的特徵分類能力越強。在經典的決策樹演算法中，ID3 演算法是基於訊息增益進行特徵選擇的。

---

[1] 本書中的對數如未特別說明，皆是以 2 為底。

我們以表 7-1 的高爾夫資料集為例，給出訊息增益的具體計算方式。假設我們需要計算天氣這個特徵對於資料集的訊息增益，第一步需要計算該資料集的經驗熵 E(*D*)，經驗熵 E(*D*) 依賴於目標變數，即是否打高爾夫的機率分布。目標變數的統計如表 7-2 所示。

表 7-2　是否打高爾夫的分類統計

是否打高爾夫	
是	否
9	5

根據式(7-2)經驗熵的計算公式和表 7-2 的目標變數分類統計，可以計算該資料集的經驗熵為：

$$E(是否打高爾夫) = E(5,\ 9) = E(0.36,\ 0.64)$$
$$= -0.36 \times \log_2(0.36) - 0.64 \times \log_2(0.64) = 0.94$$

現在我們給出天氣這個特徵，第二步就是計算加入天氣特徵之後的條件熵 E(*D*|天氣)。我們對天氣不同取值下是否打高爾夫的情況進行列表統計，如表 7-3 所示。

表 7-3　不同天氣下是否打高爾夫的情況統計

		是否打高爾夫		彙總
		是	否	
	晴	2	3	5
天氣	陰	4	0	4
	雨	3	2	5
				14

根據式(7-4)和表 7-3 的不同天氣下的分類統計，可計算經驗條件熵為：

$$E(是否打高爾夫|天氣) = p(晴) \times E(2,\ 3) + p(陰) \times E(4,\ 0) + p(雨) \times E(3,\ 2)$$
$$= \left(\frac{5}{14}\right) \times 0.97 + \left(\frac{4}{14}\right) \times 0 + \left(\frac{5}{14}\right) \times 0.97 \approx 0.69$$

最後根據經驗熵和經驗條件熵作差,即可得到天氣特徵的訊息增益:

$$g(是否打高爾夫, 天氣) = E(是否打高爾夫) - E(是否打高爾夫|天氣)$$
$$= 0.94 - 0.69 = 0.25$$

所以,最後我們計算得到天氣的訊息增益為 0.25。基於以上計算例子,我們透過編寫程式來實現訊息增益的計算。先定義一個訊息熵的計算函數,如程式碼清單 7-1 所示。

程式碼清單 7-1　訊息熵計算定義

```python
# 匯入 numpy
import numpy as np
# 匯入對數計算模組 log
from math import log
# 定義訊息熵計算函數
def entropy(ele):
    '''
    輸入：
    ele：包含類別取值的列表
    輸出：訊息熵值
    '''
    # 計算列表中取值的機率分布
    probs = [ele.count(i)/len(ele) for i in set(ele)]
    # 計算訊息熵
    entropy = -sum([prob*log(prob, 2) for prob in probs])
    return entropy
```

基於程式碼清單 7-1 定義的 entropy 函數,我們嘗試計算前述天氣特徵對於高爾夫資料集的訊息增益,如程式碼清單 7-2 所示。

程式碼清單 7-2　訊息增益計算

```python
# 匯入 pandas
import pandas as pd
# 以資料框結構讀取高爾夫資料集
df = pd.read_csv('./golf_data.csv')
# 計算資料集的經驗熵
# 'play'為目標變數,即是否打高爾夫
entropy_D = entropy(df['play'].tolist())
# 計算天氣特徵的經驗條件熵
# 其中 subset1~subset3 為根據天氣特徵三個取值劃分之後的子集
# 資料劃分過程如程式碼清單 7-5 所示
entropy_DA = len(subset1)/len(df)*entropy(subset1['play'].tolist()) +
             len(subset2)/len(df)*entropy(subset2['play'].tolist()) +
             len(subset3)/len(df)*entropy(subset3['play'].tolist())
```

```
# 計算天氣特徵的訊息增益
info_gain = entropy_D - entropy_DA
print('天氣特徵對於資料集分類的訊息增益為：', info_gain)
```

輸出如下：

天氣特徵對於資料集分類的訊息增益為：`0.2467498197744391`

7.3.3 訊息增益比

訊息增益是一種非常好的特徵選擇方法，但也存在一些問題：當某個特徵分類取值較多時，該特徵的訊息增益計算結果就會較大，比如給高爾夫資料集加一個「編號」特徵，從第一筆紀錄到最後一筆紀錄，總共有 14 個不同的取值，該特徵將會產生 14 個決策樹分支，每個分支僅包含一個樣本，每個節點的訊息純度都比較高，最後計算得到的訊息增益也將遠大於其他特徵。但是，根據實際情況，我們知道「編號」這樣的特徵很難起到分類作用，這樣構建出來的決策樹是無效的。所以，基於訊息增益選擇特徵時，會偏向於取值較大的特徵。

使用訊息增益比可以對上述問題進行校正。特徵 A 對資料集 D 的訊息增益比可以定義為其訊息增益 $g(D, A)$ 與資料集 D 關於特徵 A 取值的熵 $E_A(D)$ 的比值：

$$g_R(D, A) = \frac{g(D, A)}{E_A(D)} \tag{7-6}$$

其中 $E_A(D) = -\sum_{i=1}^{n} \frac{|D_i|}{|D|} \log_2 \frac{|D_i|}{|D|}$ ，n 表示特徵 A 的取值個數。

針對 7.3.2 節的計算例子，我們嘗試計算天氣特徵對於高爾夫資料集的訊息增益比。已知天氣特徵的訊息增益 g(是否打高爾夫, 天氣) ≈ 0.25，計算資料集 D 關於特徵 A 取值的熵 $E_A(D)$：

$$E_A(D) = -\left(\left(\frac{5}{14}\right) \times \log_2\left(\frac{5}{14}\right) + \left(\frac{4}{14}\right) \times \log_2\left(\frac{4}{14}\right) + \left(\frac{5}{14}\right) \times \log_2\left(\frac{5}{14}\right)\right) \approx 1.58$$

最後計算天氣特徵的訊息增益比為：

$$g_R(是否打高爾夫, 天氣) = \frac{0.25}{1.58} \approx 0.16$$

跟訊息增益一樣，在基於訊息增益比進行特徵選擇時，我們選擇訊息增益比最大的特徵作為決策樹分裂節點。在經典的決策樹演算法中，C4.5 演算法是基於訊息增益比進行特徵選擇的。

7.3.4 基尼指數

除訊息增益和訊息增益比外，**基尼指數**（Gini index）也是一種較好的特徵選擇方法。基尼指數是針對機率分布而言的。假設樣本有 K 個類，樣本屬於第 k 類的機率為 p_k，則該樣本類別機率分布的基尼指數可定義為：

$$\text{Gini}(p) = \sum_{k=1}^{K} p_k (1 - p_k) = 1 - \sum_{k=1}^{K} p_k^2 \tag{7-7}$$

對於給定訓練集 D，C_k 是屬於第 k 類樣本的集合，則該訓練集的基尼指數可定義為：

$$\text{Gini}(D) = 1 - \sum_{k=1}^{K} \left(\frac{|C_k|}{|D|} \right)^2 \tag{7-8}$$

如果訓練集 D 根據特徵 A 某一取值 a 劃分為 D_1 和 D_2 兩個部分，那麼在特徵 A 這個條件下，訓練集 D 的基尼指數可定義為：

$$\text{Gini}(D, A) = \frac{D_1}{D} \text{Gini}(D_1) + \frac{D_2}{D} \text{Gini}(D_2) \tag{7-9}$$

與訊息熵的定義類似，訓練集 D 的基尼指數 $\text{Gini}(D)$ 表示該集合的不確定性，$\text{Gini}(D, A)$ 表示訓練集 D 經過 $A = a$ 劃分後的不確定性。對於分類任務而言，我們希望訓練集的不確定性越小越好，即 $\text{Gini}(D, A)$ 越小，對應的特徵對訓練樣本的分類能力越強。在經典的決策樹演算法中，CART 演算法是基於基尼指數進行特徵選擇的。

同樣以高爾夫資料集為例，我們來計算各特徵的基尼指數。該資料集共有 4 個特徵，計算過程如下。

求天氣特徵的基尼指數：

$$\text{Gini}(D, \text{天氣}=\text{晴}) = \frac{5}{14} \left(2 \times \frac{2}{5} \times \left(1 - \frac{2}{5} \right) \right) + \frac{9}{14} \left(2 \times \frac{2}{9} \times \left(1 - \frac{2}{9} \right) \right) \approx 0.39$$

$$\text{Gini}(D, \text{天氣}=\text{陰}) \approx 0.36$$

$$\text{Gini}(D, \text{天氣}=\text{雨}) \approx 0.46$$

可以看到，Gini(D, 天氣＝陰) 最小，所以天氣取值為陰可以選作天氣特徵的最優劃分點。同樣，剩餘三個特徵的基尼指數計算結果如下。

濕度特徵：

$$\text{Gini}(D, \text{溫度}＝\text{高}) \approx 0.37$$

溫度特徵：

$$\text{Gini}(D, \text{溫度}＝\text{熱}) \approx 0.29$$

$$\text{Gini}(D, \text{溫度}＝\text{適宜}) \approx 0.23$$

$$\text{Gini}(D, \text{溫度}＝\text{冷}) \approx 0.45$$

是否有風特徵：

$$\text{Gini}(D, \text{是否有風}＝\text{是}) \approx 0.43$$

濕度和是否有風特徵只有一個分裂節點，所以它們是最優劃分點。在全部的 4 個特徵中，Gini(D, 溫度＝適宜) ≈ 0.23 最小，所以選擇溫度特徵作為最優特徵，溫度適宜為其最優劃分點。

下面我們同樣透過編程來實現基尼指數的計算。先定義一個基尼指數的計算函數，如程式碼清單 7-3 所示。

程式碼清單 7-3　基尼指數計算函數

```python
# 匯入 numpy
import numpy as np
# 定義基尼指數計算函數
def gini(nums):
    '''
    輸入：
    nums：包含類別取值的列表
    輸出：基尼指數值
    '''
    # 獲取列表類別的機率分布
    probs = [nums.count(i)/len(nums) for i in set(nums)]
    # 計算基尼指數
    gini = sum([p*(1-p) for p in probs])
    return gini
```

基於程式碼清單 7-3，我們可以計算在天氣特徵條件下資料集的基尼指數，如程式碼清單 7-4 所示。

程式碼清單 7-4　天氣特徵條件下的基尼指數

```
# 計算天氣特徵的基尼指數
# 匯入 pandas
import pandas as pd
# 以資料框結構讀取高爾夫資料集
df = pd.read_csv('./golf_data.csv')
# 其中 subset1 和 subset2 為根據天氣特徵取值為晴或者非晴劃分的兩個子集
gini_DA = len(subset1)/len(df) * gini(subset1['play'].tolist()) +
len(subset2/len(df) * gini(subset2['play']).tolist())
print('天氣特徵取值為晴的基尼指數為：', gini_DA)
```

輸出如下：

天氣特徵取值為晴的基尼指數為：0.39365079365

7.4　決策樹模型：從 ID3 到 CART

基於訊息增益、訊息增益比和基尼指數三種特徵選擇方法，分別有 ID3、C4.5 和 CART 三種經典的決策樹演算法。這三種演算法在構造分類決策樹時方法基本一致，都是透過特徵選擇方法遞迴地選擇最優特徵進行構造。其中 ID3 演算法和 C4.5 演算法只有決策樹的生成，不包括決策樹剪枝部分，所以這兩種演算法有時候容易過擬合。CART 演算法除用於分類外，還可用於迴歸，並且該演算法是包括決策樹剪枝的。

7.4.1　ID3

ID3 演算法的全稱為 Iterative Dichotomiser 3，即 3 代迭代二元樹。其核心是基於訊息增益遞迴地選擇最優特徵構造決策樹。

具體方法如下：首先預設一個決策樹根節點，然後對所有特徵計算訊息增益，選擇一個訊息增益最大的特徵作為最優特徵，根據該特徵的不同取值建立子節點，接著對每個子節點遞迴地呼叫上述方法，直到訊息增益很小或者沒有特徵可選時，即可構建最終的 ID3 決策樹。

給定訓練集 D、特徵集合 A 以及訊息增益閾值 ε，ID3 演算法的流程可以作如下描述。

(1) 如果 D 中所有實例屬於同一類別 C_k，那麼所構建的決策樹 T 為單節點樹，並且類 C_k 即為該節點的類的標記。

(2) 如果 T 不是單節點樹，則計算特徵集合 A 中各特徵對 D 的訊息增益，選擇訊息增益最大的特徵 A_g。

(3) 如果 A_g 的訊息增益小於閾值 ε，則將 T 視為單節點樹，並將 D 中所屬數量最多的類 C_k 作為該節點的類的標記並返回 T。

(4) 否則，可對 A_g 的每一特徵取值 a_i，按照 $A_g = a_i$ 將 D 劃分為若干非空子集 D_i，以 D_i 中所屬數量最多的類作為標記並構建子節點，由節點和子節點構成樹 T 並返回。

(5) 對第 i 個子節點，以 D_i 為訓練集，以 $A - A_g$ 為特徵集，遞迴地呼叫(1)~(4)步，即可得到決策樹子樹並返回。

下面基於以上 ID3 演算法流程和 7.3.2 節定義的訊息增益函數，並在新定義一些輔助函數的基礎上，嘗試實現 ID3 演算法。

因為要根據特徵取值來劃分資料集，所以我們首先定義一個 pandas 資料框的劃分函數，如程式碼清單 7-5 所示。

程式碼清單 7-5　資料集劃分函數

```
# 根據資料集和指定特徵定義資料集劃分函數
def df_split(df, col):
    '''
    輸入：
    df：待劃分的訓練資料
    col：劃分資料的依據特徵
    輸出：
    res_dict：根據特徵取值劃分後的不同資料集字典
    '''
    # 獲取依據特徵的不同取值
    unique_col_val = df[col].unique()
    # 建立劃分結果的資料框字典
    res_dict = {elem : pd.DataFrame for elem in unique_col_val}
    # 根據特徵取值進行劃分
    for key in res_dict.keys():
```

```
        res_dict[key] = df[:][df[col] == key]
    return res_dict
```

然後基於 df_split 和程式碼清單 7-1 中的 entropy 函數，定義 ID3 演算法的核心步驟——選擇最優特徵，如程式碼清單 7-6 所示。

程式碼清單 7-6　選擇最優特徵

```python
# 根據訓練集和標籤選擇訊息增益最大的特徵作為最優特徵
def choose_best_feature(df, label):
    '''
    輸入：
    df：待劃分的訓練資料
    label：訓練標籤
    輸出：
    max_value：最大訊息增益值
    best_feature：最優特徵
    max_splited：根據最優特徵劃分後的資料字典
    '''
    # 計算訓練標籤的訊息熵
    entropy_D = entropy(df[label].tolist())
    # 特徵集
    cols = [col for col in df.columns if col not in [label]]
    # 初始化最大訊息增益值、最優特徵和劃分後的資料集
    max_value, best_feature = -999, None
    max_splited = None
    # 遍歷特徵並根據特徵取值進行劃分
    for col in cols:
        # 根據目前特徵劃分後的資料集
        splited_set = df_split(df, col)
        # 初始化經驗條件熵
        entropy_DA = 0
        # 對劃分後的資料集遍歷計算
        for subset_col, subset in splited_set.items():
            # 計算劃分後的資料子集的標籤訊息熵
            entropy_Di = entropy(subset[label].tolist())
            # 計算目前特徵的經驗條件熵
            entropy_DA += len(subset)/len(df) * entropy_Di
        # 計算目前特徵的訊息增益
        info_gain = entropy_D - entropy_DA
        # 獲取最大訊息增益，並儲存對應的特徵和劃分結果
        if info_gain > max_value:
            max_value, best_feature = info_gain, col
            max_splited = splited_set
    return max_value, best_feature, max_splited
```

程式碼清單 7-6 是實現 ID3 演算法的核心步驟，對應 ID3 演算法流程中的第(4)步。在程式碼清單 7-6 中，我們定義了一個基於訊息增益選擇最優特徵的函數，透過遍歷訓練資料的特徵集，按照訊息增益選取最優特徵並返回劃分後的資料。

基於以上準備工作，我們可以封裝一個包括構建 ID3 決策樹的基本方法的演算法類，完整過程如程式碼清單 7-7 所示。

程式碼清單 7-7　構建 ID3 決策樹

```python
# ID3 演算法類
class ID3Tree:
    # 定義決策樹節點類
    class TreeNode:
        # 定義樹節點
        def __init__(self, name):
            self.name = name
            self.connections = {}
        # 定義樹連接
        def connect(self, label, node):
            self.connections[label] = node

    # 定義全域變數，包括資料集、特徵集、標籤和根節點
    def __init__(self, df, label):
        self.columns = df.columns
        self.df = df
        self.label = label
        self.root = self.TreeNode("Root")

    # 構建樹的呼叫
    def construct_tree(self):
        self.construct(self.root, "", self.df, self.columns)

    # 決策樹構建方法
    def construct(self, parent_node, parent_label, sub_df, columns):
        # 選擇最優特徵
        max_value, best_feature, max_splited = choose_best_feature(sub_df[columns],
self.label)
        # 如果選不到最優特徵，則構造單節點樹
        if not best_feature:
            node = self.TreeNode(sub_df[self.label].iloc[0])
            parent_node.connect(parent_label, node)
            return

        # 根據最優特徵以及子節點構建樹
        node = self.TreeNode(best_feature)
```

```
parent_node.connect(parent_label, node)
# 以 A-Ag 為新的特徵集
new_columns = [col for col in columns if col != best_feature]
# 遞迴地構造決策樹
for splited_value, splited_data in max_splited.items():
    self.construct(node, splited_value, splited_data, new_columns)
```

在程式碼清單 7-7 中，我們定義了樹節點類、ID3 決策樹的呼叫方法和構建方法。透過遞迴地選擇最優特徵，從根節點開始，由上而下地構造出 ID3 決策樹。

基於程式碼清單 7-7 的 ID3 演算法類，我們嘗試構建基於高爾夫資料集的 ID3 決策樹，如程式碼清單 7-8 所示。

程式碼清單 7-8　基於高爾夫資料集的 ID3 決策樹

```
# 讀取高爾夫資料集
df = pd.read_csv('./example_data.csv')
# 建立 ID3 決策樹實例
id3_tree = ID3Tree(df, 'play')
# 構造 ID3 決策樹
id3_tree.construct_tree()
```

構造出來的 ID3 決策樹局部列印出來如圖 7-3 所示，其中天氣、濕度、溫度和是否有風等為內部節點，最後一列為決策樹預測的葉子節點，帶括號的取值為決策樹的有向邊。

根結點
　　天氣
　　　（晴）
　　　　濕度
　　　　　（高）
　　　　　　溫度
　　　　　　　（熱）
　　　　　　　　是否有風
　　　　　　　　　（否）
　　　　　　　　　　　　否
　　　　　　　　　（是）
　　　　　　　　　　　　否
　　　　　　（適宜）
　　　　　　　　是否有風
　　　　　　　　　（否）
　　　　　　　　　　　　否
　　　　　（正常）
　　　　　　溫度
　　　　　　　（冷）
　　　　　　　　　　……
　　　　　　　（適宜）

圖 7-3　ID3 決策樹（局部）

7.4.2 C4.5

C4.5 演算法整體上與 ID3 演算法較為類似，不同之處在於 C4.5 在構造決策樹時使用訊息增益比作為特徵選擇方法。由 C4.5 演算法構造出來的決策樹也稱 C4.5 決策樹。給定訓練集 D、特徵集合 A 以及訊息增益閾值 ε，C4.5 演算法流程可以作如下描述。

(1) 如果 D 中所有實例屬於同一類別 C_k，那麼所構建的決策樹 T 為單節點樹，並且類 C_k 即為該節點的類的標記。

(2) 如果 T 不是單節點樹，則計算特徵集合 A 中各特徵對 D 的訊息增益比，選擇訊息增益比最大的特徵 A_g。

(3) 如果 A_g 的訊息增益比小於閾值 ε，則將 T 視為單節點樹，並將 D 中所屬數量最多的類 C_k 作為該節點的類的標記並返回 T。

(4) 否則，可對 A_g 的每一特徵取值 a_i，按照 $A_g = a_i$ 將 D 劃分為若干非空子集 D_i，以 D_i 中所屬數量最多的類作為標記並構建子節點，由節點和子節點構成樹 T 並返回。

(5) 對第 i 個子節點，以 D_i 為訓練集，以 $A - A_g$ 為特徵集，遞迴地呼叫(1)~(2)步，即可得到決策樹子樹 T_i 並返回。

從上述描述可以看到，C4.5 與 ID3 演算法相比，只有訊息增益與訊息增益比之間的差異。所以 C4.5 演算法實例和程式碼實現就不再給出，參考 7.4.1 節的 ID3 演算法即可。

7.4.3 CART 分類樹

CART 演算法的全稱為**分類與迴歸樹**（classification and regression tree），顧名思義，CART 演算法既可以用於分類，也可以用於迴歸，這是它與 ID3 和 C4.5 的主要區別之一。除此之外，CART 演算法的特徵選擇方法不再基於訊息增益或者訊息增益比，而是基於基尼指數。最後，CART 演算法不僅包括決策樹的生成演算法，還包括決策樹剪枝演算法。

CART 可以理解為在給定隨機變數 X 的條件下輸出隨機變數 Y 的條件機率分布的學習演算法。CART 生成的決策樹都是二元決策樹，內部節點取值為「是」和「否」，這種節點劃分方法等價於遞迴地二分每個特徵，將特徵空間劃分為有限個單元，並在這些單元上確定預測的機率分布，即前述預測條件機率分布。

我們先來看 CART 分類樹。

CART 分類樹生成演算法基於最小基尼指數遞迴地選擇最優特徵，並確定最優特徵的最優二值劃分點。CART 分類樹生成演算法描述如下。

(1) 給定訓練集 D 和特徵集 A，對於每個特徵 a 及其所有取值 a_i，根據 $a = a_i$ 將資料集劃分為 D_1 和 D_2 兩個部分，基於式(7-9)計算 $a = a_i$ 時的基尼指數。

(2) 取基尼指數最小的特徵及其對應的劃分點作為最優特徵和最優劃分點，據此將目前節點劃分為兩個子節點，將訓練集根據特徵分配到兩個子節點中。

(3) 對兩個子節點遞迴地呼叫(1)和(2)，直至滿足停止條件。

(4) 最後即可生成 CART 分類決策樹。

7.4.4 CART 迴歸樹

CART 演算法也可以用於構建迴歸樹。假設訓練輸入 X 和輸出 Y，給定訓練集 $D = \{(x_1, y_1), (x_2, y_2), \cdots, (x_N, y_N)\}$，CART 迴歸樹的構建思路如下。

迴歸樹對應特徵空間的一個劃分以及在該劃分單元上的輸出值。假設特徵空間有 M 個劃分單元 $R_1, R_2, \cdots, R_M$，且每個劃分單元都有一個輸出權重 c_m，那麼迴歸樹模型可以表示為：

$$f(x) = \sum_{m=1}^{M} c_m I(x \in R_m) \tag{7-10}$$

跟線性迴歸模型一樣，迴歸樹模型訓練的目的同樣是最小化平方損失 $\sum_{x_i \in R_m} (y_i - f(x_i))^2$，以期求得最優輸出權重 $\hat{c}_m$。具體而言，我們用平方誤差最小方法求解每個單元上的最優權重，最優輸出權重 $\hat{c}_m$ 可以透過每個單元上所有輸入實例 x_i 對應的輸出值 y_i 的均值來確定，即：

$$\hat{c}_m = \text{average}(y_i \mid x_i \in R_m) \tag{7-11}$$

CART 分類樹透過計算基尼指數確定最優特徵和最優劃分點，那麼迴歸樹如何確定特徵最優劃分點呢？假設隨機選取第 j 個特徵 $x^{(j)}$ 及其對應的某個取值 s，將其作為劃分特徵和劃分點，同時定義兩個區域：

$$R_1(j, s) = \left\{ x \mid x^{(j)} \leq s \right\}; R_2(j, s) = \left\{ x \mid x^{(j)} > s \right\} \tag{7-12}$$

然後求解：

$$\min_{js} \left[\min_{c_1} \sum_{x_i \in R_1(j, s)} (y_i - c_1)^2 + \min_{c_2} \sum_{x_i \in R_2(j, s)} (y_i - c_2)^2 \right] \tag{7-13}$$

求解式(7-13)即可得到輸入特徵 j 和最優劃分點 s。按照上述平方誤差最小準則可以求得全域最優特徵和取值，並據此將特徵空間劃分為兩個子區域，對每個子區域重複前述劃分過程，直至滿足停止條件，即可生成一棵迴歸樹。一棵不同深度下的迴歸樹擬合範例如圖 7-4[2] 所示。

---

[2] 這張圖源自 sklearn 官方教學

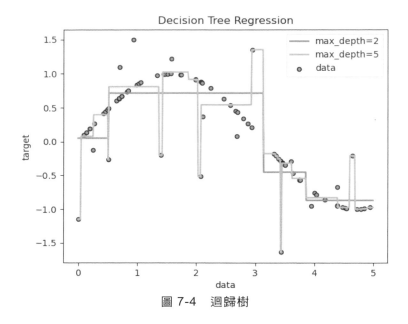

圖 7-4　迴歸樹

CART 迴歸樹生成演算法描述如下。

(1) 根據式(7-13)求解最優特徵 j 和最優劃分點 s，遍歷訓練集所有特徵，對固定劃分特徵掃描劃分點 s，可求得式(7-13)最小值。

(2) 透過式(7-11)和式(7-12)確定的最優 (j, s) 來劃分特徵空間區域並決定相應的輸出權重。

(3) 對劃分的兩個子區域遞迴呼叫(1)和(2)，直至滿足停止條件。

(4) 將特徵空間劃分為 M 個單元 $R_1, R_2, \cdots, R_M$，生成迴歸樹：

$$f(x) = \sum_{m=1}^{M} \hat{c}_m I(x \in R_m) \tag{7-14}$$

7.4.5　CART 演算法實現

本節中我們嘗試基於 NumPy 給出 CART 分類樹和迴歸樹演算法的基本實現方式。結合 CART 分類樹和迴歸樹的演算法流程，完整的實現思路如圖 7-5 所示。

圖 7-5 展示了 CART 的基本實現思路。無論是分類樹還是迴歸樹，二者對於樹節點和基礎二元樹的實現方式是一致的，主要差異在於特徵選擇方法和葉子節點取值預測方

法。所以，實現一個 CART 演算法，基本策略是從底層逐漸往上層進行搭建，首先定義樹節點，然後定義基礎的二元決策樹，最後分別結合分類樹和迴歸樹的特徵給出演算法實現。另外，還需要定義一些輔助函數，像二元樹的節點特徵分裂函數、基尼指數計算函數等。

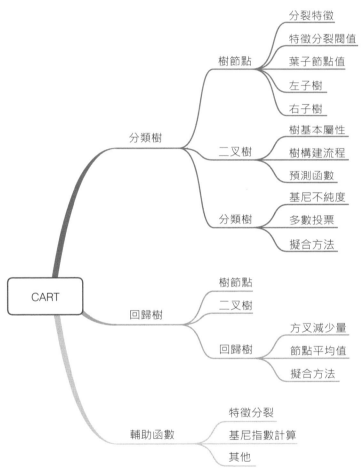

圖 7-5　CART 演算法實現思路

下面分別按照二元決策樹、分類樹和迴歸樹來實現 CART 演算法[3]。

(1) 二元決策樹

二元決策樹是定義分類樹和迴歸樹的基礎，分類樹和迴歸樹本身所具備的決策樹的大多數屬性可以透過二元決策樹來體現。按照從底層往上層的程式碼搭建邏輯，我們先來定義決策樹節點，如程式碼清單 7-9 所示。

程式碼清單 7-9　定義樹節點

```
### 定義樹節點
class TreeNode:
    def __init__(self, feature_ix=None, threshold=None,
                    leaf_value=None, left_branch=None, right_branch=None):
        # 特徵索引
        self.feature_ix = feature_ix
        # 特徵的劃分閾值
        self.threshold = threshold
        # 葉子節點的取值
        self.leaf_value = leaf_value
        # 左子樹
        self.left_branch = left_branch
        # 右子樹
        self.right_branch = right_branch
```

程式碼清單 7-9 給出了一個典型的決策樹節點的類定義方式。我們給樹節點定義了五個基本屬性，包括該節點所代表的特徵索引、節點特徵的劃分閾值、葉子節點的取值、左子樹和右子樹。

基於樹節點，我們繼續嘗試定義一棵基礎的二元決策樹，如程式碼清單 7-10 所示。

程式碼清單 7-10　定義基礎的二元決策樹

```
# 匯入 numpy
import numpy as np
# 匯入輔助函數，可參考本書程式碼網址
from utils import feature_split, calculate_gini

### 定義二元決策樹
```

---

[3] 本節程式碼實現框架和概念部分參考了 GitHub 上的 ML-From-Scratch（eriklindernoren），已獲作者授權使用。

```python
class BinaryDecisionTree:
    ### 決策樹初始參數
    def __init__(self, min_samples_split=3, min_gini_impurity=999,
                 max_depth=float("inf"), loss=None):
        # 根節點
        self.root = None
        # 節點的最小分裂樣本數
        self.min_samples_split = min_samples_split
        # 節點的基尼不純度
        self.min_gini_impurity = min_gini_impurity
        # 樹的最大深度
        self.max_depth = max_depth
        # 基尼不純度計算函數
        self.gini_impurity_calc = None
        # 葉子節點的值預測函數
        self.leaf_value_calc = None
        # 損失函數
        self.loss = loss

    ### 決策樹擬合函數
    def fit(self, X, y, loss=None):
        # 遞迴構建決策樹
        self.root = self._construct_tree(X, y)
        self.loss = None

    ### 決策樹構建函數
    def _construct_tree(self, X, y, current_depth=0):
        # 初始化最小基尼不純度
        init_gini_impurity = 999
        # 初始化最優特徵索引和閾值
        best_criteria = None
        # 初始化資料子集
        best_sets = None

        # 合併輸入和標籤
        Xy = np.concatenate((X, y), axis=1)
        # 獲取樣本數和特徵數
        m, n = X.shape
        # 設定決策樹構建條件
        # 訓練樣本量大於節點最小分裂樣本數且目前樹深度小於最大深度
        if m >= self.min_samples_split and current_depth <= self.max_depth:
            # 遍歷計算每個特徵的基尼不純度
            for f_i in range(n):
                # 獲取第 i 個特徵的所有取值
                f_values = np.expand_dims(X[:, f_i], axis=1)
                # 獲取第 i 個特徵的唯一取值
```

```
            unique_values = np.unique(f_values)

            # 遍歷取值並尋找最優特徵分裂閾值
            for threshold in unique_values:
                # 特徵節點二叉分裂
                Xy1, Xy2 = feature_split(Xy, f_i, threshold)
                # 如果分裂後的子集大小都不為 0
                if len(Xy1) != 0 and len(Xy2) != 0:
                    # 獲取兩個子集的標籤值
                    y1 = Xy1[:, n:]
                    y2 = Xy2[:, n:]

                    # 計算基尼不純度
                    impurity = self.gini_impurity_calc(y, y1, y2)

                    # 獲取最小基尼不純度
                    # 最優特徵索引和分裂閾值
                    if impurity < init_gini_impurity:
                        init_gini_impurity = impurity
                        best_criteria = {"feature_ix": f_i, "threshold":
                                            threshold}
                        best_subsets = {
                            "leftX": Xy1[:, :n],
                            "lefty": Xy1[:, n:],
                            "rightX": Xy2[:, :n],
                            "righty": Xy2[:, n:]
                            }

    # 如果計算的最小基尼不純度小於設定的最小基尼不純度
    if init_gini_impurity < self.min_gini_impurity:
        # 分別構建左右子樹
        left_branch = self._construct_tree(best_subsets["leftX"],
            best_subsets["lefty"], current_depth + 1)
        right_branch=self._construct_tree(best_subsets["rightX"],
            best_sets["righty"], current_depth + 1)
        return TreeNode(feature_ix=best_criteria["f_i"],
            threshold=best_criteria["threshold"],
            left_branch=left_branch, right_branch=right_branch)

    # 計算葉子節點取值
    leaf_value = self.leaf_value_calc(y)
    return TreeNode(leaf_value=leaf_value)

### 定義二元樹值的預測函數
def predict_value(self, x, tree=None):
    if tree is None:
```

```
        tree = self.root
    # 如果葉子節點已有值，則直接返回已有值
    if tree.leaf_value is not None:
        return tree.leaf_value
    # 選擇特徵並獲取特徵值
    feature_value = x[tree.feature_ix]

    # 判斷落入左子樹還是右子樹
    branch = tree.right_branch
    if feature_value >= tree.threshold:
        branch = tree.left_branch
    elif feature_value == tree.threshold:
        branch = tree.left_branch
    # 測試子集
    return self.predict_value(x, branch)

### 資料集預測函數
def predict(self, X):
    y_pred = [self.predict_value(sample) for sample in X]
    return y_pred
```

程式碼清單 7-10 首先定義了一棵完整的二元決策樹。它的主要屬性有根節點、節點的最小分裂樣本數、節點基尼不純度、樹的最大深度、基尼不純度計算函數、葉子節點值的預測函數和損失函數等；然後定義了決策樹的構建過程，遞迴遍歷所有特徵，並按照閾值將資料劃分為兩個子集，計算劃分後的基尼不純度，選擇最小基尼不純度的特徵構造決策樹；最後定義了二元樹值的預測函數。

(2) 分類樹

下面基於上一步定義的二元決策樹類 BinaryDecisionTree，根據分類樹的特徵，定義一個繼承 BinaryDecisionTree 類別的分類樹類別 ClassificationTree，如程式碼清單 7-11 所示。

程式碼清單 7-11　分類樹實現

```
### CART 分類樹
class ClassificationTree(BinaryDecisionTree):
    ### 定義基尼不純度的計算過程
    def _calculate_gini_impurity(self, y, y1, y2):
        p = len(y1) / len(y)
        gini = calculate_gini(y)
        gini_impurity = p * calculate_gini(y1) + (1-p) * calculate_gini(y2)
        return gini_impurity
```

```
### 多數投票
def _majority_vote(self, y):
    most_common = None
    max_count = 0
    for label in np.unique(y):
        # 統計多數
        count = len(y[y == label])
        if count > max_count:
            most_common = label
            max_count = count
    return most_common

# 分類樹擬合
def fit(self, X, y):
    self.gini_impurity_calc = self._calculate_gini_impurity
    self.leaf_value_calc = self._majority_vote
    super(ClassificationTree, self).fit(X, y)
```

在程式碼清單 7-11 中，我們定義了分類樹類 ClassificationTree，它主要包括三個方法：基尼不純度計算方法、判斷葉子節點所屬類別的多數投票法以及分類樹擬合方法。

然後我們嘗試用 iris 資料集對分類樹進行測試，如程式碼清單 7-12 所示。

程式碼清單 7-12　分類樹測試

```
# 匯入資料集
from sklearn import datasets
# 匯入資料劃分模組
from sklearn.model_selection import train_test_split
# 匯入準確率評估函數
from sklearn.metrics import accuracy_score
# 匯入 iris 資料集
data = datasets.load_iris()
# 獲取輸入和標籤
X, y = data.data, data.target
y = y.reshape((-1, 1))
# 劃分訓練集和測試集
X_train, X_test, y_train, y_test = train_test_split(X, y, test_size=0.3)
# 建立分類樹模型實例
clf = ClassificationTree()
# 分類樹訓練
clf.fit(X_train, y_train)
# 分類樹預測
y_pred = clf.predict(X_test)
# 列印模型分類準確率
```

```
print("Accuracy of CART classicication tree based on NumPy: ",
accuracy_score(y_test, y_pred))
```

輸出如下：

```
Accuracy of CART classicication tree based on NumPy: 1
```

作為對比，我們同樣使用 sklearn 的 sklearn.tree.DecisionTreeClassifier 模組來對該資料集進行測試，如程式碼清單 7-13 所示。

程式碼清單 7-13 sklearn 分類樹測試

```
# 匯入分類樹模組
from sklearn.tree import DecisionTreeClassifier
# 建立分類樹實例
clf = DecisionTreeClassifier()
# 分類樹訓練
clf.fit(X_train, y_train)
# 分類樹預測
y_pred = clf.predict(X_test)
print("Accuracy of CART classicication tree based on sklearn:",
accuracy_score(y_test, y_pred))
```

輸出如下：

```
Accuracy of CART classicication tree based on sklearn：1
```

可以看到，基於 NumPy 的分類樹實現模型的分類準確率跟基於 sklearn 的分類樹模型的分類準確率非常一致。

(3) 迴歸樹

同樣基於步驟(2)定義的二元決策樹類 BinaryDecisionTree，根據迴歸樹的特徵，定義一個繼承 BinaryDecisionTree 類別的迴歸樹類 RegressionTree，如程式碼清單 7-14 所示。

程式碼清單 7-14 迴歸樹實現

```
### CART 迴歸樹
class RegressionTree(BinaryDecisionTree):
    # 計算變異數減少量
    def _calculate_variance_reduction(self, y, y1, y2):
        var_tot = np.var(y, axis=0)
        var_y1 = np.var(y1, axis=0)
        var_y2 = np.var(y2, axis=0)
```

```
    frac_1 = len(y1) / len(y)
    frac_2 = len(y2) / len(y)
    # 計算變異數減少量
    variance_reduction = var_tot - (frac_1 * var_y1 + frac_2 * var_y2)
    return sum(variance_reduction)

# 節點值取平均
def _mean_of_y(self, y):
    value = np.mean(y, axis=0)
    return value if len(value) > 1 else value[0]

# 迴歸樹擬合
def fit(self, X, y):
    self.gini_impurity_calc = self._calculate_variance_reduction
    self.leaf_value_calc = self._mean_of_y
    super(RegressionTree, self).fit(X, y)
```

程式碼清單 7-14 定義了一個迴歸樹類 RegressionTree，它同樣也包括三個方法：基於
變異數減少量的不純度計算方法、節點均值化取值方法以及迴歸樹擬合方法。

然後我們用 sklearn 的波士頓房價資料集對迴歸樹進行測試，如程式碼清單 7-15 所示。

程式碼清單 7-15　迴歸樹測試

```
# 匯入波士頓房價資料集模組
from sklearn.datasets import load_boston
# 匯入均方誤差評估函數
from sklearn.metrics import mean_squared_error
# 獲取輸入和標籤
X, y = load_boston(return_X_y=True)
y = y.reshape((-1, 1))
# 劃分訓練集和測試集
X_train, X_test, y_train, y_test = train_test_split(X, y, test_size=0.3)
# 建立迴歸樹模型實例
reg = RegressionTree()
# 模型訓練
reg.fit(X_train, y_train)
# 模型預測
y_pred = reg.predict(X_test)
# 評估均方誤差
mse = mean_squared_error(y_test, y_pred)
print("MSE of CART regression tree based on NumPy: ", mse)
```

輸出如下：

```
MSE of CART regression tree based on NumPy: 56.6033
```

作為對比，同樣使用 sklearn 的 sklearn.tree.DecisionTreeRegressor 模組來對該資料集進行測試，如程式碼清單 7-16 所示。

程式碼清單 7-16　sklearn 迴歸樹測試

```
# 匯入迴歸樹模組
from sklearn.tree import DecisionTreeRegressor
# 建立迴歸樹模型實例
reg = DecisionTreeRegressor()
reg.fit(X_train, y_train)
y_pred = reg.predict(X_test)
mse = mean_squared_error(y_test, y_pred)
print("MSE of CART regression tree based on sklearn: ", mse)
```

輸出如下：

```
MSE of CART regression tree based on sklearn: 26.4928
```

可以看到，基於 NumPy 實現的迴歸樹模型測試效果要差於基於 sklearn 的迴歸樹模型。作為迴歸樹演算法的一個邏輯實現，性能要弱於原生演算法函式庫。

7.5　決策樹剪枝

一個完整的決策樹演算法，除決策樹生成演算法外，還包括決策樹剪枝演算法。決策樹生成演算法遞迴地產生決策樹，生成的決策樹大而全，但很容易導致過擬合現象。決策樹剪枝（pruning）則是對已生成的決策樹進行簡化的過程，透過對已生成的決策樹剪掉一些子樹或者葉子節點，並將其根節點或父節點作為新的葉子節點，從而達到簡化決策樹的目的。

決策樹剪枝一般包括兩種方法：**預剪枝**（pre-pruning）和**後剪枝**（post-pruning）。所謂預剪枝，就是在決策樹生成過程中提前停止樹的增長的一種剪枝演算法。其主要思路是在決策樹節點分裂之前，計算目前節點劃分能否提升模型泛化能力，如果不能，則決策樹在該節點停止生長。預剪枝方法直接，演算法簡單高效，適用於大規模求解問題。目前在主流的整合學習模型中，很多演算法用到了預剪枝的思想。但預剪枝提前停止樹生長的方法，也一定程度上存在欠擬合的風險，導致決策樹生長不夠完全。

在實際應用中，我們還是以後剪枝方法為主。後剪枝主要透過極小化決策樹整體損失函數來實現。決策樹學習的目標就是最小化式(7-1)的損失函數。式(7-1)第一項中的經驗熵可以表示為：

$$H_t(T) = -\sum_k \frac{N_{tk}}{N_t} \log \frac{N_{tk}}{N_t} \qquad (7\text{-}15)$$

令式(7-1)中的第一項為：

$$L(T) = \sum_{t=1}^{|T|} N_t H_t(T) = -\sum_{t=1}^{|T|} \sum_{k=1}^{K} N_{tk} \log \frac{N_{tk}}{N_t} \qquad (7\text{-}16)$$

此時式(7-1)可改寫為：

$$L_\alpha(T) = L(T) + \alpha |T| \qquad (7\text{-}17)$$

其中 $L(T)$ 為模型的經驗誤差項，$|T|$ 表示決策樹複雜度，$\alpha \geq 0$ 即為正則化參數，用於控制經驗誤差項和正則化項之間的影響。

決策樹後剪枝，就是在複雜度 α 確定的情況下，選擇損失函數 $L_\alpha(T)$ 最小的決策樹模型。給定生成演算法得到的決策樹 T 和正則化參數 α，決策樹後剪枝演算法描述如下。

(1) 計算每個樹節點的經驗熵 $H_t(T)$。

(2) 遞迴地自底向上回縮，假設一組葉子節點回縮到父節點前後的樹分別為 T_{before} 與 T_{after}，其對應的損失函數分別為 $L_\alpha(T_{\text{before}})$ 和 $L_\alpha(T_{\text{after}})$，如果 $L_\alpha(T_{\text{after}}) \leq L_\alpha(T_{\text{before}})$，則進行剪枝，將父節點變為新的葉子節點。

(3) 重複第(2)步，直到得到損失函數最小的子樹。

CART 演算法的剪枝正是後剪枝方法。CART 後剪枝首先透過計算子樹的損失函數來實現剪枝並得到一個子樹序列，然後通過交叉驗證的方法從子樹序列中選取最優子樹。

7.6 小結

本章知識點密集，但涉及的數學推導並不是很多，樹模型不同於線性迴歸等模型，但其核心思想仍然屬於典型的機器學習範疇。決策樹一般包括特徵選擇條件、決策樹生成演算法和決策樹剪枝演算法。

常用的基礎決策樹演算法包括 ID3 演算法、C4.5 演算法和 CART 演算法。三者分別使用訊息增益最大、訊息增益比最大以及基尼指數最小來遞迴地選擇特徵構造決策樹。另外，由於生成的決策樹存在過度生長造成過擬合的問題，一般情況下需要在決策樹生成之後對其進行剪枝。決策樹剪枝演算法包括預剪枝和後剪枝兩種。

值得注意的是，基礎的決策樹模型是後續整合學習模型的重要理論基礎。

第 8 章
神經網路

如今神經網路與深度學習在各個領域都有廣泛的研究與應用，大有超過機器學習本身的趨勢。**神經網路**（neural network）可以溯源到原先的單層**感知機**（perceptron），單層感知機逐漸發展到多層感知機，加入的隱藏層使得感知機發展為能夠擬合一切的神經網路模型，而反向傳播演算法是整個神經網路訓練的核心。本章主要深入介紹感知機與單隱藏層神經網路的主要原理與手寫實現方式，並簡單介紹神經網路與深度學習。

8.1 無處不在的圖像識別

神經網路的一個最典型應用是圖像識別。高鐵站進站口的人臉識別、醫學上利用電腦視覺技術對醫學影像進行自動化輔助判讀、自動駕駛汽車可以識別行車環境下所遇到的各種目標等，可以說圖像識別已經在日常生活中隨處可見。

圖像識別的基本原理是透過神經網路自動化提取圖像特徵，經過大量資料訓練，進而達到分類的目的。最經典的案例是 MNIST 手寫數字識別。MNIST 資料庫包括 60,000 張手寫的 0～9 數字圖像（如圖 8-1 所示），每張數字圖像的像素為，透過神經網路對數字圖像進行特徵提取，然後轉化為數值向量進行分類器訓練的方式，我們可以準確識別 0～9 這十個數字。

```
0 0 0 0 0 0 0 0 0 0 0 0 0 0 0 0
1 1 1 1 1 1 1 1 1 1 1 1 1 1 1 1
2 2 2 2 2 2 2 2 2 2 2 2 2 2 2 2
3 3 3 3 3 3 3 3 3 3 3 3 3 3 3 3
4 4 4 4 4 4 4 4 4 4 4 4 4 4 4 4
5 5 5 5 5 5 5 5 5 5 5 5 5 5 5 5
6 6 6 6 6 6 6 6 6 6 6 6 6 6 6 6
7 7 7 7 7 7 7 7 7 7 7 7 7 7 7 7
8 8 8 8 8 8 8 8 8 8 8 8 8 8 8 8
9 9 9 9 9 9 9 9 9 9 9 9 9 9 9 9
```

圖 8-1　MNIST 資料集範例

8.2　從感知機說起

8.2.1　感知機推導

感知機作為神經網路和支援向量機的理論基礎,我們有必要從頭開始說起。簡單來說,感知機就是一個線性模型,旨在建立一個線性分隔超平面對線性可分的資料集進行分類。其基本結構如圖 8-2 所示。

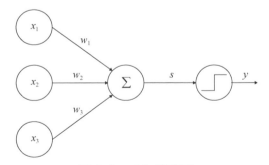

圖 8-2　感知機模型

圖 8-2 從左到右為感知機模型的計算執行方向,模型接收了 x_1、x_2、x_3 三個輸入,將輸入與權重係數 w 進行加權求和並經過 Sigmoid 函數進行啟動,將啟動結果 y 作為輸出。這便是感知機執行前向計算的基本過程。但這樣還不夠,剛剛我們只解釋了模型,並未解釋策略和演算法。當我們執行完前向計算得到輸出之後,模型需要根據你的輸出和實際輸出按照損失函數計算目前損失,計算損失函數關於權重和偏置的梯

度，然後根據梯度下降法更新權重和偏置，經過不斷的迭代調整權重和偏置使得損失最小，這便是完整的單層感知機的訓練過程。

下面我們來看感知機的數學描述。給定輸入實例 $x \in \mathcal{X}$，輸出 $y \in \mathcal{Y} = \{+1, -1\}$，由輸入到輸出的感知機模型可以表示為：

$$y = \text{sign}(w \cdot x + b) \tag{8-1}$$

其中 w 為權重係數，b 為偏置參數，sign 為符號函數，即：

$$\text{sign}(x) = \begin{cases} +1, & x \geqslant 0 \\ -1, & x < 0 \end{cases} \tag{8-2}$$

我們知道感知機的學習目標是建立一個線性分隔超平面，以將訓練資料正例和負例完全分開，我們可以透過最小化損失函數來確定模型參數 w 和 b。那麼，該如何定義感知機的損失函數呢？一個方法是定義誤分類點到線性分隔超平面的總距離。假設輸入空間中任意一點 x_0 到線性分隔超平面的距離為：

$$\frac{1}{\|w\|} |w \cdot x_0 + b| \tag{8-3}$$

其中 $\|w\|$ 為 w 的 2-範數。

對於任意一誤分類點 (x_i, y_i)，當 $w \cdot x_i + b > 0$ 時，$y_i = -1$；當 $w \cdot x_i + b < 0$ 時，$y_i = +1$，因而都有 $-y_i(w \cdot x_i + b) > 0$ 都有成立。所以誤分類點到線性分隔超平面的距離 S 為：

$$-\frac{1}{\|w\|} y_i(w \cdot x_i + b) \tag{8-4}$$

假設總共有 M 個誤分類點，所有誤分類點到線性分隔超平面的總距離為：

$$-\frac{1}{\|w\|} \sum_{x_i \in M} y_i(w \cdot x_i + b) \tag{8-5}$$

在忽略 2-範數 $\dfrac{1}{\|w\|}$ 的情況下，感知機的損失函數可以表示為：

$$L(w, b) = -\sum_{x_i \in M} y_i(w \cdot x_i + b) \tag{8-6}$$

其中 M 是該分類點的集合。針對式(8-6)，我們可以使用隨機梯度下降進行最佳化求解。分別計算損失函數 $L(w, b)$ 關於參數 w 和 b 的梯度：

$$\frac{\partial L(w, b)}{\partial w} = -\sum_{x_i \in M} y_i x_i \tag{8-7}$$

$$\frac{\partial L(w, b)}{\partial b} = -\sum_{x_i \in M} y_i \tag{8-8}$$

然後根據式(8-8)更新權重係數：

$$w = w + \lambda y_i x_i \tag{8-9}$$

$$b = b + \lambda y_i \tag{8-10}$$

其中 λ 為學習步長，也就是神經網路訓練調參中的學習率。

關於感知機模型，一個直觀的解釋是：當一個實例被誤分類時，即實例位於線性分隔超平面的錯誤一側時，我們需要調整參數 w 和 b 的值，使得線性分隔超平面向該誤分類點的一側移動，以縮短該誤分類點與線性分隔超平面的距離，直到線性分隔超平面越過該誤分類點使其能夠被正確分類。

8.2.2 基於 NumPy 的感知機實現

感知機模型較為簡單，我們嘗試基於 NumPy 實現一個感知機模型。為了方便完整地定義感知機模型的訓練過程，先定義感知機符號函數 sign 和參數初始化函數 initialize_parameters，如程式碼清單 8-1 所示。

程式碼清單 8-1　定義輔助函數

```
### 匯入 numpy 模組
import numpy as np
# 定義 sign 符號函數
def sign(x, w, b):
    '''
    輸入：
    x：輸入實例
    w：權重係數
    b：偏置參數
    輸出：符號函數值
    '''
    return np.dot(x,w)+b
```

```
### 定義參數初始化函數
def initialize_parameters(dim):
    '''
    輸入：
    dim：輸入資料維度
    輸出：
    w：初始化後的權重係數
    b：初始化後的偏置參數
    '''
    w = np.zeros(dim)
    b = 0.0
    return w, b
```

基於程式碼清單 8-1 的輔助函數，我們可直接根據 8.2.1 節的推導邏輯編寫感知機的
訓練過程，如程式碼清單 8-2 所示。

程式碼清單 8-2　定義感知機訓練過程

```
### 定義感知機訓練函數
def perceptron_train(X_train, y_train, learning_rate):
    '''
    輸入：
    X_train：訓練輸入
    y_train：訓練標籤
    learning_rate：學習率
    輸出：
    params：訓練得到的參數
    '''
    # 參數初始化
    w, b = initialize_parameters(X_train.shape[1])
    # 初始化誤分類狀態
    is_wrong = False
    # 當存在誤分類點時
    while not is_wrong:
        # 初始化誤分類點計數
        wrong_count = 0
        # 遍歷訓練資料
        for i in range(len(X_train)):
            X = X_train[i]
            y = y_train[i]
            # 如果存在誤分類點
            if y * sign(X, w, b) <= 0:
                # 更新參數
                w = w + learning_rate*np.dot(y, X)
                b = b + learning_rate*y
                # 誤分類點+1
```

```
                wrong_count += 1
    # 直到沒有誤分類點
    if wrong_count == 0:
        is_wrong = True
        print('There is no missclassification!')
    # 儲存更新後的參數
    params = {
        'w': w,
        'b': b
    }
return params
```

然後我們以 sklearn 的 iris 資料集為例，測試編寫的感知機程式碼。資料集準備如程式碼清單 8-3 所示。最後我們以的資料作為訓練輸入，以 100 個正負實例作為訓練輸出[1]。

程式碼清單 8-3　測試資料準備

```python
# 匯入 pandas 模組
import pandas as pd
# 匯入 iris 資料集
from sklearn.datasets import load_iris
iris = load_iris()
# 轉化為 pandas 資料框
df = pd.DataFrame(iris.data, columns=iris.feature_names)
# 資料標籤
df['label'] = iris.target
# 變數重命名
df.columns = ['sepal length', 'sepal width', 'petal length', 'petal width',
'label']
# 取前 100 行資料
data = np.array(df.iloc[:100, [0, 1, -1]])
# 定義訓練輸入和輸出
X, y = data[:,:-1], data[:,-1]
y = np.array([1 if i == 1 else -1 for i in y])
# 輸出訓練集大小
print(X.shape, y.shape)
```

輸出如下：

```
(100, 2) (100,)
```

---

[1]　該資料範例來自 GitHub 上的 lihang-code(fengdu78)，已獲作者授權使用。

感知機訓練如程式碼清單 8-4 所示。

程式碼清單 8-4　感知機訓練

```
params = perceptron_train(X, y, 0.01)
print(parmas)
```

輸出如下：

```
{'b': -1.2400000000000009, 'w': array([ 0.79 , -1.007])}
```

最後，我們嘗試基於訓練好的參數繪製感知機的線性分隔超平面，如程式碼清單 8-5 所示。

程式碼清單 8-5　繪製感知機的線性分隔超平面

```
# 匯入 matplotlib
import matplotlib.pyplot as plt
# 輸入實例取值
x_points = np.linspace(4, 7, 10)
# 線性分隔超平面
y_hat = -(params['w'][0]*x_points + params['b'])/params['w'][1]
# 繪製線性分隔超平面
plt.plot(x_points, y_hat)
# 繪製二分類散點圖
plt.scatter(data[:50, 0], data[:50, 1], color='red', label='0')
plt.scatter(data[50:100, 0], data[50:100, 1], color='green', label='1')
plt.xlabel('sepal length')
plt.ylabel('sepal width')
plt.legend()
plt.show();
```

最終效果如圖 8-3 所示。

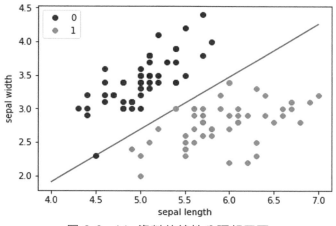

圖 8-3　iris 資料的線性分隔超平面

8.3　從單層到多層

8.3.1　神經網路與反向傳播

8.2 節中闡述的感知機均是指單層感知機。單層感知機僅包含兩層神經元，即輸入神經元與輸出神經元，可以非常容易地實現邏輯與、邏輯或和邏輯非等線性可分情形。對於像異或問題這樣線性不可分的情形，單層感知機難以處理（所謂線性不可分，即對於輸入訓練資料，不存在一個線性分隔超平面能夠將其進行線性分類），其學習過程會出現一定程度的振盪，權重係數 w 難以穩定下來，難以求得合適的解。XOR 問題如圖 8-4 右圖所示。

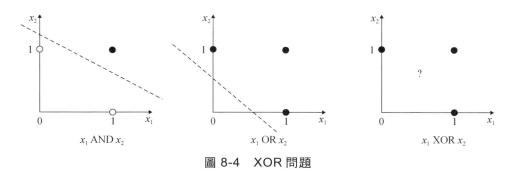

圖 8-4　XOR 問題

對於線性不可分的情況，在感知機的基礎上一般有兩個處理方向，一個是下一章要闡述的 SVM，旨在透過核函數映射來處理非線性的情況，另一個是神經網路模型。這裡的神經網路模型也稱**多層感知機**（multi-layer perception, MLP），它與單層感知機在結構上的區別主要在於 MLP 多了若干隱藏層，這使得神經網路能夠處理非線性問題。一個兩層網路（多層感知機）如圖 8-5 所示。

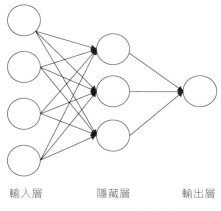

輸入層　　　　　　隱藏層　　　　　　輸出層

圖 8-5　兩層神經網路

反向傳播（back propagation, BP）演算法也稱誤差逆傳播，是神經網路訓練的核心演算法。我們通常說的 BP 神經網路是指應用反向傳播演算法進行訓練的神經網路模型。反向傳播演算法的工作機制究竟是怎樣的呢？我們以一個兩層（即單隱藏層）網路為例，也就是圖 8-5 中的網路結構，給出反向傳播的基本推導過程。

假設輸入層為 x，有 m 個訓練樣本，輸入層與隱藏層之間的權重和偏置分別為 w_1 和 b_1，線性加權計算結果為 $Z_1 = w_1 x + b_1$，採用 Sigmoid 啟動函數，啟動輸出為 $a_1 = \sigma(Z_1)$。而隱藏層到輸出層的權重和偏置分別為 w_2 和 b_2，線性加權的計算結果為 $Z_2 = w_2 x + b_2$，啟動輸出為 $a_2 = \sigma(Z_2)$。所以，這個兩層網路的前向計算過程為 $x \rightarrow Z_1 \rightarrow a_1 \rightarrow Z_2 \rightarrow a_2$。

直觀而言，反向傳播就是將前向計算過程反過來，但必須是梯度計算的方向反過來，假設這裡採用如下交叉熵損失函數：

$$L(y,\ a) = -(y \log a + (1-y) \log(1-a)) \tag{8-11}$$

反向傳播是基於梯度下降策略的，主要是從目標參數的負梯度方向更新參數，所以基於損失函數對前向計算過程中各個變數進行梯度計算是關鍵。將前向計算過程反過來，基於損失函數的梯度計算順序就是 $\mathrm{d}a_2 \rightarrow \mathrm{d}Z_2 \rightarrow \mathrm{d}w_2 \rightarrow \mathrm{d}b_2 \rightarrow \mathrm{d}a_1 \rightarrow \mathrm{d}Z_1 \rightarrow \mathrm{d}w_1 \rightarrow \mathrm{d}b_1$。我們從輸出 a_2 開始進行反向推導，輸出層啟動輸出為 a_2。首先，計算損失函數 $L(y, a)$ 關於 a_2 的微分 $\mathrm{d}a_2$，影響輸出 a_2 的是誰呢？由前向傳播可知，a_2 是由 Z_2 經啟動函數啟動計算而來的，所以計算損失函數關於 Z_2 的導數 $\mathrm{d}Z_2$ 必須經由 a_2 進行複合函數求導，即微積分中常說的鏈式求導法則。然後繼續往前推，影響 Z_2 的又是哪些變數呢？由前向計算 $Z_2 = w_2 x + b_2$ 可知，影響 Z_2 的有 w_2、a_1 和 b_2，繼續按照鏈式求導法則進行求導即可。最終以交叉熵損失函數為代表的兩層神經網路的反向傳播向量化求導計算公式如下：

$$\frac{\partial L}{\partial a_2} = \frac{\mathrm{d}}{\mathrm{d}a_2} L(a_2, y) = (-y\log a_2 - (1-y)\log(1-a_2))' = -\frac{y}{a_2} + \frac{1-y}{1-a_2} \tag{8-12}$$

$$\frac{\partial L}{\partial Z_2} = \frac{\partial L}{\partial a_2} \frac{\partial a_2}{\partial Z_2} = a_2 - y \tag{8-13}$$

$$\frac{\partial L}{\partial w_2} = \frac{\partial L}{\partial a_2} \frac{\partial a_2}{\partial Z_2} \frac{\partial Z_2}{\partial w_2} = \frac{\partial L}{\partial Z_2} a_1 = (a_2 - y)a_1 \tag{8-14}$$

$$\frac{\partial L}{\partial b_2} = \frac{\partial L}{\partial a_2} \frac{\partial a_2}{\partial Z_2} \frac{\partial Z_2}{\partial b_2} = \frac{\partial L}{\partial Z_2} = a_2 - y \tag{8-15}$$

$$\frac{\partial L}{\partial a_1} = \frac{\partial L}{\partial a_2} \frac{\partial a_2}{\partial Z_2} \frac{\partial Z_2}{\partial a_1} = (a_2 - y)w_2 \tag{8-16}$$

$$\frac{\partial L}{\partial Z_1} = \frac{\partial L}{\partial a_2} \frac{\partial a_2}{\partial Z_2} \frac{\partial Z_2}{\partial a_1} \frac{\partial a_1}{\partial Z_1} = (a_2 - y)w_2\sigma'(Z_1) \tag{8-17}$$

$$\frac{\partial L}{\partial w_1} = \frac{\partial L}{\partial a_2} \frac{\partial a_2}{\partial Z_2} \frac{\partial Z_2}{\partial a_1} \frac{\partial a_1}{\partial Z_1} \frac{\partial Z_1}{\partial w_1} = (a_2 - y)w_2\sigma'(Z_1)x \tag{8-18}$$

$$\frac{\partial L}{\partial b_1} = \frac{\partial L}{\partial a_2} \frac{\partial a_2}{\partial Z_2} \frac{\partial Z_2}{\partial a_1} \frac{\partial a_1}{\partial Z_1} \frac{\partial Z_1}{\partial b_1} = (a_2 - y)w_2\sigma'(Z_1) \tag{8-19}$$

鏈式求導法則是對複合函數進行求導的一種計算方法，複合函數的導數將是構成複合這有限個函數在相應點導數的乘積，就像鏈子一樣一環套一環，故稱鏈式法則。有了梯度計算結果之後，我們便可根據權重更新公式更新權重和偏置參數了，具體計算公式如下，其中 η 為學習率，是個超參數，需要在訓練時人為設定，當然也可以透過調參來取得最優超參數。

$$w = w - \eta \mathrm{d}w \tag{8-20}$$

以上便是 BP 神經網路模型和演算法的基本工作流程，如圖 8-6 所示。總結起來就是前向計算得到輸出，反向傳播調整參數，最後以得到損失最小時的參數為最優學習參數。

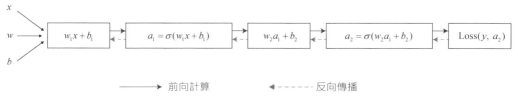

圖 8-6　前向計算與反向傳播

8.3.2　基於 NumPy 的神經網路搭建

基於 8.3.1 節的推導過程，我們嘗試基於 NumPy 來搭建一個兩層神經網路。為了不失完整性，在具體編寫程式碼之前，我們同樣梳理一下神經網路的 NumPy 編寫思路，然後給出基於 sklearn 的對比範例。

如圖 8-7 所示，基於 NumPy 實現神經網路模型的基本思路包括定義網路結構、初始化模型參數、定義前向傳播過程、計算目前損失、執行反向傳播、更新權重，以及將全部模組整合成一個完整的神經網路模型。

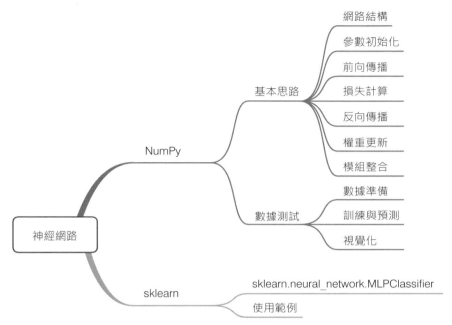

圖 8-7　神經網路程式碼編寫思路

假設我們要實現的兩層網路結構如圖 8-8 所示，基於上述思路，下面我們來看具體的實現程式碼。

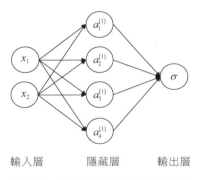

輸入層　　　　　隱藏層　　　　　輸出層

圖 8-8　要實現的兩層網路結構

(1) **定義網路結構**。第一步我們先定義網路結構，如圖 8-8 所示。可以看到隱藏層有 4 個神經元，輸入輸出與具體的訓練資料維度有關，網路結構的定義如程式碼清單 8-6 所示。

程式碼清單 8-6　定義網路結構

```
### 定義網路結構
def layer_sizes(X, Y):
    '''
    輸入：
    X：訓練輸入
    Y：訓練輸出
    輸出：
    n_x：輸入層大小
    n_h：隱藏層大小
    n_y：輸出層大小
    '''
    # 輸入層大小
    n_x = X.shape[0]
    # 隱藏層大小，手動指定
    n_h = 4
    # 輸出層大小
    n_y = Y.shape[0]
    return (n_x, n_h, n_y)
```

(2) **初始化模型參數**。有了網路結構和大小之後，我們就可以初始化網路權重係數了。假設 W_1 為輸入層到隱藏層的權重陣列、b_1 為輸入層到隱藏層的偏置陣列；W_2 為隱藏層到輸出層的權重陣列，b_2 為隱藏層到輸出層的偏置陣列，於是我們可定義模型參數初始化函數，如程式碼清單 8-7 所示。

程式碼清單 8-7　定義模型參數初始化函數

```
### 定義模型參數初始化函數
def initialize_parameters(n_x, n_h, n_y):
    '''
    輸入：
    n_x：輸入層神經元個數
    n_h：隱藏層神經元個數
    n_y：輸出層神經元個數
    輸出：
    parameters：初始化後的模型參數
    '''
    # 權重係數隨機初始化
    W1 = np.random.randn(n_h, n_x)*0.01
    # 偏置參數以零為初始化值
    b1 = np.zeros((n_h, 1))
    W2 = np.random.randn(n_y, n_h)*0.01
    b2 = np.zeros((n_y, 1))
    # 封裝為字典
```

```
parameters = {"W1": W1,
              "b1": b1,
              "W2": W2,
              "b2": b2}
return parameters
```

(3) **定義前向傳播過程**。網路結構和初始參數都有了，我們就可以定義神經網路的前向傳播計算過程了。這裡我們以 tanh 函數為隱藏層啟動函數，以 Sigmoid 函數為輸出層啟動函數。前向傳播計算過程由以下四個公式定義。

$$z^{[1](i)} = W^{[1]}x^{(i)} + b^{[1](i)} \tag{8-21}$$

$$a^{[1](i)} = \tanh(z^{[1](i)}) \tag{8-22}$$

$$z^{[2](i)} = W^{[2]}a^{[1](i)} + b^{[2](i)} \tag{8-23}$$

$$\hat{y}^{(i)} = a^{[2](i)} = \sigma(z^{[2](i)}) \tag{8-24}$$

前向傳播實現過程如程式碼清單 8-8 所示。

程式碼清單 8-8　定義前向傳播過程

```
### 定義前向傳播過程
def forward_propagation(X, parameters):
    '''
    輸入：
    X：訓練輸入
    parameters：初始化的模型參數
    輸出：
    A2：模型輸出
    caches：前向傳播過程計算的中間值快取
    '''
    # 獲取各參數初始值
    W1 = parameters['W1']
    b1 = parameters['b1']
    W2 = parameters['W2']
    b2 = parameters['b2']
    # 執行前向計算
    Z1 = np.dot(W1, X) + b1
    A1 = np.tanh(Z1)
    Z2 = np.dot(W2, A1) + b2
    A2 = sigmoid(Z2)
    # 將中間結果封裝為字典
    cache = {"Z1": Z1,
```

```
                "A1": A1,
                "Z2": Z2,
                "A2": A2}
        return A2, cache
```

(4) **計算目前損失**。前向計算輸出結果後，我們需要將其與真實標籤做比較，基於損失函數給出目前迭代的損失。基於交叉熵的損失函數定義如下：

$$L = -\frac{1}{m}\sum_{i=0}^{m}\left(y^{(i)}\log(a^{[2](i)}) + (1-y^{(i)})\log(1-a^{[2](i)})\right) \tag{8-25}$$

相應地，神經網路的損失函數定義如程式碼清單 8-9 所示。

程式碼清單 8-9　定義損失函數

```
### 定義損失函數
def compute_cost(A2, Y):
    '''
    輸入：
    A2：前向計算輸出
    Y：訓練標籤
    輸出：
    cost：目前損失
    '''
    # 訓練樣本量
    m = Y.shape[1]
    # 計算交叉熵損失
    logprobs=np.multiply(np.log(A2),Y)+np.multiply(np.log(1-A2),1-Y)
    cost = -1/m * np.sum(logprobs)
    # 維度壓縮
    cost = np.squeeze(cost)
    return cost
```

(5) **執行反向傳播**。前向傳播和損失計算完之後，神經網路最關鍵、最核心的部分就是執行反向傳播了。損失函數關於各參數的梯度計算公式如下：

$$dz^{[2]} = a^{[2]} - y \tag{8-26}$$

$$dW^{[2]} = dz^{[2]}a^{[1]^\mathrm{T}} \tag{8-27}$$

$$db^{[2]} = dz^{[2]} \tag{8-28}$$

$$dz^{[1]} = W^{[2]\mathrm{T}}dz^{[2]} * g^{[1]'}(z^{[1]}) \tag{8-29}$$

$$dW^{[1]} = dz^{[1]}x^{\mathsf{T}} \tag{8-30}$$

$$db^{[1]} = dz^{[1]} \tag{8-31}$$

根據式(8-26)~式(8-31)，我們可以編寫反向傳播函數，如程式碼清單 8-10 所示。

程式碼清單 8-10　定義反向傳播函數

```
### 定義反向傳播過程
def backward_propagation(parameters, cache, X, Y):
    '''
    輸入：
    parameters：神經網路參數字典
    cache：神經網路前向計算中間快取字典
    X：訓練輸入
    Y：訓練輸出
    輸出：
    grads：權重梯度字典
    '''
    # 樣本量
    m = X.shape[1]
    # 獲取 W1 和 W2
    W1 = parameters['W1']
    W2 = parameters['W2']
    # 獲取 A1 和 A2
    A1 = cache['A1']
    A2 = cache['A2']
    # 執行反向傳播
    dZ2 = A2-Y
    dW2 = 1/m * np.dot(dZ2, A1.T)
    db2 = 1/m * np.sum(dZ2, axis=1, keepdims=True)
    dZ1 = np.dot(W2.T, dZ2)*(1-np.power(A1, 2))
    dW1 = 1/m * np.dot(dZ1, X.T)
    db1 = 1/m * np.sum(dZ1, axis=1, keepdims=True)
    # 將權重梯度封裝為字典
    grads = {"dW1": dW1,
             "db1": db1,
             "dW2": dW2,
             "db2": db2}
    return grads
```

(6) **更新權重**。反向傳播完成後，便可以基於權重梯度更新權重。按照式(8-20)，對權重按照負梯度方向不斷迭代，也就是梯度下降法，即可一步步達到最優值。權重更新定義過程如程式碼清單 8-11 所示。

程式碼清單 8-11　權重更新函數

```
### 定義權重更新過程
def update_parameters(parameters, grads, learning_rate=1.2):
    '''
    輸入：
    parameters：神經網路參數字典
    grads：權重梯度字典
    learning_rate：學習率
    輸出：
    parameters：更新後的權重字典
    '''
    # 獲取參數
    W1 = parameters['W1']
    b1 = parameters['b1']
    W2 = parameters['W2']
    b2 = parameters['b2']
    # 獲取梯度
    dW1 = grads['dW1']
    db1 = grads['db1']
    dW2 = grads['dW2']
    db2 = grads['db2']
    # 參數更新
    W1 -= dW1 * learning_rate
    b1 -= db1 * learning_rate
    W2 -= dW2 * learning_rate
    b2 -= db2 * learning_rate
    # 將更新後的權重封裝為字典
    parameters = {"W1": W1,
                  "b1": b1,
                  "W2": W2,
                  "b2": b2}
    return parameters
```

(7) **模組整合**。到第(6)步為止，其實完整的神經網路模型已經實現了，但為了方便後續呼叫，我們需要將上述 6 個模組進行整合封裝。封裝函數叫作 nn_model，按照神經網路的計算流程，nn_model 的定義過程如程式碼清單 8-12 所示。

程式碼清單 8-12　神經網路模型封裝

```
### 神經網路模型封裝
def nn_model(X, Y, n_h, num_iterations=10000, print_cost=False):
    '''
    輸入：
```

```
X：訓練輸入
Y：訓練輸出
n_h：隱藏層節點數
num_iterations：迭代次數
print_cost：訓練過程中是否列印損失
輸出：
parameters：神經網路訓練最佳化後的權重係數
'''
# 設定隨機數種子
np.random.seed(3)
# 輸入和輸出節點數
n_x = layer_sizes(X, Y)[0]
n_y = layer_sizes(X, Y)[2]
# 初始化模型參數
parameters = initialize_parameters(n_x, n_h, n_y)
W1 = parameters['W1']
b1 = parameters['b1']
W2 = parameters['W2']
b2 = parameters['b2']
# 梯度下降和參數更新循環
for i in range(0, num_iterations):
# 前向傳播計算
    A2, cache = forward_propagation(X, parameters)
    # 計算目前損失
    cost = compute_cost(A2, Y)
    # 反向傳播
    grads = backward_propagation(cache, X, Y)
    # 參數更新
    parameters = update_parameters(parameters, grads, learning_rate=1.2)
    # 列印損失
    if print_cost and i % 1000 == 0:
        print ("Cost after iteration %i: %f" %(i, cost))
return parameters
```

至此，一個完整的兩層全連接神經網路就被我們一步步地實現了。按照思路對模型逐步拆解下來，可以發現，從頭開始實現一個神經網路並不是特別困難。為了驗證我們實現的神經網路，下面用實際資料做一下測試。

我們基於正弦函數來生成一組非線性可分的模擬資料集，如程式碼清單 8-13 所示[2]。

---

[2] 這個例子來自 Coursera 深度學習課程。

程式碼清單 8-13　生成模擬資料集

```
### 生成非線性可分資料集
def create_dataset():
    '''
    輸入：
    無
    輸出：
    X：模擬資料集輸入
    Y：模擬資料集輸出
    '''
    # 設定隨機數種子
    np.random.seed(1)
    # 資料量
    m = 400
    # 每個標籤的實例數
    N = int(m/2)
    # 資料維度
    D = 2
    # 資料矩陣
    X = np.zeros((m,D))
    # 標籤維度
    Y = np.zeros((m,1), dtype='uint8')
    a = 4
    # 遍歷生成資料
    for j in range(2):
        ix = range(N*j,N*(j+1))
        # theta
        t = np.linspace(j*3.12,(j+1)*3.12,N) + np.random.randn(N)*0.2
        # radius
        r = a*np.sin(4*t) + np.random.randn(N)*0.2
        X[ix] = np.c_[r*np.sin(t), r*np.cos(t)]
        Y[ix] = j
    X = X.T
    Y = Y.T
    return X, Y
```

基於程式碼清單 8-13 生成的模擬資料散點圖 8-9 所示。

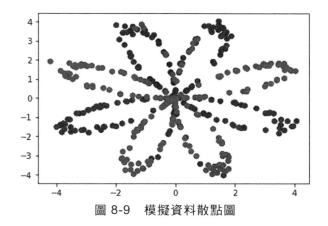

圖 8-9　模擬資料散點圖

然後我們基於 nn_model 函數嘗試訓練該資料集。訓練程式碼如程式碼清單 8-14 所示。

程式碼清單 8-14　模型訓練

```
### 模型訓練
parameters = nn_model(X, Y, n_h = 4, num_iterations=10000, print_cost=True)
```

輸出如下：

```
Cost after iteration 0: 0.693162
Cost after iteration 1000: 0.258625
Cost after iteration 2000: 0.239334
Cost after iteration 3000: 0.230802
Cost after iteration 4000: 0.225528
Cost after iteration 5000: 0.221845
Cost after iteration 6000: 0.219094
Cost after iteration 7000: 0.220884
Cost after iteration 8000: 0.219483
Cost after iteration 9000: 0.218548
```

我們將訓練好的模型應用於訓練資料上，可繪製模型在該資料集上的分類決策邊界，能夠直觀地看出模型表現，如圖 8-10 所示。

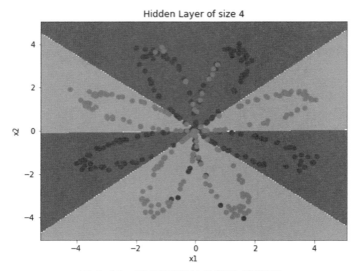

圖 8-10　神經網路的分類決策邊界

sklearn 提供了 `MLPClassifier` 作為神經網路的實現方式，即多層感知機來實現一般的神經網路模型，但一般使用較少。具體呼叫方法如程式碼清單 8-15 所示。設定好求解方法、學習率和隱藏層大小等參數即可。

程式碼清單 8-15　sklearn 神經網路實現

```
# 匯入 sklearn 神經網路模組
from sklearn.neural_network import MLPClassifier
# 建立神經網路分類器
clf = MLPClassifier(solver='sgd', alpha=1e-5, hidden_layer_sizes=(4),
random_state=1)
```

8.4　神經網路的廣闊天地

時至今日，以神經網路為代表的深度學習理論與實踐已經取得巨大發展，本章僅僅對簡單、基礎的神經網路結構做了相對詳細的介紹。

早在 20 世紀 60 年代，生物神經學領域的相關研究就表明，生物視覺訊息從視網膜傳遞到大腦是由多個層次的接受域（Receptive Field）逐層激發完成的。到了 1980 年代，出現了相應的早期接受域的理論模型。該階段是早期卷積網路理論時期。到了 1985 年，Rumelhart 和 Hinton 等人提出了 BP 神經網路，即著名的反向傳播演算法來訓練神經網路模型，這奠定了神經網路的理論基礎。

進入 21 世紀後，由於計算能力不足和可解釋性較差等多方面的原因，神經網路的發展經歷了短暫的低谷，直到 2012 年 ILSVRC ImageNet 圖像識別大賽上 AlexNet 一舉奪魁，此後大數據逐漸興起，以**卷積神經網路**（convolutional neural networks, CNN）為代表的深度學習方法逐漸成為電腦視覺領域的主流方法。除了視覺應用外，在自然語言處理和語音識別領域，以**循環神經網路**（recurrent neural networks, RNN）為核心的 LSTM 和以 Transformer 為核心的 BERT 等方法也逐漸得到廣泛應用。在未來相當長的一段時間內，深度學習仍將繼續流行。

8.5 小結

以神經網路為代表，深度學習作為機器學習的一個最大的分支，很大程度上已經超越了傳統的機器學習模型，在文字、圖像、語音和影片等非結構化資料領域有著廣泛而深入的應用。本章僅對感知機和典型的 DNN 模型進行了原理推導和程式碼實現。

神經網路的核心是基於反向傳播的訓練演算法。一個典型的神經網路一般有前向計算到反向傳播的演算法流程，鏈式求導法則是反向傳播的核心操作。

神經網路發展至今，早已不局限於本章所闡述的 DNN 全連接結構，CNN、RNN、GNN 和 Transformer 等新型流行結構設計正在取得該領域的主導地位。

## 第 9 章

支援向量機

在神經網路重新流行之前,**支援向量機**(support vector machine, SVM)一直是最受歡迎的二分類模型。支援向量機從感知機演化而來,提供了對非線性問題的另一種解決方案。透過不同的間隔最大化策略,支援向量機模型可分為線性可分支援向量機、近似線性可分支援向量機和線性不可分支援向量機。但無論是哪種情況,支援向量機都可以形式化為求解一個凸二次規劃問題。

9.1 重新從感知機出發

如第 8 章所述,感知機是一種透過尋找一個線性分隔超平面將正負實例分開來的分類模型。但感知機模型很難處理非線性可分的資料分類。一種典型的解決方法就是神經網路,即透過對感知機添加隱藏層來實現非線性。

對於給定訓練資料,其中 $\{(x_1, y_1), (x_2, y_2), \cdots, (x_N, y_N)\}$,其中 $x_i \in \mathbf{R}^n$,$y_i \in \mathcal{Y} = \{+1, -1\}$,$i = 1, 2, \cdots, N$,感知機的學習目標是尋找一個線性分隔超平面,將訓練實例分到不同類別。假設線性分隔超平面用 $w \cdot x + b = 0$ 來表示,能夠將資料分離的線性分隔超平面可以有無窮多個,如圖 9-1 所示。

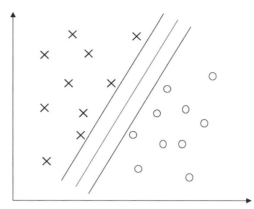

圖 9-1　有無窮多個解的感知機模型

支援向量機是要從感知機的無窮多個解中選取一個到兩邊實例最大間隔的線性分隔超平面。當訓練傳輸線性可分時，支援向量機透過求硬間隔最大化來求最優線性分隔超平面；線性當訓練資料近似線性可分時，支援向量機透過求軟間隔最大化來求最優線性分隔超平面。

最關鍵的是當訓練傳輸線性不可分的時候。如前所述，感知機無法對這種資料進行分類，因此直接透過求間隔最大化的方法是不可行的。線性不可分支援向量機的做法是，使用核函數和軟間隔最大化，將非線性可分問題轉化為線性可分問題，從而實現分類。相較於神經網路透過給感知機添加隱藏層來實現非線性，支援向量機透過核函數的方法達到同樣的目的。

9.2　線性可分支援向量機

9.2.1　線性可分支援向量機的原理推導

我們從最簡單也最基礎的線性可分支援向量機的原理推導開始。近似線性可分支援向量機和線性不可分支援向量機的原理推導都會以線性可分支援向量機為基礎。

先給線性可分支援向量機一個明確的定義。當訓練傳輸線性可分時，能夠透過**硬間隔**（hard margin）最大化求解對應的凸二次規劃問題得到最優線性分隔超平面 $w^* \cdot x + b^* = 0$，以及相應的分類決策函數 $f(x) = \mathrm{sign}(w^* \cdot x + b^*)$，這種情況就稱為線性可分支援向量機。

要求間隔最大化，需要先對間隔進行表示。對於支援向量機而言，一個實例點到線性分隔超平面的距離可以表示為分類預測的可靠度，當分類的線性分隔超平面確定時，$|w \cdot x + b|$ 可以表示點 x 與該超平面的距離，同時我們也可以用 $w \cdot x + b$ 的符號與分類標記 y 符號的一致性來判定分類是否正確。所以，對於給定訓練樣本和線性分隔超平面 $w \cdot x + b = 0$，線性分隔超平面關於任意樣本點 (x_i, y_i) 的函數間隔可以表示為：

$$\hat{d}_i = y_i(w \cdot x_i + b) \tag{9-1}$$

那麼該訓練集與線性分隔超平面的間隔可以由該超平面與所有樣本點的最小函數間隔決定，即：

$$\hat{d} = \min_{i=1, \cdots, N} \hat{d}_i \tag{9-2}$$

為了使間隔不受線性分隔超平面參數 w 和 b 的變化影響，我們還需要對 w 加一個規範化約束以固定間隔，透過這種方式將函數間隔轉化為幾何間隔。這時候線性分隔超平面關於任意樣本點 (x_i, y_i) 的幾何間隔可以表示為：

$$d_i = y_i\left(\frac{w}{\|w\|} \cdot x_i + \frac{b}{\|w\|}\right) \tag{9-3}$$

訓練集與線性分隔超平面的間隔同樣可以用 $d = \min_{i=1, \cdots, N} d_i$ 來表示。

基於線性可分支援向量機求得的最大間隔也叫硬間隔最大化。硬間隔最大化可以直觀地理解為以足夠高的可靠度對訓練資料進行分類，據此求得的線性分隔超平面不僅能將正負實例點分開，而且對於最難分的實例點也能夠以足夠高的可靠度將其分類。從這一點來看，線性可分支援向量機相較於感知機更穩健。

下面我們將硬間隔最大化形式化為一個條件約束最佳化問題：

$$\max_{w, b} \quad d$$
$$\text{s.t.} \quad y_i\left(\frac{w}{\|w\|} \cdot x_i + \frac{b}{\|w\|}\right) \ge d, \quad i = 1, 2, \cdots, N \tag{9-4}$$

根據函數間隔與幾何間隔之間的關係，式(9-4)可以改寫為：

$$\max_{w, b} \quad \frac{\hat{d}}{\|w\|}$$
$$\text{s.t.} \quad y_i(w \cdot x_i + b) \ge \hat{d}, \quad i = 1, 2, \cdots, N \tag{9-5}$$

透過式(9-5)可以看到，函數間隔的取值實際上並不影響最佳化問題的求解。假設這裡令 $\hat{d}=1$，則式(9-5)的等價最佳化問題可以表示為：

$$\min_{w,\,b} \quad \frac{1}{2}\|w\|^2$$
$$\text{s.t.} \quad y_i(w\cdot x_i+b)-1 \geqslant 0, \quad i=1,\,2,\,\cdots,\,N \tag{9-6}$$

至此，硬間隔最大化問題就轉化為了一個典型的**凸二次規劃問題**（convex quadratic programming problem）。構建式(9-6)的拉格朗日函數，如下：

$$L(w,\,b,\,\alpha) = \frac{1}{2}\|w\|^2 - \sum_{i=1}^{N}\alpha_i y_i(w\cdot x_i+b) + \sum_{i=1}^{N}\alpha_i \tag{9-7}$$

直接對式(9-7)進行最佳化求解是可以的，但求解效率偏低。根據凸最佳化理論中的拉格朗日對偶性，將式(9-6)作為**原始問題**（primal problem），求解該原始問題的**對偶問題**（dual problem）。

這裡補充一下拉格朗日對偶性相關知識。假設 $f(x)$、$c_i(x)$ 和 $h_j(x)$ 是定義在 $\mathbf{R}^n$ 上的連續可微函數，有如下約束最佳化問題：

$$\min_{x \in \mathbf{R}^n} \quad f(x)$$
$$\text{s.t.} \quad c_i(x) \leqslant 0, \quad i=1,\,2,\,\cdots,\,p \tag{9-8}$$
$$h_j(x) = 0, \quad j=1,\,2,\,\cdots,\,q$$

式(9-8)即為約束最佳化問題的原始問題。然後引入拉格朗日函數，如下：

$$L(x,\,\alpha,\,\beta) = f(x) + \sum_{i=1}^{p}\alpha_i c_i(x) + \sum_{j=1}^{q}\beta_j h_j(x) \tag{9-9}$$

其中 $x = \left(x^{(1)},\,x^{(2)},\,\cdots,\,x^{(n)}\right)^{\mathrm{T}} \in \mathbf{R}^n$、$\alpha_i$ 和 β_j 為拉格朗日乘數，且 $\alpha_i \geqslant 0$。將式(9-9)的最大化函數 $\max\limits_{\alpha,\,\beta} L(x,\,\alpha,\,\beta)$ 設為關於 x 的函數：

$$\theta_P(x) = \max_{\alpha,\,\beta} L(x,\,\alpha,\,\beta) \tag{9-10}$$

考慮式(9-10)的極小化問題：

$$\min_{x} \theta_P(x) = \min_{x} \max_{\alpha,\,\beta} L(x,\,\alpha,\,\beta) \tag{9-11}$$

式(9-11)的解也是原始問題式(9-8)的解，問題 $\min\limits_{x}\max\limits_{\alpha,\beta} L(x,\alpha,\beta)$ 也稱廣義拉格朗日函數的極小極大化問題。定義該極小極大化問題同時也是原始問題的解為：

$$p^* = \min_{x} \theta_P(x) \tag{9-12}$$

下面再來看對偶問題。對式(9-10)重新定義關於 α,β 的函數，如下：

$$\theta_D(\alpha,\beta) = \min_{x} L(x,\alpha,\beta) \tag{9-13}$$

考慮式(9-13)的極大化問題：

$$\max_{\alpha,\beta} \theta_D(\alpha,\beta) = \max_{\alpha,\beta} \min_{x} L(x,\alpha,\beta) \tag{9-14}$$

式(9-14)也稱廣義拉格朗日函數的極大極小化問題。將該極大極小化問題轉化為約束優化問題，如下：

$$\max_{\alpha,\beta} \theta_D(\alpha,\beta) = \max_{\alpha,\beta} \min_{x} L(x,\alpha,\beta) \tag{9-15}$$
$$\text{s.t.} \quad \alpha_i \geqslant 0, \quad i = 1, 2, \cdots, p$$

式(9-15)定義的約束優化問題即為原始問題的對偶問題。定義對偶問題的最優解為：

$$d^* = \max_{\alpha,\beta} \theta_D(\alpha,\beta) \tag{9-16}$$

根據拉格朗日對偶性相關推論，假設 x^* 為原始問題式(9-8)的解，α^*, β^* 為對偶問題式(9-15)的解，且 $d^* = p^*$，則它們分別為原始問題和對偶問題的最優解。

下面回到式(9-7)的凸二次規劃問題。所以，根據拉格朗日對偶性的有關描述和推論，原始問題為極小極大化問題，其對偶問題則為極大極小化問題：

$$\max_{\alpha} \min_{w,b} L(w,b,\alpha) \tag{9-17}$$

為求該極大極小化問題的解，可以先嘗試求 $L(w,b,\alpha)$ 對 w,b 的極小，再對 α 求極大。以下是該極大極小化問題的具體推導過程。

第一步，先求極小化問題 $\min\limits_{w,b} L(w,b,\alpha)$。基於拉格朗日函數 $L(w,b,\alpha)$ 分別對 w 和 b 求偏導並令其等於零：

$$\frac{\partial L}{\partial w} = w - \sum_{i=1}^{N} \alpha_i y_i x_i = 0 \tag{9-18}$$

$$\frac{\partial L}{\partial b} = \sum_{i=1}^{N} \alpha_i y_i = 0 \tag{9-19}$$

解得：

$$w = \sum_{i=1}^{N} \alpha_i y_i x_i \tag{9-20}$$

$$\sum_{i=1}^{N} \alpha_i y_i = 0 \tag{9-21}$$

將式(9-20)代入拉格朗日函數式(9-7)，並結合式(9-21)，有：

$$\begin{aligned}
\min_{w,\,b} L(w,\,b,\,\alpha) &= \frac{1}{2}\sum_{i=1}^{N}\sum_{j=1}^{N}\alpha_i \alpha_j y_i y_j \left(x_i \cdot x_j\right) - \sum_{i=1}^{N}\alpha_i y_i \left(\left(\sum_{j=1}^{N}\alpha_j y_j x_j\right)\cdot x_i + b\right) + \sum_{i=1}^{N}\alpha_i \\
&= -\frac{1}{2}\sum_{i=1}^{N}\sum_{j=1}^{N}\alpha_i \alpha_j y_i y_j (x_i \cdot x_j) + \sum_{i=1}^{N}\alpha_i
\end{aligned} \tag{9-22}$$

第二步，對 $\min\limits_{w,\,b} L(w,\,b,\,\alpha)$ 求 α 的極大，可規範為對偶問題，如下：

$$\begin{aligned}
\max_{\alpha} \quad & -\frac{1}{2}\sum_{i=1}^{N}\sum_{j=1}^{N}\alpha_i \alpha_j y_i y_j (x_i \cdot x_j) + \sum_{i=1}^{N}\alpha_i \\
\text{s.t.} \quad & \sum_{i=1}^{N}\alpha_i y_i = 0 \\
& \alpha_i \geqslant 0,\ i = 1,\ 2,\ \cdots,\ N
\end{aligned} \tag{9-23}$$

將上述極大化問題轉化為極小化問題：

$$\begin{aligned}
\min_{\alpha} \quad & \frac{1}{2}\sum_{i=1}^{N}\sum_{j=1}^{N}\alpha_i \alpha_j y_i y_j (x_i \cdot x_j) - \sum_{i=1}^{N}\alpha_i \\
\text{s.t.} \quad & \sum_{i=1}^{N}\alpha_i y_i = 0 \\
& \alpha_i \geqslant 0,\ i = 1,\ 2,\ \cdots,\ N
\end{aligned} \tag{9-24}$$

對照原始最優化問題（式(9-6)~式(9-7)）與轉化後的對偶最優化問題（式(9-15)~式(9-17)），原始問題滿足拉格朗日對偶理論相關推論，即式(9-8)中 $f(x)$ 和 $c_i(x)$ 為凸函數，$h_j(x)$ 為放射函數，且不等式約束 $c_i(x)$ 對所有 i 都有 $c_i(x) < 0$，則存在 $x^*,\ \alpha^*,\ \beta^*$，使得 x^* 是原始問題的解，$\alpha^*,\ \beta^*$ 是對偶問題的解，且有 $d^* = p^* = L(x^*,\ \alpha^*,\ \beta^*)$。所以

原始最優化問題（式(9-6)~式(9-7)）與轉化後的對偶最優化問題（式(9-15)~式(9-17)），存在 w^*, α^*, β^*，使得 w^* 為原始問題的解，α^*, β^* 是對偶問題的解。

假設 $\alpha^* = (\alpha_1^*, \alpha_2^*, \cdots, \alpha_l^*)^{\mathrm{T}}$ 是對偶最優化問題式(9-15)~式(9-17)的解，根據拉格朗日對偶理論相關推論，式(9-7)滿足 KKT（Karush-Kuhn-Tucker）條件，有：

$$\frac{\partial L}{\partial w} = w^* - \sum_{i=1}^{N} \alpha_i^* y_i x_i = 0 \tag{9-25}$$

$$\frac{\partial L}{\partial b} = -\sum_{i=1}^{N} \alpha_i^* y_i = 0 \tag{9-26}$$

$$\alpha_i^* \left(y_i \left(w^* \cdot x_i + b^* \right) - 1 \right) = 0, \quad i = 1, 2, \cdots, N \tag{9-27}$$

$$y_i \left(w^* \cdot x_i + b^* \right) - 1 \geqslant 0, \quad i = 1, 2, \cdots, N \tag{9-28}$$

$$\alpha_i^* \geqslant 0, \quad i = 1, 2, \cdots, N \tag{9-29}$$

可解得：

$$w^* = \sum_{i=1}^{N} \alpha_i^* y_i x_i \tag{9-30}$$

$$b^* = y_j - \sum_{j=1}^{N} \alpha_i^* y_i \left(x_i \cdot x_j \right) \tag{9-31}$$

相應的線性可分支援向量機的線性分隔超平面可以表達為：

$$\sum_{i=1}^{N} \alpha_i^* y_i (x \cdot x_i) + b^* = 0 \tag{9-32}$$

以上就是線性可分支援向量機的完整推導過程。對於給定的線性可分資料集，可以先嘗試求對偶問題式(9-27)~式(9-29)的解 α^*，再基於式(9-30)~式(9-31)求對應原始問題的解 w^*, b^*，最後即可得到線性分隔超平面和相應的分類決策函數。

9.2.2　線性可分支援向量機的演算法實現

由 9.2.1 節可知，線性可分支援向量機的核心在於求解凸二次規劃問題，無論是式(9-8)的原始問題，還是式(9-15)的對偶問題，都是要最佳化求解二次規劃問題。鑑於本章程式碼實現的核心問題都要求解二次規劃問題，所以我們引入一個非常高效的凸最佳化求解函式庫 cvxopt，借助它實現線性可分支援向量機。

下面先給出 cvxopt 一個簡單的使用範例。經典的二次規劃問題可以表示為如下形式：

$$\min_{x} \quad \frac{1}{2}x^{\mathrm{T}}Px + q^{\mathrm{T}}x$$
$$\text{s.t.} \quad Gx \leq h \tag{9-33}$$
$$Ax = b$$

假設需要求解如下二次規劃問題：

$$\min_{x,y} \quad \frac{1}{2}x^2 + 3x + 4y$$
$$\text{s.t.} \quad x, y \geq 0$$
$$x + 3y \geq 15 \tag{9-34}$$
$$2x + 5y < 100$$
$$3x + 4y \leq 80$$

將式(9-33)~式(9-34)寫成矩陣形式：

$$\min_{x,y} \frac{1}{2}\begin{bmatrix} x \\ y \end{bmatrix}^{\mathrm{T}}\begin{bmatrix} 1 & 0 \\ 0 & 0 \end{bmatrix}\begin{bmatrix} x \\ y \end{bmatrix} + \begin{bmatrix} 3 \\ 4 \end{bmatrix}^{\mathrm{T}}\begin{bmatrix} x \\ y \end{bmatrix} \tag{9-35}$$

$$\begin{bmatrix} -1 & 0 \\ 0 & -1 \\ -1 & -3 \\ 2 & 5 \\ 3 & 4 \end{bmatrix}\begin{bmatrix} x \\ y \end{bmatrix} \leq \begin{bmatrix} 0 \\ 0 \\ -15 \\ 100 \\ 80 \end{bmatrix} \tag{9-36}$$

基於 cvxopt 的求解過程如程式碼清單 9-1 所示。分別用 cvxopt 的矩陣資料格式 matrix 來建立二次規劃的四個關鍵係數矩陣項 P、q、G 和 h，然後基於 solvers.qp 構建二次規劃求解器，並進行迭代計算。

程式碼清單 9-1 cvxopt 求解範例

```
# 匯入相關模組
from cvxopt import matrix, solvers
# 定義二次規劃各個係數項
P = matrix([[1.0,0.0], [0.0,0.0]])
q = matrix([3.0,4.0])
```

```
G = matrix([[-1.0,0.0,-1.0,2.0,3.0], [0.0,-1.0,-3.0,5.0,4.0]])
h = matrix([0.0,0.0,-15.0,100.0,80.0])
# 構建求解器
sol = solvers.qp(P, q, G, h)
# 獲取最優值
print(sol['x'], sol['primal objective'])
```

程式碼清單 9-1 的輸出如下：

```
[ 7.13e-07]
[ 5.00e+00]
 20.00000617311241
```

求解迭代過程如圖 9-2 所示。

```
      pcost       dcost       gap     pres    dres
 0:  1.0780e+02 -7.6366e+02  9e+02  0e+00  4e+01
 1:  9.3245e+01  9.7637e+00  8e+01  6e-17  3e+00
 2:  6.7311e+01  3.2553e+01  3e+01  2e-16  1e+00
 3:  2.6071e+01  1.5068e+01  1e+01  2e-16  7e-01
 4:  3.7092e+01  2.3152e+01  1e+01  1e-16  4e-01
 5:  2.5352e+01  1.8652e+01  7e+00  6e-17  3e-16
 6:  2.0062e+01  1.9974e+01  9e-02  9e-17  2e-16
 7:  2.0001e+01  2.0000e+01  9e-04  2e-16  1e-16
 8:  2.0000e+01  2.0000e+01  9e-06  1e-16  3e-16
Optimal solution found.
```

圖 9-2　cvxopt 求解迭代過程

可以看到，當 x 取值為 7.13×10^{-7}，y 取值為 5 時，式(9-33)~式(9-34)所表示的二次規劃問題取得最小值 20。

然後我們嘗試基於 cvxopt 求解一個線性可分支援向量機問題。先生成模擬二分類資料集，其過程如程式碼清單 9-2 所示。

程式碼清單 9-2　生成模擬二分類資料集

```
# 匯入相關函式庫
import numpy as np
import pandas as pd
import matplotlib.pyplot as plt
from sklearn.model_selection import train_test_split
# 匯入模擬二分類資料生成模組
from sklearn.datasets.samples_generator import make_blobs
# 生成模擬二分類資料集
X, y = make_blobs(n_samples=150, n_features=2, centers=2, cluster_std=1.2,
random_state=40)
```

146

```
# 將標籤轉換為 1/-1
y_ = y.copy()
y_[y_==0] = -1
y_ = y_.astype(float)
# 劃分訓練集和測試集
X_train, X_test, y_train, y_test = train_test_split(X, y_, test_size=0.3,
random_state=43)
# 設定顏色參數
colors = {0:'r', 1:'g'}
# 繪製二分類資料集的散點圖
plt.scatter(X[:,0], X[:,1], marker='o', c=pd.Series(y).map(colors))
plt.show();
```

在程式碼清單 9-2 中，我們首先基於 sklearn 的 make_blobs 生成了一個有 150 個樣本的模擬資料集，並將 0/1 標籤轉換為-1/1 的訓練標籤，然後將資料集劃分為訓練集和測試集，並繪製兩類樣本的散點圖，如圖 9-3 所示。

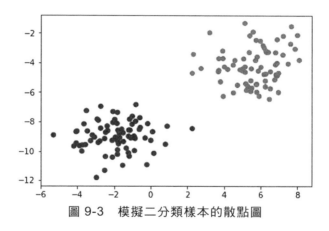

圖 9-3　模擬二分類樣本的散點圖

下面基於 cvxopt 直接定義一個線性可分支援向量機類，如程式碼清單 9-3 所示。

程式碼清單 9-3　定義線性可分支援向量機類

```
### 實現線性可分支援向量機
### 硬間隔最大化策略
class Hard_Margin_SVM:
    ### 線性可分支援向量機擬合方法
    def fit(self, X, y):
        # 訓練樣本數和特徵數
        m, n = X.shape

        # 初始化二次規劃相關變數：P/q/G/h
```

147

```
        self.P = matrix(np.identity(n + 1, dtype=np.float))
        self.q = matrix(np.zeros((n + 1,), dtype=np.float))
        self.G = matrix(np.zeros((m, n + 1), dtype=np.float))
        self.h = -matrix(np.ones((m,), dtype=np.float))

        # 將資料轉為變數
        self.P[0, 0] = 0
        for i in range(m):
            self.G[i, 0] = -y[i]
            self.G[i, 1:] = -X[i, :] * y[i]

        # 構建二次規劃求解
        sol = solvers.qp(self.P, self.q, self.G, self.h)

        # 對權重和偏置尋優
        self.w = np.zeros(n,)
        self.b = sol['x'][0]
        for i in range(1, n + 1):
            self.w[i - 1] = sol['x'][i]
        return self.w, self.b

    ### 定義模型預測函數
    def predict(self, X):
        return np.sign(np.dot(self.w, X.T) + self.b)
```

在程式碼清單 9-3 中，我們基於 cvxopt 定義了一個 Hard_Margin_SVM 類別，即線性可分支援向量機類。首先基於訓練資料初始化二次規劃各係數矩陣項，然後對 G 矩陣進行轉換，並構建二次規劃求解器，最後對權重和偏置進行尋優。在測試方法中可基於最佳化得到的參數進行預測。

之後可基於實現的線性可分支援向量機對前述模擬資料進行訓練，並預測測試集上的分類準確率，過程如程式碼清單 9-4 所示。

程式碼清單 9-4　基於 cvxopt 的線性可分支援向量機訓練資料

```
# 建立線性可分支援向量機模型實例
hard_margin_svm = Hard_Margin_SVM()
# 執行訓練
hard_margin_svm.fit(X_train, y_train)
# 模型預測
y_pred = hard_margin_svm.predict(X_test)
from sklearn.metrics import accuracy_score
# 計算測試集上的分類準確率
print("Accuracy of linear svm based on cvxopt: ", accuracy_score(y_test, y_pred))
```

程式碼清單 9-4 的輸出如下：

```
Accuracy of linear svm based on cvxopt: 1
```

最後，可繪製程式碼清單 9-4 所訓練的線性可分支援向量機的線性分隔超平面，如圖 9-4 所示。

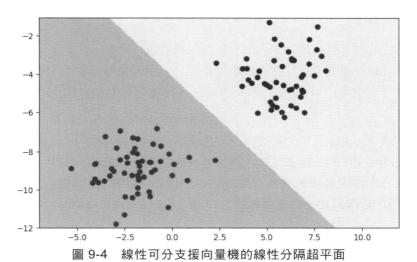

圖 9-4　線性可分支援向量機的線性分隔超平面

sklearn 也提供了線性可分支援向量機的實現方式 sklearn.svm.LinearSVC。下面基於同樣的資料，我們用該模組也測試一遍，如程式碼清單 9-5 所示。

程式碼清單 9-5　基於 sklearn 的線性可分支援向量機實現測試

```
# 匯入線性 SVM 分類模組
from sklearn.svm import LinearSVC
# 建立模型實例
clf = LinearSVC(random_state=0, tol=1e-5)
# 訓練
clf.fit(X_train, y_train)
# 預測
y_pred = clf.predict(X_test)
# 計算測試集上的分類準確率
print("Accuracy of linear svm based on sklearn: ", accuracy_score(y_test, y_pred))
```

程式碼清單 9-5 的輸出如下：

```
Accuracy of linear svm based on sklearn: 1
```

可以看到，基於 cvxopt 實現的線性可分支援向量機與基於 sklearn 實現的線性可分支援向量機在測試資料上分類準確率都達到了 100%。

9.3　近似線性可分支援向量機

9.3.1　近似線性可分支援向量機的原理推導

近似線性可分的意思是訓練集中大部分實例點是線性可分的，只是一些特殊實例點的存在使得這種資料集不適用於直接使用線性可分支援向量機進行處理，但也沒有到完全線性不可分的程度。所以近似線性可分支援向量機問題的關鍵就在於這些少數的特殊點。

相較於線性可分情況下直接的硬間隔最大化策略，近似線性可分問題需要採取一種稱為「軟間隔最大化」的策略來處理。少數特殊點不滿足函數間隔大於 1 的約束條件，近似線性可分支援向量機的解決方案是對每個這樣的特殊實例點引入一個鬆弛變數 $\xi_i \geq 0$，使得函數間隔加上鬆弛變數後大於等於 1，約束條件就變為：

$$y_i(w \cdot x_i + b) + \xi_i \geq 1 \qquad (9\text{-}37)$$

對應的目標函數也變為：

$$\frac{1}{2} \| w \|^2 + C \sum_{i=1}^{N} \xi_i \qquad (9\text{-}38)$$

其中 C 為懲罰係數，表示對誤分類點的懲罰力度。

跟線性可分支援向量機一樣，近似線性可分支援向量機可形式化為一個凸二次規劃問題：

$$\begin{aligned}
\min_{w,\,b,\,\xi} \quad & \frac{1}{2} \| w \|^2 + C \sum_{i=1}^{N} \xi_i \\
\text{s.t.} \quad & y_i(w \cdot x_i + b) \geq 1 - \xi_i,\ i = 1,\ 2,\ \cdots,\ N \\
& \xi_i \geq 0,\ i = 1,\ 2,\ \cdots,\ N
\end{aligned} \qquad (9\text{-}39)$$

類似於 9.2.1 節的線性可分支援向量機的凸二次規劃問題，我們同樣將其轉化為對偶問題進行求解。式(9-39)的對偶問題為：

$$\min_{\alpha} \quad \frac{1}{2}\sum_{i=1}^{N}\sum_{j=1}^{N}\alpha_i\alpha_j y_i y_j (x_i \cdot x_j) - \sum_{i=1}^{N}\alpha_i$$

$$\text{s.t.} \quad \sum_{i=1}^{N}\alpha_i y_i = 0 \tag{9-40}$$

$$0 \leqslant \alpha_i \leqslant C, \ i=1, \ 2, \ \cdots, \ N$$

式(9-39)的拉格朗日函數為：

$$L(w, \ b, \ \xi, \ \alpha, \ \mu) = \frac{1}{2}\|w\|^2 + C\sum_{i=1}^{N}\xi_i - \sum_{i=1}^{N}\alpha_i(y_i(w\cdot x_i + b) - 1 + \xi_i) - \sum_{i=1}^{N}\mu_i\xi_i \tag{9-41}$$

原始問題為極小極大化問題，則對偶問題為極大極小化問題。同樣先對 $L(w, \ b, \ \xi, \ \alpha, \ \mu)$ 求 $w, \ b, \ \xi$ 的極小，再對其求 α 的極大。首先求 $L(w, \ b, \ \xi, \ \alpha, \ \mu)$ 關於 $w, \ b, \ \xi$ 的偏導，如下：

$$\frac{\partial L}{\partial w} = w - \sum_{i=1}^{N}\alpha_i y_i x_i = 0 \tag{9-42}$$

$$\frac{\partial L}{\partial b} = -\sum_{i=1}^{N}\alpha_i y_i = 0 \tag{9-43}$$

$$\frac{\partial L}{\partial \xi} = C - \alpha_i - \mu_i = 0 \tag{9-44}$$

可解得：

$$w = \sum_{i=1}^{N}\alpha_i y_i x_i \tag{9-45}$$

$$\sum_{i=1}^{N}\alpha_i y_i = 0 \tag{9-46}$$

$$C - \alpha_i - \mu_i = 0 \tag{9-47}$$

將式(9-45)~式(9-47)代入式(9-41)，有：

$$\min_{w, \ b, \ \xi} \quad L(w, \ b, \ \xi, \ \alpha, \ \mu) = -\frac{1}{2}\sum_{i=1}^{N}\sum_{j=1}^{N}\alpha_i\alpha_j y_i y_j (x_i \cdot x_j) + \sum_{i=1}^{N}\alpha_i \tag{9-48}$$

然後對 $\min\limits_{w,\,b,\,\xi} L(w,\,b,\,\xi,\,\alpha,\,\mu)$ 求 α 的極大，可得對偶問題為：

$$\max_{\alpha} \quad L\left(w,\,b,\,\xi,\,\alpha,\,\mu\right) = -\frac{1}{2}\sum_{i=1}^{N}\sum_{j=1}^{N}\alpha_i\alpha_j y_i y_j (x_i \cdot x_j) + \sum_{i=1}^{N}\alpha_i$$

$$\text{s.t.} \quad \sum_{i=1}^{N}\alpha_i y_i = 0$$
$$C - \alpha_i - \mu_i = 0 \tag{9-49}$$
$$\alpha_i \geqslant 0$$
$$\mu_i \geqslant 0,\ i = 1,\,2,\,\cdots,\,N$$

將式(9-49)的第 2~4 個約束條件式進行變換，消除變數 μ_i 後可簡化約束條件為：

$$0 \leqslant \alpha_i \leqslant C \tag{9-50}$$

聯合式(9-48)和式(9-49)，並將極大化問題轉化為極小化問題，即式(9-40)的對偶問題。跟線性可分支援向量機求解方法一樣，近似線性可分問題也是透過求解對偶問題而得到原始問題的解，進而確定線性分隔超平面和分類決策函數。

假設 $\alpha^* = \left(\alpha_1^*,\,\alpha_2^*,\,\cdots,\,\alpha_N^*\right)^{\mathrm{T}}$ 是對偶最優化問題式(9-40)的解，根據拉格朗日對偶理論相關推論，式(9-40)滿足 KKT（Karush-Kuhn-Tucker）條件，有：

$$\frac{\partial L}{\partial w} = w^* - \sum_{i=1}^{N}\alpha_i^* y_i x_i = 0 \tag{9-51}$$

$$\frac{\partial L}{\partial b} = -\sum_{i=1}^{N}\alpha_i^* y_i = 0 \tag{9-52}$$

$$\frac{\partial L}{\partial \xi} = C - \alpha^* - \mu^* = 0 \tag{9-53}$$

$$\alpha_i^* \left(y_i(w^* \cdot x_i + b^*) - 1 + \xi_i^*\right) = 0 \tag{9-54}$$

$$\mu_i^* \xi_i^* = 0 \tag{9-55}$$

$$y_i(w^* \cdot x_i + b^*) - 1 + \xi_i^* \geqslant 0 \tag{9-56}$$

$$\xi_i^* \geqslant 0 \tag{9-57}$$

$$\alpha_i^* \geqslant 0 \tag{9-58}$$

$$\mu_i^* \geqslant 0,\ i = 1,\,2,\,\cdots,\,N \tag{9-59}$$

可解得：

$$w^* = \sum_{i=1}^{N} \alpha_i^* y_i x_i \tag{9-60}$$

$$b^* = y_j - \sum_{j=1}^{N} \alpha_i^* y_i (x_i \cdot x_j) \tag{9-61}$$

以上就是近似線性可分支援向量機的基本推導過程。從過程來看，近似線性可分問題求解推導跟線性可分問題的求解推導非常類似。

9.3.2 近似線性可分支援向量機的演算法實現

本節中我們嘗試繼續基於 cvxopt 求解一個近似線性可分支援向量機問題。同樣先生成模擬的二分類資料集，跟完全線性可分的資料集不同的是，該資料集需要有部分資料重疊，使得分類任務近似線性可分。生成模擬資料集的過程如程式碼清單 9-6 所示。

程式碼清單 9-6　生成近似線性可分模擬資料集

```python
# 匯入 numpy
import numpy as np
# 給定二維常態分布均值矩陣
mean1, mean2 = np.array([0, 2]), np.array([2, 0])
# 給定二維常態分布共變異數矩陣
covar = np.array([[1.5, 1.0], [1.0, 1.5]])
# 生成二維常態分布樣本 X1
X1 = np.random.multivariate_normal(mean1, covar, 100)
# 生成 X1 的標籤 1
y1 = np.ones(X1.shape[0])
# 生成二維常態分布樣本 X2
X2 = np.random.multivariate_normal(mean2, covar, 100)
# 生成 X1 的標籤-1
y2 = -1 * np.ones(X2.shape[0])
# 設定訓練集和測試集
X_train = np.vstack((X1[:80], X2[:80]))
y_train = np.hstack((y1[:80], y2[:80]))
X_test = np.vstack((X1[80:], X2[80:]))
y_test = np.hstack((y1[80:], y2[80:]))
```

在程式碼清單 9-6 中，我們根據給定的均值矩陣和共變異數矩陣生成了兩組二維常態分布樣本資料，並分別配上對應的標籤。兩類樣本的散點圖如圖 9-5 所示，可以看到，兩類資料並不是完全線性可分的，少量資料有一定重疊。

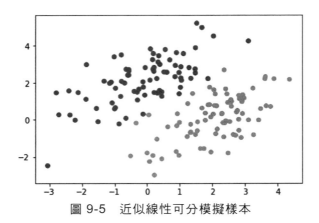

圖 9-5　近似線性可分模擬樣本

我們在 9.2.2 節程式碼的基礎上，同樣基於 cvxopt 求解函式庫，直接定義一個近似線性可分支援向量機類（軟間隔最大化支援向量機），如程式碼清單 9-7 所示。

程式碼清單 9-7　定義近似線性可分支援向量機類

```python
# 匯入 cvxopt 的 matrix 模組和 solvers 模組
from cvxopt import matrix, solvers
### 定義一個線性核函數
def linear_kernel(x1, x2):
    '''
    輸入：
    x1: 向量 1
    x2: 向量 2
    輸出：
    np.dot(x1, x2): 兩個向量的點乘
    '''
    return np.dot(x1, x2)


### 定義近似線性可分支援向量機類
### 軟間隔最大化策略
class Soft_Margin_SVM:
    ### 定義基本參數
    def __init__(self, kernel=linear_kernel, C=None):
        # 軟間隔 SVM 核函數，預設為線性核函數
        self.kernel = kernel
        # 懲罰參數
        self.C = C
        if self.C is not None:
            self.C = float(self.C)


    ### 定義線性可分支援向量機擬合方法
    def fit(self, X, y):
```

```python
# 訓練樣本數和特徵數
m, n = X.shape

# 基於線性核計算 Gram 矩陣
K = self._gram_matrix(X)

# 初始化二次規劃相關變數：P/q/G/h
P = matrix(np.outer(y,y) * K)
q = matrix(np.ones(m) * -1)
A = matrix(y, (1, m))
b = matrix(0.0)

# 未設定懲罰參數時的 G 矩陣和 h 矩陣
if self.C is None:
    G = matrix(np.diag(np.ones(m) * -1))
    h = matrix(np.zeros(m))
# 設定懲罰參數時的 G 矩陣和 h 矩陣
else:
    tmp1 = np.diag(np.ones(m) * -1)
    tmp2 = np.identity(m)
    G = matrix(np.vstack((tmp1, tmp2)))
    tmp1 = np.zeros(m)
    tmp2 = np.ones(m) * self.C
    h = matrix(np.hstack((tmp1, tmp2)))

# 構建二次規劃求解器
sol = solvers.qp(P, q, G, h, A, b)
# 拉格朗日乘數
a = np.ravel(sol['x'])

# 尋找支援向量
spv = a > 1e-5
ix = np.arange(len(a))[spv]
self.a = a[spv]
self.spv = X[spv]
self.spv_y = y[spv]
print('{0} support vectors out of {1} points'.format(len(self.a), m))

# 截距向量
self.b = 0
for i in range(len(self.a)):
    self.b += self.spv_y[i]
    self.b -= np.sum(self.a * self.spv_y * K[ix[i], spv])
self.b /= len(self.a)

# 權重向量
self.w = np.zeros(n,)
for i in range(len(self.a)):
```

```
                self.w += self.a[i] * self.spv_y[i] * self.spv[i]

    ### 定義 Gram 矩陣的計算函數
    def _gram_matrix(self, X):
        m, n = X.shape
        K = np.zeros((m, m))
        # 遍歷計算 Gram 矩陣
        for i in range(m):
            for j in range(m):
                K[i,j] = self.kernel(X[i], X[j])
        return K

    ### 定義模型映射函數
    def project(self, X):
        if self.w is not None:
            return np.dot(X, self.w) + self.b

    ### 定義模型預測函數
    def predict(self, X):
        return np.sign(np.dot(self.w, X.T) + self.b)
```

在程式碼清單 9-7 中，我們首先基於 cvxopt 定義了一個 Soft_Margin_SVM 類別，即近似線性可分支援向量機類。初始化參數包括核函數（軟間隔最大化支援向量機一般為線性核函數）和懲罰參數 C。然後定義了線性支援向量機擬合方法，先設定求解二次規劃的各個矩陣參數，包括給定懲罰參數和沒有給定懲罰參數下的 G 矩陣和 h 矩陣，再構建二次規劃求解器，並尋找支援向量和最優權重係數。最後定義了模型映射函數和模型預測函數。

然後基於實現的近似線性可分支援向量機對前述模擬資料進行訓練，並預測測試集上的分類準確率，過程如程式碼清單 9-8 所示。

程式碼清單 9-8　基於 cvxopt 的近似線性可分支援向量機訓練資料

```
# 匯入準確率評估模組
from sklearn.metrics import accuracy_score
# 構建線性可分支援向量機實例，設定懲罰參數為 0.1
soft_margin_svm = Soft_Margin_SVM(C=0.1)
# 模型擬合
soft_margin_svm.fit(X_train, y_train)
# 模型預測
y_pred = soft_margin_svm.predict(X_test)
# 計算測試集上的分類準確率
print('Accuracy of soft margin svm based on cvxopt: ', accuracy_score(y_test,
y_pred))
```

程式碼清單 9-8 的輸出如圖 9-6 所示。

```
     pcost        dcost       gap    pres   dres
0: -1.6893e+01 -2.5699e+01  7e+02  2e+01  7e-15
1: -3.2732e+00 -2.3311e+01  6e+01  1e+00  5e-15
2: -1.7627e+00 -9.1626e+00  1e+01  1e-01  1e-15
3: -1.6913e+00 -2.8410e+00  1e+00  1e-02  2e-15
4: -1.8579e+00 -2.3123e+00  5e-01  4e-03  1e-15
5: -1.9334e+00 -2.1193e+00  2e-01  1e-03  8e-16
6: -1.9742e+00 -2.0305e+00  6e-02  4e-04  1e-15
7: -1.9872e+00 -2.0040e+00  2e-02  8e-05  9e-16
8: -1.9936e+00 -1.9941e+00  5e-04  1e-06  1e-15
9: -1.9938e+00 -1.9938e+00  2e-05  5e-08  1e-15
10: -1.9938e+00 -1.9938e+00  2e-07  5e-10  1e-15
Optimal solution found.
29 support vectors out of 160 points
Accuracy of soft margin svm based on cvxopt:  0.925
```

圖 9-6　程式碼清單 9-8 輸出

最後可繪製程式碼清單 9-7 所訓練的近似線性可分支援向量機的線性分隔超平面，如圖 9-7 所示，其中藍圈標出的樣本點為支援向量。

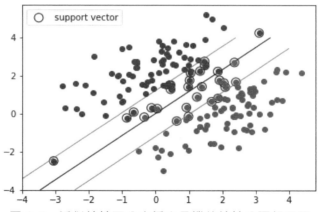

圖 9-7　近似線性可分支援向量機的線性分隔超平面

sklearn 提供了近似線性可分支援向量機的實現方式 sklearn.svm.SVC。下面基於同樣的資料，我們用該模組也測試一遍，如程式碼清單 9-9 所示。

程式碼清單 9-9　基於 sklearn 的近似線性可分支援向量機實現

```
# 匯入 svm 模組
from sklearn import svm
# 建立 svm 模型實例
clf = svm.SVC(kernel='linear')
# 模型擬合
clf.fit(X_train, y_train)
# 模型預測
y_pred = clf.predict(X_test)
# 計算測試集上的分類準確率
print('Accuracy of soft margin svm based on sklearn: ', accuracy_score(y_test,
y_pred))
```

程式碼清單 9-9 的輸出如下：

```
Accuracy of soft margin svm based on sklearn:  0.925
```

可以看到，基於 cvxopt 實現的近似線性可分支援向量機與基於 sklearn 實現的近似線性可分支援向量機在測試資料上分類準確率都達到了 0.925。

9.4　線性不可分支援向量機

9.4.1　線性不可分與核技巧

實際應用場景下，線性可分情形畢竟占少數，很多時候我們碰到的資料是非線性的或線性不可分的。如前所述，多層感知機透過添加隱藏層來實現非線性，而支援向量機利用**核技巧**（kernel trick）來對線性不可分資料進行分類。

圖 9-8 是一組線性不可分的資料範例。可以看到，該資料集無法用線性分隔超平面進行分類，但可以用一個橢圓形的非線性曲線來分類。非線性問題往往難以直接求解，非線性支援向量機給出的方案是先將其轉化為線性可分問題，再進行求解。這種轉化方法也叫核技巧。

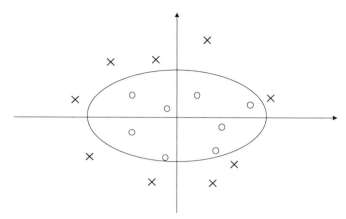

圖 9-8　線性不可分資料範例

假設原始空間為 $\chi \subset \mathbf{R}^2$，$x = \left(x^{(1)}, x^{(2)}\right)^{\mathrm{T}} \in \chi$，變換後的新空間為 $\mathcal{L} \subset \mathbf{R}^2$，$z = \left(z^{(1)}, z^{(2)}\right)^{\mathrm{T}} \in \mathcal{L}$，由原始空間到新空間的變換可定義為：

$$z = \varphi(x) = \left(\left(x^{(1)}\right)^2, \ \left(x^{(2)}\right)^2\right)^{\mathrm{T}} \tag{9-62}$$

經過 $z = \varphi(x)$ 變換後，原始空間中的點變換到新空間中的點，原始空間中的橢圓：

$$w_1 \left(x^{(1)}\right)^2 + w_2 \left(x^{(2)}\right)^2 + b = 0 \tag{9-63}$$

可以變換為新空間中的直線：

$$w_1 z^{(1)} + w_2 z^{(2)} + b = 0 \tag{9-64}$$

經過變換後的線性分類如圖 9-9 所示。

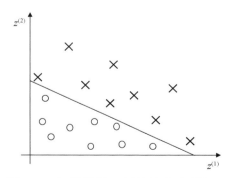

圖 9-9　經過核技巧變換後的資料範例

透過上述例子可以看出，核技巧是一種將非線性變換為線性的映射方法。借助核技巧，求解非線性支援向量機的第一步是將原始空間的資料映射到新空間，映射過程中將非線性問題轉化為線性可分問題，然後用線性可分支援向量機的方法進行求解。

實現核技巧的主要工具是核函數。假設輸入空間為 $\mathcal{X}$，特徵空間為 H，若存在一個從 $\mathcal{X}$ 到 H 的映射 $\phi(x)$，使得對所有的 $x, z \in \mathcal{X}$，函數 $K(x, z) = \phi(x) \cdot \phi(z)$，則 $K(x, z)$ 是核函數，$\phi(x)$ 和 $\phi(z)$ 均為映射函數。常用的核函數包括多項式核函數、高斯核函數、字串核函數等。

一個多項式核函數如式(9-65)所示：

$$K(x, z) = (x \cdot z + 1)^p \tag{9-65}$$

對應的支援向量機是一個多項式分類器，分類決策函數為：

$$f(x) = \text{sign}\left(\sum_{i=1}^{N} \alpha_i^* y_i (x_i \cdot x + 1)^p + b^* \right) \tag{9-66}$$

一個高斯核函數如式(9-67)所示：

$$K(x, z) = \exp\left(-\frac{\| x - z \|^2}{2\sigma^2} \right) \tag{9-67}$$

對應的支援向量機是高斯徑向基分類器，分類決策函數為：

$$f(x) = \text{sign}\left(\sum_{i=1}^{N} \alpha_i^* y_i \exp\left(-\frac{\| x - z \|^2}{2\sigma^2} \right) + b^* \right) \tag{9-68}$$

給定訓練資料，其中，$\{(x_1, y_1), (x_2, y_2), \cdots, (x_N, y_N)\}$，其中 $x_i \in \mathbf{R}^n$，$y_i \in \mathcal{Y} = \{+1, -1\}$，$i = 1, 2, \cdots, N$，非線性支援向量機的構造演算法如下。

(1) 選取合適的核函數 $K(x, z)$ 和參數 C，構造並求解最佳化問題：

$$\begin{aligned}
\min_{\alpha} \quad & \frac{1}{2} \sum_{i=1}^{N} \sum_{j=1}^{N} \alpha_i \alpha_j y_i y_j K(x_i \cdot x_j) - \sum_{i=1}^{N} \alpha_i \\
\text{s.t.} \quad & \sum_{i=1}^{N} \alpha_i y_i = 0 \\
& 0 \leqslant \alpha_i \leqslant C, \ i = 1, 2, \cdots, N
\end{aligned} \tag{9-69}$$

可求得最優解 $\alpha^* = (\alpha_1^*, \alpha_2^*, \cdots, \alpha_N^*)^{\mathsf{T}}$。

(2) 選擇 α^* 的一個正分量 $0 < \alpha_2^* < C$，計算：

$$b^* = y_j - \sum_{i=1}^{N} \alpha_i^* y_i K(x_i \cdot x_j) \tag{9-70}$$

(3) 最後構造決策函數如下：

$$f(x) = \text{sign}\left(\sum_{i=1}^{N} \alpha_i^* y_i K(x \cdot x_j) + b^* \right) \tag{9-71}$$

當 $K(x, z)$ 是正定核時，式(9-69)是凸二次規劃問題，但相對有些複雜，特別是訓練樣本量大的時候，我們可以嘗試使用 SMO（sequential minimal optimization，序列最小最佳化）演算法來進行求解。

9.4.2 SMO 演算法

SMO 演算法主要用來求解式(9-69)的凸二次規劃問題，在該問題中，變數是拉格朗日乘數 α_i，一個 α_i 對應一個樣本點 (x_i, y_i)，所以變數總數就是樣本量 N。SMO 演算法是一種針對非線性支援向量機凸最佳化問題快速求解的最佳化演算法，其基本想法是：不斷地將原二次規劃問題分解為只有兩個變數的子二次規劃問題，並對該子問題進行解析和求解，直到所有變數都滿足 KKT 條件為止。

假設選擇的兩個變數為 α_1 和 α_2，α_3，α_4，…，α_N 固定，那麼式(9-69)的子問題可以表示為：

$$
\begin{aligned}
\min_{\alpha_1, \, \alpha_2} \quad & S(\alpha_1, \, \alpha_2) = \frac{1}{2} K_{11} \alpha_1^2 + \frac{1}{2} K_{22} \alpha_2^2 + y_1 y_2 K_{12} \alpha_1 \alpha_2 - (\alpha_1 + \alpha_2) + \\
& y_1 \alpha_1 \sum_{i=3}^{N} y_i \alpha_i K_{i1} + y_2 \alpha_2 \sum_{i=3}^{N} y_i \alpha_i K_{i2} \\
\text{s.t.} \quad & \alpha_1 y_1 + \alpha_2 y_2 = -\sum_{i=3}^{N} y_i \alpha_i = \gamma \\
& 0 \leqslant \alpha_i \leqslant C, \ i = 1, \, 2
\end{aligned}
\tag{9-72}
$$

其中 $K_{ij} = K(x_i, \, x_j)$。

式(9-72)即為兩個變數的二次規劃問題，先分析約束條件來考慮的上下界問題。α_1 和 α_2 都在 $[0, \, C]$ 範圍內，由式(9-72)的第一個約束條件可知，$(\alpha_1, \, \alpha_2)$ 在平行於 $[0, \, C] \times [0, \, C]$ 之對角線的直線上，如圖 9-10 所示。

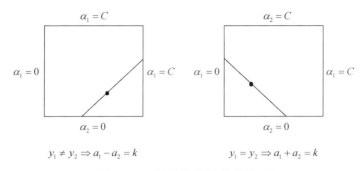

圖 9-10　兩個變數最佳化問題

由圖 9-10 可得 α_2 的上下界描述如下：當 $y_1 \neq y_2$ 時，下界 $L = \max(0, \alpha_2 - \alpha_1)$，上界 $H = \min(C, C + \alpha_2 - \alpha_1)$ ；當 $y_1 = y_2$ 時，下界 $L = \max(0, \alpha_2 + \alpha_1 - C)$，上界 $H = \min(C, \alpha_2 + \alpha_1)$。

下面對 α_1 和 α_2 求解進行簡單推導。假設子問題式(9-72)的初始可行解為 α_1^{old} 和 α_2^{old}，最優解為 α_1^{new} 和 α_2^{new}，沿著約束方向上未經截斷的 α_2 的最優解為 $\alpha_2^{\text{new, unc}}$。一般情況下，我們嘗試首先沿著約束方向求未經截斷即不考慮式(9-72)的第二個約束條件的最優解 $\alpha_2^{\text{new, unc}}$，然後再求截斷後的最優解 α_2^{new}。

令：

$$g(x) = \sum_{i=1}^{N} \alpha_i y_i K(x_i, x) + b \tag{9-73}$$

$$E_i = g(x_i) - y_i = \left(\sum_{i=1}^{N} \alpha_i y_i K(x_i, x) + b \right) - y_i \tag{9-74}$$

當 $i = 1, 2$ 時，E_i 為函數 $g(x)$ 對輸入 x_i 的預測值和真實值 y_i 之間的誤差。

關於目標函數對 α_2 求偏導並令其為 0，可求得未經截斷的 α_2 的最優解為：

$$\alpha_2^{\text{new, unc}} = \alpha_2^{\text{old}} + \frac{y_2(E_1 - E_2)}{\kappa} \tag{9-75}$$

其中，

$$\kappa = K_{11} + K_{22} - 2K_{12} = \| \phi(x_1) - \phi(x_2) \|^2 \tag{9-76}$$

$\phi(x)$ 為輸入空間在特徵空間中的映射。

經截斷後的 α_2 可表示為：

$$\alpha_2^{\text{new}} = \begin{cases} H, & \alpha_2^{\text{new, unc}} > H \\ \alpha_2^{\text{new, unc}}, & L \leqslant \alpha_2^{\text{new, unc}} \leqslant H \\ L, & \alpha_2^{\text{new, unc}} < L \end{cases} \tag{9-77}$$

接著基於 α_2^{new} 可求得 α_1^{new}：

$$\alpha_1^{\text{new}} = \alpha_1^{\text{old}} + y_1 y_2 \left(\alpha_2^{\text{old}} - \alpha_2^{\text{new}} \right) \tag{9-78}$$

最後，每次完成兩個變數的優化後，還需要重新計算參數 b。b 的計算分為四種情況：
當 $0 < \alpha_1^{\text{new}} < C$ 時，由：

$$\sum_{i=1}^{N} \alpha_i y_i K_{i1} + b = y_1 \tag{9-79}$$

可得：

$$b_1^{\text{new}} = y_1 - \sum_{i=3}^{N} \alpha_i y_i K_{i1} - \alpha_1^{\text{new}} y_1 K_{11} - \alpha_2^{\text{new}} y_2 K_{21} \tag{9-80}$$

同樣，當 $0 < \alpha_2^{\text{new}} < C$ 時，有：

$$b_2^{\text{new}} = y_2 - \sum_{i=3}^{N} \alpha_i y_i K_{i1} - \alpha_2^{\text{new}} y_2 K_{22} - \alpha_1^{\text{new}} y_1 K_{12} \tag{9-81}$$

當 α_1^{new} 和 α_2^{new} 同時滿足 $0 < \alpha_1^{\text{new}} < C$ 時，有：

$$b_1^{\text{new}} = b_2^{\text{new}} \tag{9-82}$$

最後一種情況是，α_1^{new} 和 α_2^{new} 都不在 $[0, C]$ 範圍內，b_1^{new} 和 b_2^{new} 都滿足 KKT 條件，直接對其取均值即可。

綜上，參數 b 可計算歸納為：

$$b^{\text{new}} = \begin{cases} b_1^{\text{new}}, & 0 < \alpha_1^{\text{new}} < C \\ b_2^{\text{new}}, & 0 < \alpha_2^{\text{new}} < C \\ \dfrac{b_1^{\text{new}} + b_2^{\text{new}}}{2}, & \text{其他} \end{cases} \tag{9-83}$$

9.4.3 線性不可分支援向量機的演算法實現

本節中我們嘗試繼續基於 cvxopt 求解一個線性不可分支援向量機問題。同樣先生成模擬的二分類資料集，但需要資料完全線性不可分。生成模擬資料集的過程如程式碼清單 9-10 所示。

程式碼清單 9-10　生成完全線性不可分的模擬資料集

```python
# 匯入 numpy
import numpy as np
# 給定二維常態分布均值矩陣
mean1, mean2 = np.array([-1, 2]), np.array([1, -1])
mean3, mean4 = np.array([4, -4]), np.array([-4, 4])
# 給定二維常態分布共變異數矩陣
covar = np.array([[1.0, 0.8], [0.8, 1.0]])
# 生成二維常態分布樣本 X1
X1 = np.random.multivariate_normal(mean1, covar, 50)
# 合併兩個二維常態分布並令其為新的 X1
X1 = np.vstack((X1, np.random.multivariate_normal(mean3, covar, 50)))
# 生成 X1 的標籤 1
y1 = np.ones(X1.shape[0])
# 生成二維常態分布樣本 X2
X2 = np.random.multivariate_normal(mean2, covar, 50)
# 合併兩個二維常態分布並令其為新的 X2
X2 = np.vstack((X2, np.random.multivariate_normal(mean4, covar, 50)))
# 生成 X2 的標籤-1
y2 = -1 * np.ones(X2.shape[0])
# 設定訓練集和測試集
X_train = np.vstack((X1[:80], X2[:80]))
y_train = np.hstack((y1[:80], y2[:80]))
X_test = np.vstack((X1[80:], X2[80:]))
y_test = np.hstack((y1[80:], y2[80:]))
```

在程式碼清單 9-10 中，我們根據給定的均值矩陣和共變異數矩陣生成了兩組二維常態分布樣本，用來構成線性不可分的二分類資料集。兩類樣本的散點圖如圖 9-11 所示，可以看到，兩類樣本是線性不可分的。

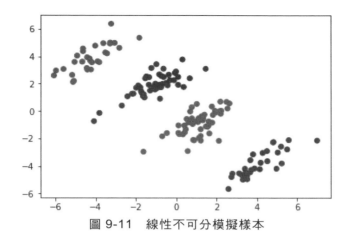

圖 9-11　線性不可分模擬樣本

在 9.3.2 節中程式碼的基礎上，同樣基於 cvxopt 求解函式庫，我們對程式碼清單 9-7 進行簡單修改，如程式碼清單 9-11 所示。

程式碼清單 9-11　定義線性不可分支援向量機

```python
# 匯入 cvxopt 的 matrix 和 solvers 模組
from cvxopt import matrix, solvers
### 定義高斯核函數
def gaussian_kernel(x1, x2, sigma=5.0):
    '''
    輸入：
    x1: 向量 1
    x2: 向量 2
    輸出：
    兩個向量的高斯核
    '''
    return np.exp(-1 * np.linalg.norm(x1-x2)**2 / (2 * (sigma ** 2)))

### 定義線性不可分支援向量機
### 借助高斯核函數轉化為線性可分的情形
class Non_Linear_SVM:
    ### 定義基本參數
    def __init__(self, kernel=gaussian_kernel):
        # 非線性可分 svm 核函數，預設為高斯核函數
        self.kernel = kernel

    ### 定義線性不可分支援向量機擬合方法
    def fit(self, X, y):
        # 訓練樣本數和特徵數
        m, n = X.shape
```

```python
    # 基於線性核計算 Gram 矩陣
    K = self._gram_matrix(X)

    # 初始化二次規劃相關變數：P、q、A、b、G 和 h
    P = matrix(np.outer(y,y) * K)
    q = matrix(np.ones(m) * -1)
    A = matrix(y, (1, m))
    b = matrix(0.0)
    G = matrix(np.diag(np.ones(m) * -1))
    h = matrix(np.zeros(m))

    # 構建二次規劃求解
    sol = solvers.qp(P, q, G, h, A, b)
    # 拉格朗日乘數
    a = np.ravel(sol['x'])

    # 尋找支援向量
    spv = a > 1e-5
    ix = np.arange(len(a))[spv]
    self.a = a[spv]
    self.spv = X[spv]
    self.spv_y = y[spv]
    print('{0} support vectors out of {1} points'.format(len(self.a), m))

    # 截距向量
    self.b = 0
    for i in range(len(self.a)):
        self.b += self.spv_y[i]
        self.b -= np.sum(self.a * self.spv_y * K[ix[i], spv])
    self.b /= len(self.a)

    # 權重向量
    self.w = None

### 定義 Gram 矩陣的計算函數
def _gram_matrix(self, X):
    m, n = X.shape
    K = np.zeros((m, m))
    # 遍歷計算 Gram 矩陣
    for i in range(m):
        for j in range(m):
            K[i,j] = self.kernel(X[i], X[j])
    return K

### 定義映射函數
def project(self, X):
    y_pred = np.zeros(len(X))
    for i in range(X.shape[0]):
```

```
        s = 0
        for a, spv_y, spv in zip(self.a, self.spv_y, self.spv):
            s += a * spv_y * self.kernel(X[i], spv)
        y_pred[i] = s
    return y_pred + self.b

### 定義模型預測函數
def predict(self, X):
    return np.sign(self.project(X))
```

程式碼清單 9-11 跟程式碼清單 9-7 非常相似，不同之處在於核函數為非線性的高斯核函數，其他函數模組定義較為一致，這裡不做重複描述。

然後基於實現的線性不可分支援向量機用前述模擬資料進行訓練，並預測測試集上的分類準確率，過程如程式碼清單 9-12 所示。

程式碼清單 9-12　基於 cvxopt 的線性不可分支援向量機訓練資料

```
# 匯入準確率評估函數
from sklearn.metrics import accuracy_score
# 建立線性不可分支援向量機模型實例
non_linear_svm = Non_Linear_SVM()
# 模型擬合
non_linear_svm.fit(X_train, y_train)
# 模型預測
y_pred = non_linear_svm.predict(X_test)
# 計算測試集上的分類準確率
print('Accuracy of soft margin svm based on cvxopt: ', accuracy_score(y_test,
y_pred))
```

程式碼清單 9-12 的輸出如圖 9-12 所示。

```
      pcost        dcost        gap     pres    dres
0: -5.3110e+01 -1.6223e+02    4e+02   2e+01   2e+00
1: -8.0716e+01 -1.8786e+02    2e+02   5e+00   7e-01
2: -1.0556e+02 -1.9757e+02    1e+02   3e+00   4e-01
3: -1.7380e+02 -2.7165e+02    1e+02   3e+00   4e-01
4: -2.4244e+02 -2.8787e+02    6e+01   9e-01   1e-01
5: -2.5720e+02 -2.6511e+02    9e+00   1e-01   1e-02
6: -2.6014e+02 -2.6216e+02    2e+00   1e-02   2e-03
7: -2.6162e+02 -2.6165e+02    3e-02   2e-04   2e-05
8: -2.6164e+02 -2.6164e+02    3e-04   2e-06   2e-07
9: -2.6164e+02 -2.6164e+02    3e-06   2e-08   2e-09
Optimal solution found.
9 support vectors out of 160 points
Accuracy of soft margin svm based on cvxopt:  1.0
```

圖 9-12　程式碼清單 9-12 輸出

最後，可繪製程式碼清單 9-11 所訓練的線性不可分支援向量機的分隔超平面，如圖 9-13 所示，其中圓圈標出的樣本點為支援向量。

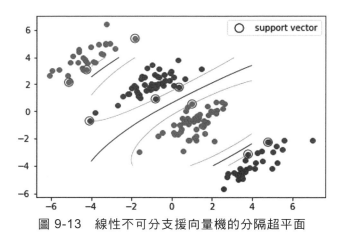

圖 9-13　線性不可分支援向量機的分隔超平面

sklearn 提供了線性不可分支援向量機的實現方式 `sklearn.svm.SVC`。下面基於同樣的資料，我們用該模組也測試一遍，如程式碼清單 9-13 所示，只需將核函數換為高斯徑向基核函數即可。

程式碼清單 9-13　基於 sklearn 的線性不可分支援向量機實現

```
# 匯入 svm 模組
from sklearn import svm
# 建立 svm 模型實例
clf = svm.SVC(kernel='rbf')
# 模型擬合
clf.fit(X_train, y_train)
# 模型預測
y_pred = clf.predict(X_test)
# 計算測試集上的分類準確率
print('Accuracy of non-linear svm based on sklearn: ', accuracy_score(y_test,
y_pred))
```

程式碼清單 9-13 的輸出如下：

```
Accuracy of non-linear svm based on sklearn:  1
```

可以看到，基於 cvxopt 實現的線性不可分支援向量機與基於 sklearn 實現的線性不可分支援向量機在測試資料上分類準確率都達到了 100%。

9.5　小結

本章中我們花了相當長的篇幅對支援向量機進行了相對完整的介紹。支援向量機可以看作感知機為了實現非線性另闢的一條蹊徑，相較於神經網路透過多個隱藏層來實現非線性的方式，支援向量機透過定義非線性核函數的方式來實現非線性。

本章介紹了線性可分支援向量機、近似線性可分支援向量機以及線性不可分支援向量機這三種模型，相應的模型最佳化目標可以歸納為硬間隔最大化、軟間隔最大化和應用核函數之後的間隔最大化問題。

針對這三個問題，本章分別給出了基本的數學推導，介紹模型最佳化的原始問題和對偶問題，以及對應的求解方式，並在此基礎上，基於 cvxopt 二次規劃求解函式庫，對三種支援向量機模型進行了程式碼實現。

第三部分

監督學習
整合模型

第 10 章

AdaBoost

在之前的章節中，我們主要關注機器學習中的單模型。實際上，將多個單模型組合成一個綜合模型的方式早已成為現代機器學習模型採用的主流方法。從本章開始，我們將目光轉向一種新的機器學習範式——**整合學習**（ensemble learning）。AdaBoost 正是整合學習中 Boosting 框架的一種經典代表。在本章中，我們將首先了解 Boosting 框架，然後介紹 AdaBoost 的基本原理和推導，最後給出 AdaBoost 的 NumPy 和 sklearn 實現。

10.1 什麼是 Boosting

Boosting 是機器學習中的一種整合學習框架。之前的章節中介紹的模型都稱作單模型，也稱弱分類器。而整合學習的意思是將多個弱分類器組合成一個強分類器，這個強分類器能取所有弱分類器之所長，達到相對的最優性能。我們可以將 Boosting 理解為一類將弱分類器提升為強分類器的演算法，所以有時候 Boosting 演算法也叫提升演算法。注意，這裡說的是一類演算法，除本章所講的 AdaBoost 外，Boosting 演算法還包括以 GBDT 為代表的眾多梯度提升演算法。

Boosting 演算法的一般過程如下。以分類問題為例，給定一個訓練集，訓練弱分類器要比訓練強分類器容易很多，從第一個弱分類器開始，Boosting 透過訓練多個弱分類器，並在訓練過程中不斷改變訓練樣本的機率分布，使得每次訓練時演算法都會更加關注上一個弱分類器的錯誤。透過組合多個這樣的弱分類器，便可以獲得一個近乎完美的強分類器。

簡單來說，Boosting 就是不斷地訓練一系列弱分類器，使得被先前弱分類器分類錯誤的樣本在後續得到更多關注，最後將這些分類器組合成最優強分類器的過程。

10.2 AdaBoost 演算法的原理推導

10.2.1 AdaBoost 基本原理

AdaBoost 的全稱為 Adaptive Boosting，可以翻譯為自適應提升演算法。AdaBoost 是一種透過改變訓練樣本權重來學習多個弱分類器併線性組合成強分類器的 Boosting 演算法。一般來說，Boosting 方法要解答兩個關鍵問題：一是在訓練過程中如何改變訓練樣本的權重或者機率分布，二是如何將多個弱分類器組合成一個強分類器。針對這兩個問題，AdaBoost 的做法非常單純，一是提高前一輪被弱分類器分類錯誤的樣本的權重，而降低分類正確的樣本的權重；二是對多個弱分類器進行線性組合，提高分類效果好的弱分類器的權重，降低分類誤差率高的弱分類器的權重。

給定訓練集 $D = \{(x_1, y_1), (x_2, y_2), \cdots, (x_N, y_N)\}$，其中 $x_i \in \chi \subseteq \mathbf{R}^n$，$y_i \in \mathcal{Y} = \{-1, +1\}$，AdaBoost 訓練演算法如下。

(1) 初始化訓練資料樣本的權重分布，即為每個訓練樣本分配一個初始權重：

$$D_1 = (w_{11}, \cdots, w_{1i}, \cdots, w_{1N}), \; w_{1i} = \frac{1}{N}, \; i = 1, 2, \cdots, N \tag{10-1}$$

(2) 對於 $t = 1, 2, \cdots, T$，分別執行以下步驟。

    (a) 對包含權重分佈 D_t 的訓練集進行訓練並得到弱分類器 $G_t(x)$。

    (b) 計算 $G_t(x)$ 在當前加權訓練集上的分類誤差率 ϵ_t：

$$\epsilon_t = P(G_t(x_i) \neq y_i) = \sum_{i=1}^{N} w_{ti} I(G_t(x_i) \neq y_i) \tag{10-2}$$

    (c) 根據分類誤差率 ϵ_t 計算當前弱分類器的權重係數 α_t：

$$\alpha_t = \frac{1}{2} \log \frac{1 - \epsilon_t}{\epsilon_t} \tag{10-3}$$

    (d) 調整訓練集的權重分佈：

$$D_{t+1} = (w_{t+1, 1}, \cdots, w_{t+1, i}, \cdots, w_{t+1, N}) \tag{10-4}$$

$$w_{t+1, i} = \frac{w_{ti}}{Z_t} \exp(-\alpha_t y_i G_t(x_i)) \tag{10-5}$$

其中 Z_t 為歸一化因數， $Z_t = \sum_{i=1}^{N} w_{ti}\exp(-\alpha_t y_i G_t(x_i))$ 。

(3) 最後構建 T 個弱分類器的線性組合：

$$f(x) = \sum_{t=1}^{T} \alpha_t G_t(x)$$ (10-6)

最終的強分類器可以寫為：

$$G(x) = \text{sign}(f(x)) = \text{sign}\left(\sum_{t=1}^{T} \alpha_t G_t(x)\right)$$ (10-7)

在式(10-3)的弱分類器權重係數計算過程中，當弱分類器的分類誤差率 $\epsilon_t \leqslant \dfrac{1}{2}$ 時，$\alpha_t \geqslant 0$ ，且 α_t 隨著 ϵ_t 的減小而變大，這也正是弱分類器權重係數計算公式的設計思想，它能夠使得分類誤差率較低的分類器有較大的權重係數。

式(10-5)的訓練樣本權重分佈可以寫為：

$$w_{t+1,\,i} = \begin{cases} \dfrac{w_{ti}}{Z_t}\,\mathrm{e}^{-\alpha_t}, & G_t(x_i) = y_i \\[2mm] \dfrac{w_{ti}}{Z_t}\,\mathrm{e}^{\alpha_t}, & G_t(x_i) \neq y_i \end{cases}$$ (10-8)

由式(10-8)可知，當樣本被弱分類器正確分類時，它的權重變小；當樣本被弱分類器錯誤分類時，它的權重變大。相比之外，錯誤分類樣本的權重增大了 $\mathrm{e}^{2\alpha_t}$ 倍，這就使得在下一輪訓練中，演算法將更加關注這些誤分類的樣本。

以上就是 AdaBoost 演算法的基本原理。可以看到，演算法步驟非常直觀易懂，巧妙的演算法設計能夠非常好地回答 Boosting 方法的兩個關鍵問題。上述關於 AdaBoost 的理解可以視為該模型的經典版本。

10.2.2 AdaBoost 與前向分步演算法

從機器學習模型、策略和演算法的三要素來看，我們很難將 10.2.1 節所述的 AdaBoost 基本原理與上述三要素進行對應。實際上，AdaBoost 除了經典版本外，也有適用於機器學習三要素的理解版本，即 AdaBoost 是以加性模型為模型、指數函數為損失函數、前向分步為演算法的分類學習演算法。

什麼是**加性模型**（additive model）呢？即模型是由多個基模型求和的形式構造起來的。考慮式(10-9)所示的加性模型：

$$f(x) = \sum_{t=1}^{T} \alpha_t b(x;\ \gamma_t) \tag{10-9}$$

其中 $b(x;\ \gamma_t)$ 為基模型，γ_t 為基模型參數，α_t 為基模型係數，可知 $f(x)$ 是由 T 個基模型求和的加性模型。

給定訓練集和損失函數的條件下，加性模型的目標函數為如下最小化損失函數：

$$\min_{\alpha_t,\ \gamma_t} \sum_{i=1}^{N} L\left(y_i,\ \sum_{t=1}^{T} \alpha_t b(x_i;\ \gamma_t) \right) \tag{10-10}$$

針對這樣一個較為複雜的最佳化問題，可以採用前向分步演算法進行求解。其基本思路如下：針對加性模型的特點，從前往後每次只最佳化一個基模型的參數，每一步最佳化疊加之後便可逐步逼近式(10-10)的目標函數。每一步最佳化的表達式如式(10-11)所示：

$$\min_{\alpha,\ \gamma} \sum_{i=1}^{N} L\left(y_i,\ \alpha b(x_i;\ \gamma) \right) \tag{10-11}$$

給定訓練集 $D = \{(x_1,\ y_1),\ (x_2,\ y_2),\ \cdots,\ (x_N,\ y_N)\}$，其中 $x_i \in \chi \subseteq \mathbf{R}^n$，$y_i \in \mathcal{Y} = \{-1,\ +1\}$，利用前向分步演算法求解式(10-9)的最佳化問題的過程如下。

(1) 初始化模型 $f_0(x) = 0$ 。

(2) 對於 $t = 1,\ 2,\ \cdots,\ T$ ，分別執行以下操作。

    (a) 以 α_t 和 γ_t 為最佳化參數，最小化目標損失函數：

$$(\alpha_t,\ \gamma_t) = \arg\min_{\alpha,\ \gamma} \sum_{i=1}^{N} L(y_i,\ f_{t-1}(x_i) + \alpha b(x_i;\ \gamma)) \tag{10-12}$$

    (b) 更新加性模型：

$$f_t(x) = f_{t-1}(x) + \alpha_t b(x;\ \gamma_t) \tag{10-13}$$

    (c) 可得到最後的加性模型為：

$$f(x) = f_T(x) = \sum_{t=1}^{T} \alpha_t b(x;\ \gamma_t) \tag{10-14}$$

從前向分步演算法的角度來理解 AdaBoost，可以將 AdaBoost 看作前向分步演算法的特例，這時加性模型是以分類器為基模型、以指數函數為損失函數的最佳化問題。假設經過 $t-1$ 次前向分步迭代後已經得到 $f_{t-1}(x)$，第 t 次迭代可以得到第 t 個基模型的權重係數、第 t 個基模型 $G_t(x)$ 和 t 輪迭代後的加性模型 $f_t(x)$：

$$f_t(x) = f_{t-1}(x) + \alpha_t G_t(x) \tag{10-15}$$

最佳化目標是使 $f_t(x)$ 在給定訓練集 D 上的指數損失最小化，有：

$$(\alpha_t,\ G_t(x)) = \arg\min_{\alpha,\ G} \sum_{i=1}^{N} \exp(-y_i(f_{t-1}(x_i) + \alpha G(x_i))) \tag{10-16}$$

求解式(10-16)的最小化指數損失即可得到 AdaBoost 的最佳化參數。

10.3　AdaBoost 演算法實現

10.3.1　基於 NumPy 的 AdaBoost 演算法實現

本節中我們嘗試基於 NumPy 實現一個 AdaBoost 演算法的經典版本。按照慣例，我們同樣需要先分析基本的實現思路。

如圖 10-1 所示，同樣給出 NumPy 和 sklearn 的實現方式對比。基於 NumPy 實現 AdaBoost 演算法經典版本，需要首先定義基分類器，一般可用一棵決策樹或者**決策樹椿**（decision stump）作為基分類器；然後進行 AdaBoost 經典版演算法流程（見 10.2.1 節），包括權重初始化、訓練弱分類器、計算目前分類誤差、計算弱分類器的權重和更新訓練樣本權重；最後定義預測函數。此外，還需要基於資料進行測試。

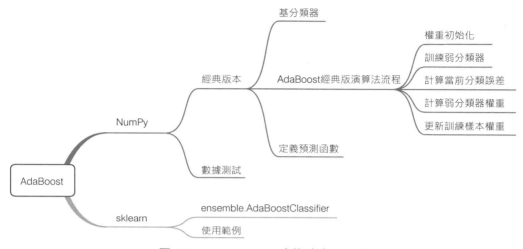

圖 10-1　AdaBoost 演算法實現思路

我們以決策樹樁為例首先定義一個基分類器，如程式碼清單 10-1 所示。

程式碼清單 10-1　決策樹樁基分類器

```
### 定義決策樹樁類
### 作為 AdaBoost 弱分類器
class DecisionStump:
    def __init__(self):
        # 基於劃分閾值決定樣本分類為 1 還是-1
        self.label = 1
        # 特徵索引
        self.feature_index = None
        # 特徵劃分閾值
        self.threshold = None
        # 指示分類準確率的值
        self.alpha = None
```

然後基於基分類器和 AdaBoost 經典版演算法流程實現其擬合方式，如程式碼清單 10-2 所示。在理順邏輯的情況下，我們完全按照 10.2.1 節中的 AdaBoost 演算法步驟，分步以(1)、(2)和(a)、(b)、(c)、(d)來實現 AdaBoost 擬合函數。

程式碼清單 10-2　AdaBoost 擬合函數

```
# 匯入 numpy
import numpy as np
### AdaBoost 演算法擬合過程
def fit(X, y, n_estimators):
```

```
'''
輸入：
X：訓練輸入
y：訓練輸出
n_estimators：基分類器個數
輸出：
estimators：包含所有基分類器的列表
'''
m, n = X.shape
# (1) 初始化權重分布為均勻分布 1/N
w = np.full(m, (1/m))
# 初始化基分類器列表
estimators = []
# (2) for m in (1,2,...,M)
for _ in range(n_estimators):
    # (2.a) 訓練一個弱分類器：決策樹樁
    estimator = DecisionStump()
    # 設定一個最小化誤差
    min_error = float('inf')
    # 遍歷資料集特徵，根據最小分類誤差率選擇最優特徵
    for i in range(n):
        # 獲取特徵值
        values = np.expand_dims(X[:, i], axis=1)
        # 特徵取值去重
        unique_values = np.unique(values)
        # 嘗試將每一個特徵值作為分類閾值
        for threshold in unique_values:
            p = 1
            # 初始化所有預測值為 1
            pred = np.ones(np.shape(y))
            # 小於分類閾值的預測值為 -1
            pred[X[:, i] < threshold] = -1
            # (2.b)計算分類誤差率
            error = sum(w[y != pred])
            # 如果分類誤差率大於 0.5，則進行正負預測翻轉
            # 例如 error = 0.6 => (1 - error) = 0.4
            if error > 0.5:
                error = 1 - error
                p = -1
            # 一旦獲得最小誤差，則儲存相關參數配置
            if error < min_error:
                estimator.label = p
                estimator.threshold = threshold
                estimator.feature_index = i
                min_error = error
    # (2.c)計算基分類器的權重
    estimator.alpha = 0.5 * np.log((1.0 - min_error) / (min_error + 1e-9))
    # 初始化所有預測值為 1
```

```
    preds = np.ones(np.shape(y))
    # 獲取所有小於閾值的負類索引
    negative_idx = (estimator.label * X[:, estimator.feature_index] <
                    estimator.label * estimator.threshold)
    # 將負類設為'-1'
    preds[negative_idx] = -1
    # (2.d)更新樣本權重
    w *= np.exp(-estimator.alpha * y * preds)
    w /= np.sum(w)
    # 儲存該弱分類器
    estimators.append(estimator)
```

擬合函數定義完成之後，我們便可基於 estimators 來定義 AdaBoost 的預測函數了，如程式碼清單 10-3 所示。輸入為預測資料和訓練好的模型，輸出為模型預測結果。最終的預測輸出為每個基分類器加權後的結果。

程式碼清單 10-3　定義 AdaBoost 預測函數

```
### 定義預測函數
def predict(X, estimators):
    '''
    輸入：
    X：預測輸入
    estimators：包含所有基分類器的列表
    輸出：
    y_pred：預測輸出
    '''
    m = len(X)
    y_pred = np.zeros((m, 1))
    # 計算每個基分類器的預測值
    for estimator in estimators:
        # 初始化所有預測值為1
        predictions = np.ones(np.shape(y_pred))
        # 獲取所有小於閾值的負類索引
        negative_idx = (estimator.label * X[:, estimator.feature_index]
                        < estimator.label * estimator.threshold)
        # 將負類設為'-1'
        predictions[negative_idx] = -1
        # 對每個基分類器的預測結果進行加權
        y_pred += estimator.alpha * predictions
    # 返回最終預測結果
    y_pred = np.sign(y_pred).flatten()
    return y_pred
```

演算法的主要部分寫完之後，為了方便下一步進行資料測試，我們嘗試將上述訓練和
預測兩個模組封裝為一個 AdaBoost 演算法類，具體如程式碼清單 10-4 所示。

程式碼清單 10-4　AdaBoost 演算法類

```python
### 定義 Adaboost 類別
class Adaboost:
    # 弱分類器個數
    def __init__(self, n_estimators=5):
        self.n_estimators = n_estimators

    # AdaBoost 擬合演算法
    def fit(self, X, y):
        m, n = X.shape
        # (1)初始化權重分布為均勻分布 1/N
        w = np.full(m, (1/m))
        # 初始化基分類器列表
        self.estimators = []
        # (2) for m in (1,2,...,M)
        for _ in range(self.n_estimators):
            # (2.a) 訓練一個弱分類器：決策樹樁
            estimator = DecisionStump()
            # 設定一個最小化誤差率
            min_error = float('inf')
            # 遍歷資料集特徵，根據最小分類誤差率選擇最優特徵
            for i in range(n):
                # 獲取特徵值
                values = np.expand_dims(X[:, i], axis=1)
                # 特徵取值去重
                unique_values = np.unique(values)
                # 嘗試將每一個特徵值作為分類閾值
                for threshold in unique_values:
                    p = 1
                    # 初始化所有預測值為 1
                    pred = np.ones(np.shape(y))
                    # 小於分類閾值的預測值為-1
                    pred[X[:, i] < threshold] = -1
                    # (2.b) 計算誤差率
                    error = sum(w[y != pred])

                    # 如果分類誤差率大於 0.5，則進行正負預測翻轉
                    # 例如 error = 0.6 => (1 - error) = 0.4
                    if error > 0.5:
                        error = 1 - error
                        p = -1

                    # 一旦獲得最小誤差率，則儲存相關參數配置
```

```
                        if error < min_error:
                            estimator.label = p
                            estimator.threshold = threshold
                            estimator.feature_index = i
                            min_error = error

            # (2.c) 計算基分類器的權重
            estimator.alpha = 0.5 * np.log((1.0 - min_error) /
                                            (min_error + 1e-9))
            # 初始化所有預測值為 1
            preds = np.ones(np.shape(y))
            # 獲取所有小於閾值的負類索引
            negative_idx = (estimator.label * X[:, estimator.feature_index] <
                            estimator.label * estimator.threshold)
            # 將負類設為 '-1'
            preds[negative_idx] = -1
            # (2.d) 更新樣本權重
            w *= np.exp(-estimator.alpha * y * preds)
            w /= np.sum(w)
            # 儲存該弱分類器
            self.estimators.append(estimator)

    # 定義預測函數
    def predict(self, X):
        m = len(X)
        y_pred = np.zeros((m, 1))
        # 計算每個弱分類器的預測值
        for estimator in self.estimators:
            # 初始化所有預測值為 1
            predictions = np.ones(np.shape(y_pred))
            # 獲取所有小於閾值的負類索引
            negative_idx = (estimator.label * X[:, estimator.feature_index] <
                            estimator.label * estimator.threshold)
            # 將負類設為 '-1'
            predictions[negative_idx] = -1
            # (2.e) 對每個弱分類器的預測結果進行加權
            y_pred += estimator.alpha * predictions
        # 返回最終預測結果
        y_pred = np.sign(y_pred).flatten()
        return y_pred
```

最後，我們用使用 9.2 節的模擬二分類資料集來對編寫好的 AdaBoost 演算法類進行測試，如程式碼清單 10-5 所示。

程式碼清單 10-5　資料測試

```
# 匯入資料劃分模組
from sklearn.model_selection import train_test_split
# 匯入模擬二分類資料生成模組
from sklearn.datasets.samples_generator import make_blobs
# 匯入準確率計算函數
from sklearn.metrics import accuracy_score
# 生成模擬二分類資料集
X, y = make_blobs(n_samples=150, n_features=2, centers=2, cluster_std=1.2,
random_state=40)
# 將標籤轉換為 1/-1
y_ = y.copy()
y_[y_==0] = -1
y_ = y_.astype(float)
# 劃分訓練集和測試集
X_train, X_test, y_train, y_test = train_test_split(X, y_, test_size=0.3,
random_state=43)
# 建立 Adaboost 模型實例
clf = Adaboost(n_estimators=5)
# 模型擬合
clf.fit(X_train, y_train)
# 模型預測
y_pred = clf.predict(X_test)
# 計算模型預測的分類準確率
accuracy = accuracy_score(y_test, y_pred)
print("Accuracy of AdaBoost by numpy:", accuracy)
```

輸出如下：

```
Accuracy of AdaBoost by numpy: 0.977777777
```

在程式碼清單 10-5 中，我們基於 sklearn 模擬生成的二分類資料集，將訓練標籤轉化為二分類形式後進行訓練，最後可以看到基於 NumPy 實現的 AdaBoost 模型的分類準確率達到 0.98，在模擬資料集上分類效果不錯。

10.3.2　基於 sklearn 的 AdaBoost 演算法實現

sklearn 也提供了 AdaBoost 演算法的實現方式。作為整合學習的一種模型，AdaBoost 在 ensemble 的 AdaBoostClassifier 模組下可以快速呼叫。同樣利用 10.3.1 節的測試集，基於 sklearn 的 AdaBoost 實現樣例如程式碼清單 10-6 所示。

程式碼清單 10-6 基於 sklearn 的 AdaBoost 實現樣例

```python
# 匯入 AdaBoostClassifier 模組
from sklearn.ensemble import AdaBoostClassifier
# 建立模型實例
clf_ = AdaBoostClassifier(n_estimators=5, random_state=0)
# 模型擬合
clf_.fit(X_train, y_train)
# 測試集預測
y_pred_ = clf_.predict(X_test)
# 計算分類準確率
accuracy = accuracy_score(y_test, y_pred_)
print("Accuracy of AdaBoost by sklearn:", accuracy)
```

輸出如下：

```
Accuracy of AdaBoost by sklearn: 0.977777777
```

可以看到，基於 sklearn 實現的 AdaBoost 預測效果跟基於 NumPy 實現的一致，這也印證了我們編寫演算法的有效性。

10.4 小結

Boosting 是一種將多個弱分類器組合成強分類器的整合學習演算法框架，而 AdaBoost 是一種透過改變訓練樣本權重來學習多個弱分類器並將其線性組合成強分類器的 Boosting 演算法。AdaBoost 演算法的特點是透過迭代每次學習一個弱分類器，在每次迭代的過程中，提高前一輪分類錯誤資料的權重，降低分類正確資料的權重。最後將弱分類器線性組合成一個強分類器。

從機器學習三要素來看，AdaBoost 也可以理解為以加性模型為模型、指數函數為損失函數、前向分步法為演算法的分類學習演算法。

第 11 章

GBDT

雖然 AdaBoost 是整合學習 Boosting 框架的經典模型，但目前工業界應用更廣泛是 GBDT 系列模型。從整合學習的範式上來看，GBDT 仍屬於 Boosting 框架。本章我們將首先了解梯度提升的基本概念，然後深入 GBDT 的基本原理和數學推導，並在此基礎上，結合第 7 章決策樹的相關內容，嘗試從零編寫一個 GBDT 演算法系統，最後給出 GBDT 的 sklearn 演算法實現方式作為對比。

11.1 從提升樹到梯度提升樹

提升的概念在上一章已經重點闡述過，這是一類將弱分類器提升為強分類器的演算法總稱。而**提升樹**（boosting tree）是弱分類器為決策樹的提升方法。在 AdaBoost 中，我們可以使用任意單模型作為弱分類器，但提升樹的弱分類器只能是決策樹模型。

針對提升樹模型，加性模型和前向分步演算法的組合是典型的求解方式。當損失函數為平方損失和指數損失時，前向分步演算法的每一步迭代都較為容易求解，但如果是一般的損失函數，前向分步演算法的每一步迭代並不容易。所以，有研究提出使用損失函數的負梯度在目前模型的值來求解更為一般的提升樹模型。這種基於負梯度求解提升樹前向分步迭代過程的方法也叫**梯度提升樹**（gradient boosting tree）。

11.2 GBDT 演算法的原理推導

本節重點闡述 GBDT 的演算法原理和推導過程。GBDT 的全稱為**梯度提升決策樹**（gradient boosting decision tree），其基模型（弱分類器）為第 7 章中談到的 CART 決策樹，針對分類問題的基模型為二叉分類樹，對應梯度提升模型就叫 GBDT；針對迴歸問題的基模型為二叉迴歸樹，對應的梯度提升模型叫作 GBRT（gradient boosting regression tree）。

我們先來用一個通俗的說法來理解 GBDT。假設某人月薪 10k，我們首先用一個樹模型擬合了 6k，發現有 4k 的損失，然後再用一棵樹模型擬合了 2k，這樣持續擬合下去，擬合值和目標值之間的殘差會越來越小。將每一輪迭代，也就是每一棵樹的預測值加起來，就是模型最終的預測結果。使用多棵決策樹組合就是提升樹模型，使用梯度下降法對提升樹模型進行最佳化的過程就是梯度提升樹模型。

一個提升樹模型的數學表達為：

$$f_M(x) = \sum_{m=1}^{M} T(x;\ \Theta_m) \tag{11-1}$$

其中 $T(x;\ \Theta_m)$ 為決策樹表示的基模型，Θ_m 為決策樹參數，M 為決策樹棵數。

當確定初始提升樹模型 $f_0(x) = 0$，第 m 的模型表示為：

$$f_m(x) = f_{m-1}(x) + T(x;\ \Theta_m) \tag{11-2}$$

其中 $f_{m-1}(x)$ 為目前迭代模型，根據前向分步演算法，可以使用經驗風險最小化來確定下一棵決策樹的參數 Θ_m：

$$\hat{\Theta}_m = \arg \min_{\Theta_m} \sum_{i=1}^{N} L(y_i, f_{m-1}(x_i) + T(x_i;\ \Theta_m)) \tag{11-3}$$

以梯度提升迴歸樹為例，一棵迴歸樹可以表示為：

$$T(x;\ \Theta) = \sum_{k=1}^{K} c_k I(x \in R_j) \tag{11-4}$$

根據加性模型，第 0 步、第 m 步和最終模型可以表示為：

$$f_0(x) = 0 \tag{11-5}$$

$$f_m(x) = f_{m-1}(x) + T(x;\ \Theta_m) \tag{11-6}$$

$$f_M(x) = \sum_{m=1}^{M} T(x;\ \Theta_m) \tag{11-7}$$

在已知 $f_{m-1}(x)$ 的情況下，求解式(11-3)可得到目前迭代步的模型參數。假設迴歸樹的損失函數為平方損失：

$$L(y, f(x)) = (y - f(x))^2 \tag{11-8}$$

對應到 GBRT 中，損失可推導為：

$$L(y, f_{m-1}(x) + T(x;\ \Theta_m)) = \left[y - f_{m-1}(x) - T(x;\ \Theta_m) \right]^2 \tag{11-9}$$

令：

$$r = y - f_{m-1}(x) \tag{11-10}$$

所以式(11-9)可表示為：

$$L(y, f_{m-1}(x) + T(x;\ \Theta_m)) = \left[r - T(x;\ \Theta_m) \right]^2 \tag{11-11}$$

正如本節開頭的工資擬合的例子，提升樹模型每一次迭代都是在擬合一個殘差函數。當損失函數如本例中的均方損失一樣時，式(11-3)是容易求解的。但大多數情況下，一般損失函數很難直接最佳化求解，因而就有了基於負梯度求解提升樹模型的梯度提升樹模型。梯度提升樹以梯度下降的方法，使用損失函數的負梯度在目前模型的值作為迴歸提升樹中殘差的近似值：

$$r_{mi} = -\left[\frac{\partial L(y_i, f(x_i))}{\partial f(x_i)} \right]_{f(x) = f_{m-1}(x)} \tag{11-12}$$

所以，綜合提升樹模型、前向分步演算法和梯度提升，給定訓練集 $D = \{(x_1, y_1),$ $(x_2, y_2),\ \cdots,\ (x_N, y_N)\}$，$x_i \in \mathcal{X}$，$y_i \in \mathcal{Y} \subseteq \mathbf{R}^n$，GBDT 演算法的一般流程可歸納為如下步驟。

(1) 初始化提升樹模型：

$$f_0(x) = \arg\min_c \sum_{i=1}^{N} L(y_i,\ c) \tag{11-13}$$

(2) 對 $m = 1,\ 2,\ \cdots,\ M$，有

 (a)　對每個樣本，計算負梯度擬合的殘差：

$$r_{mi} = -\left[\frac{\partial L(y_i, f(x_i))}{\partial f(x_i)} \right]_{f(x) = f_{m-1}(x)} \tag{11-14}$$

(b) 將上一步得到的殘差作為樣本新的真實值，並將資料 (x_i, r_{mi}), $i = 1, 2, \cdots, N$ 作為下一棵樹的訓練資料，得到一棵新的迴歸樹 $f_m(x)$，其對應的葉子節點區域為 R_{mj}, $j = 1, 2, \cdots, J$。其中 J 為迴歸樹 T 的葉子節點的個數。

(c) 對葉子區域 $j = 1, 2, \cdots, J$ 計算最優擬合值：

$$c_{mj} = \arg\min_c \sum_{x_i \in R_{mj}} L(y_i, f_{m-1}(x_i) + c) \tag{11-15}$$

(d) 更新提升樹模型：

$$f_m(x) = f_{m-1}(x) + \sum_{j=1}^{J} c_{mj} I(x \in R_{mj}) \tag{11-16}$$

(4) 得到最終的梯度提升樹：

$$f(x) = f_M(x) = \sum_{m=1}^{M} \sum_{j=1}^{J} c_{mj} I(x \in R_{mj}) \tag{11-17}$$

11.3 GBDT 演算法實現

11.3.1 從零開始實現一個 GBDT 演算法系統

GBDT 的演算法推導部分看起來並不多，這是因為 CART 作為 GBDT 的基模型，第 7 章已經詳盡闡述，本章的推導我們只需要專注於基於多個 CART 模型的梯度提升樹的公式部分。從零開始編寫一個 GBDT 演算法系統並不容易，好在第 7 章關於 CART 的內容中已經實現了 GBDT 的基模型決策樹部分。我們稍加梳理，編寫一個相對完整的 GBDT 演算法系統的組成部分，如圖 11-1 所示。

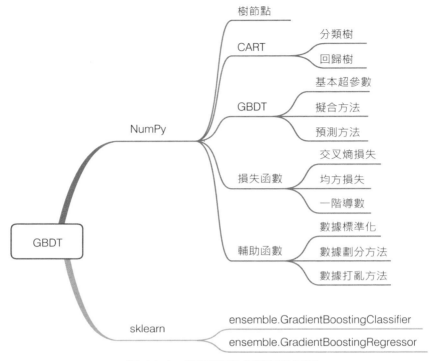

圖 11-1　GBDT 程式碼實現框架

使用 NumPy 編寫 GBDT 演算法，整體思路是從底層一步步往上搭建。首先我們需要編寫決策樹的樹節點，這些節點由一些基礎屬性構成。基於決策樹節點和決策樹的一些特徵，包括特徵選擇方法、生成方法和列印方法等，來構建 CART 決策樹，包括分類樹和迴歸樹。這一步在第 7 章中已有實現，本章不再重複編寫。然後基於 CART 的基模型，結合前向分步演算法和梯度提升，構建 GBDT 模型或者 GBRT 模型。

所以，從模型層面來看 GBDT 的演算法實現，是一個從樹節點到 CART 基模型再到 GBDT 模型的過程，如圖 11-2 所示。

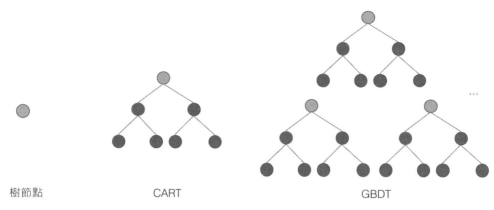

樹節點　　　　　　　　　CART　　　　　　　　　GBDT

圖 11-2　GBDT 模型搭建過程

除此之外，還需要編寫模型的損失函數和一些輔助函數，比如特徵分裂方法、基尼指數計算方法和資料打亂方法等。為節省篇幅和突出重點，本章僅實現從 CART 到 GBDT 的過程邏輯。

我們以 GBRT 為例，嘗試基於 NumPy 實現一個完整的梯度提升樹演算法系統。首先嘗試實現樹節點和基礎決策樹，因為在第 7 章實現過，所以這裡我們將第 7 章關於 CART 的程式碼封裝後作為模組匯入即可，如程式碼清單 11-1 所示。

程式碼清單 11-1　匯入相關模組

```
### 匯入相關模組
import numpy as np
# 匯入 CART 相關模組
# 包括決策樹節點、基礎二元決策樹、CART 分類樹和 CART 迴歸樹
from cart import TreeNode, BinaryDecisionTree, ClassificationTree, RegressionTree
# 匯入資料劃分模組
from sklearn.model_selection import train_test_split
# 匯入均方誤差評估模組
from sklearn.metrics import mean_squared_error
# 匯入相關輔助函數
# 參考本書程式碼
from utils import feature_split, calculate_gini, data_shuffle
```

然後我們定義 GBRT 的損失函數，因為是迴歸樹，所以這裡損失函數使用平方損失。損失函數類的定義如程式碼清單 11-2 所示。在 SquareLoss 類別的定義中，除給出了標準的平方損失外，還定義了其一階導數函數。

程式碼清單 11-2　GBRT 損失函數

```
### 平方損失
class SquareLoss:
    # 平方損失函數
    def loss(self, y, y_pred):
        return 0.5 * np.power((y - y_pred), 2)

    # 平方損失的一階導數
    def gradient(self, y, y_pred):
        return -(y - y_pred)
```

在前述基礎上，包括決策樹節點、基礎決策樹、CART 迴歸樹和損失函數，我們嘗試定義一個 GBDT 類別，其中類別屬性包括 GBDT 的一些基本超參數，比如樹的棵數、學習率、節點最小分裂樣本數、樹最大深度等，類別方法主要包括 GBDT 的訓練方法和預測方法，具體如程式碼清單 11-3 所示。

程式碼清單 11-3　GBDT 類別的定義

```
### GBDT 定義
class GBDT(object):
    def __init__(self, n_estimators, learning_rate, min_samples_split,
                 min_gini_impurity, max_depth, regression):
        ### 基本超參數
        # 樹的棵數
        self.n_estimators = n_estimators
        # 學習率
        self.learning_rate = learning_rate
        # 節點最小分裂樣本數
        self.min_samples_split = min_samples_split
        # 節點最小基尼不純度
        self.min_gini_impurity = min_gini_impurity
        # 最大深度
        self.max_depth = max_depth
        # 預設為迴歸樹
        self.regression = regression
        # 損失為平方損失
        self.loss = SquareLoss()
        # 如果是分類樹，需要定義分類樹損失函數
        # 這裡省略，如需使用，需自訂分類損失函數
        if not self.regression:
            self.loss = None
        # 多棵樹疊加
        self.estimators = []
        for i in range(self.n_estimators):
```

```
                self.estimators.append(RegressionTree(min_samples_split=self.
                                               min_samples_split,
                                               min_gini_impurity=
                                               self.min_gini_impurity,
                                               max_depth=self.max_depth))
    # 擬合方法
    def fit(self, X, y):
        # 前向分步模型初始化，第一棵樹
        self.estimators[0].fit(X, y)
        # 第一棵樹的預測結果
        y_pred = self.estimators[0].predict(X)
        # 前向分步迭代訓練
        for i in range(1, self.n_estimators):
            gradient = self.loss.gradient(y, y_pred)
            self.estimators[i].fit(X, gradient)
            y_pred -= np.multiply(self.learning_rate, self.estimators[i].predict(X))
    # 預測方法
    def predict(self, X):
        # 迴歸樹預測
        y_pred = self.estimators[0].predict(X)
        for i in range(1, self.n_estimators):
            y_pred -= np.multiply(self.learning_rate, self.estimators[i].predict(X))
        # 分類樹預測
        if not self.regression:
            # 將預測值轉化為機率
            y_pred = np.exp(y_pred) / np.expand_dims(np.sum(np.exp(y_pred), axis=1),
            axis=1)
            # 轉化為預測標籤
            y_pred = np.argmax(y_pred, axis=1)
        return y_pred
```

最後繼承 GBDT 類別，可得到最終的 GBDT 分類樹和迴歸樹，如程式碼清單 11-4 所示。相較於迴歸樹模型，分類樹需要對標籤進行編碼轉化，所以在程式碼中我們又對 GBDT 類別的擬合做了一層封裝。

程式碼清單 11-4　GBDT 分類樹和迴歸樹

```
### GBDT 分類樹
class GBDTClassifier(GBDT):
    def __init__(self, n_estimators=300, learning_rate=.5,
                 min_samples_split=2, min_info_gain=1e-6, max_depth=2):
        super(GBDTClassifier,self).__init__(
            n_estimators=n_estimators,
            learning_rate=learning_rate,
            min_samples_split=min_samples_split,
            min_gini_impurity=min_info_gain,
```

```
                max_depth=max_depth,
                regression=False)
        # 擬合方法
        def fit(self, X, y):
            super(GBDTClassifier, self).fit(X, y)

### GBDT 迴歸樹
class GBDTRegressor(GBDT):
    def __init__(self, n_estimators=300, learning_rate=0.1, min_samples_split=2,
                min_var_reduction=1e-6, max_depth=3):
        super(GBDTRegressor, self).__init__(
            n_estimators=n_estimators,
            learning_rate=learning_rate,
            min_samples_split=min_samples_split,
            min_gini_impurity=min_var_reduction,
            max_depth=max_depth,
            regression=True)
```

至此，GBDT 演算法系統的核心部分就基本完成了。最後，我們基於 sklearn 的波士頓房價資料集對編寫的 GBDT 演算法進行簡單測試，如程式碼清單 11-5 所示。

程式碼清單 11-5　GBDT 演算法測試

```
### GBRT 迴歸樹
# 匯入資料集模組
from sklearn import datasets
# 匯入波士頓房價資料集
boston = datasets.load_boston()
# 打亂資料集
X, y = data_shuffle(boston.data, boston.target, seed=13)
X = X.astype(np.float32)
offset = int(X.shape[0] * 0.9)
# 劃分資料集
X_train, X_test, y_train, y_test = train_test_split(X, y, test_size=0.3)
# 建立 GBRT 實例
model = GBDTRegressor()
# 模型訓練
model.fit(X_train, y_train)
# 模型預測
y_pred = model.predict(X_test)
# 計算模型預測的均方誤差
mse = mean_squared_error(y_test, y_pred)
print("Mean Squared Error of NumPy GBRT:", mse)
```

輸出如下：

```
Mean Squared Error of NumPy GBRT: 84.29078032628252
```

在程式碼清單 11-5 中，我們首先匯入了 sklearn 波士頓房價資料集，將資料集打亂並劃分為訓練集和測試集，然後建立 GBRT 模型實例，執行訓練並對測試集進行預測，最後計算評估迴歸模型的均方誤差，可以看到，最後的均方誤差為 84.29。

11.3.2 基於 sklearn 的 GBDT 實現

sklearn 也提供了 GBDT 的演算法實現方式，GBDT 和 GBRT 的呼叫方式分別為 ensemble.GradientBoostingClassifier 和 ensemble.GradientBoostingRegressor，同樣基於波士頓房價資料集的擬合範例如程式碼清單 11-6 所示。

程式碼清單 11-6　sklearn GBDT 範例

```
# 匯入 GradientBoostingRegressor 模組
from sklearn.ensemble import GradientBoostingRegressor
# 建立模型實例
reg = GradientBoostingRegressor(n_estimators=200, learning_rate=0.5,
                                max_depth=4, random_state=0)
# 模型擬合
reg.fit(X_train, y_train)
# 模型預測
y_pred = reg.predict(X_test)
# 計算模型預測的均方誤差
mse = mean_squared_error(y_test, y_pred)
print("Mean Squared Error of sklearn GBDT:", mse)
```

輸出如下：

```
Mean Squared Error of sklearn GBDT: 14.885053466425939
```

在程式碼清單 11-6 中，首先匯入了 sklearn 的 GBRT 模組 GradientBoostingRegressor，然後建立模型實例並對訓練集進行擬合，最後基於測試集進行預測，計算均方誤差。可以看到，基於 sklearn 計算得到的 GBRT 均方誤差為 14.89，小於我們自行編寫實現的 GBRT，這說明雖然我們實現了基礎的 GBDT 演算法邏輯，但在工程實現和程式碼上還可以做進一步最佳化。

11.4 小結

GBDT 是目前應用最廣泛的一類 Boosting 整合學習框架，而梯度提升能更有效地最佳化一般的損失函數。GBDT 以 CART 為基模型，所以其實現是建立在 CART 基礎之上的。

對應於 CART 分類樹和迴歸樹，GBDT 也有梯度提升分類樹和梯度提升迴歸樹兩種模型。本章先給出了 GBDT 的數學推導流程，並在第 7 章 CART 程式碼實現的基礎之上，給出了 GBDT 的程式碼構建過程。

## 第 12 章

XGBoost

從演算法精度、速度和泛化能力等性能指標來看 GBDT，仍然有較大的最佳化空間。XGBoost 正是一種基於 GBDT 的頂級梯度提升模型。相較於 GBDT，XGBoost 的最大特性在於對損失函數展開到二階導數，使得梯度提升樹模型更能逼近其真實損失。本章在對 XGBoost 進行簡單溯源之後，強調對其深入的數學推導，並在此基礎上，基於之前章節的程式碼實現，加以改進和最佳化形成 XGBoost 模型，同時也會給出 XGBoost 原生函式庫實現作為對比。

12.1 XGBoost：極度梯度提升樹

XGBoost 的全稱為 eXtreme Gradient Boosting，即極度梯度提升樹，由陳天奇在其論文〈XGBoost: A Scalable Tree Boosting System〉中提出，一度因其強大性能流行於各大資料競賽，在各種頂級解決方案中屢見不鮮。表 12-1 是 XGBoost 在 Kaggle 上的搜尋指標統計。

表 12-1　Kaggle 上 XGBoost 的搜尋指標統計

相關搜尋指標	指標統計
Comments	16,885
Notebooks	6,851
Topics	2910
Datasets	55
Blogs	19
Users	12
Competitions	6

相關搜尋指標	指標統計
Courses	1
Tutorials	1

XGBoost 本質上仍屬於 GBDT 演算法，但在演算法精度、速度和泛化能力上均要優於傳統的 GBDT 演算法。從演算法精度上來看，XGBoost 透過將損失函數展開到二階導數，使得其更能逼近真實損失；從演算法速度上來看，XGBoost 使用了加權分位數 sketch 和稀疏感知演算法這兩個技巧，透過快取最佳化和模型並行來提高演算法速度；從演算法泛化能力上來看，透過對損失函數加入正則化項、加性模型中設定縮減率和列抽樣等方法，來防止模型過擬合。

下面我們就在 GBDT 框架的基礎上，透過詳細的數學推導，來深入理解 XGBoost 演算法系統。

12.2 XGBoost 演算法的原理推導

本節重點闡述 XGBoost 的演算法原理和推導過程。既然 XGBoost 整體上仍屬於 GBDT 演算法系統，那麼 XGBoost 也一定是由多個基模型組成的一個加性模型，所以 XGBoost 可表示為：

$$\hat{y}_i = \sum_{k=1}^{K} f_k(x_i) \tag{12-1}$$

根據前向分步演算法，假設第 t 次迭代的基模型為 $f_t(x)$，有：

$$\hat{y}_i^{(t)} = \sum_{k=1}^{t} \hat{y}_i^{(t-1)} + f_t(x_i) \tag{12-2}$$

下面推導 XGBoost 損失函數。損失函數基本形式由經驗損失項和正則化項構成：

$$L = \sum_{i=1}^{n} l(y_i, \hat{y}_i) + \sum_{i=1}^{t} \Omega(f_i) \tag{12-3}$$

其中 $\sum_{i=1}^{n} l(y_i, \hat{y}_i)$ 為經驗損失項，表示訓練資料預測值與真實值之間的損失；$\sum_{i=1}^{t} \Omega(f_i)$ 為正則化項，表示全部 t 棵樹的複雜度之和，這也是 XGBoost 控制模型過擬合的方法。根據前向分步演算法，以第 t 步模型為例，假設模型對第 i 個樣本 x_i 的預測值為：

$$\hat{y}_i^{(t)} = \hat{y}_i^{(t-1)} + f_t(x_i) \tag{12-4}$$

其中 $\hat{y}_i^{(t-1)}$ 是由第 $t-1$ 步的模型給出的預測值,其作為一個已知常量存在, $f_t(x_i)$ 為第 t 步樹模型的預測值。因而式(12-3)的目標函數可以改寫為:

$$
\begin{aligned}
L^{(t)} &= \sum_{i=1}^{n} l\left(y_i, \hat{y}_i^{(t)}\right) + \sum_{i=1}^{t} \Omega(f_i) \\
&= \sum_{i=1}^{n} l\left(y_i, \hat{y}_i^{(t-1)} + f_t(x_i)\right) + \sum_{i=1}^{t} \Omega(f_i) \\
&= \sum_{i=1}^{n} l\left(y_i, \hat{y}_i^{(t-1)} + f_t(x_i)\right) + \Omega(f_i) + \text{Constant}
\end{aligned}
\tag{12-5}
$$

式(12-5)對正則化項進行了分割,因為前 $t-1$ 棵樹的結構已經確定,所以前 $t-1$ 棵樹的複雜度之和也可以表示為常數:

$$
\begin{aligned}
\sum_{i=1}^{t} \Omega(f_i) &= \Omega(f_i) + \sum_{i=1}^{t-1} \Omega(f_i) \\
&= \Omega(f_i) + \text{Constant}
\end{aligned}
\tag{12-6}
$$

然後針對式(12-5)前半部分 $l\left(y_i, \hat{y}_i^{(t-1)} + f_t(x_i)\right)$,使用二階泰勒展開式,這裡需要用到函數的二階導數,相應的損失函數經驗損失項可以改寫為:

$$l\left(y_i, \hat{y}_i^{(t-1)} + f_t(x_i)\right) = l\left(y_i, \hat{y}_i^{(t-1)}\right) + g_i f_t(x_i) + \frac{1}{2} h_i f_t^2(x_i) \tag{12-7}$$

其中 g_i 為損失函數一階導數, h_i 為損失函數二階導數,需要注意的是,這裡是對 $\hat{y}_i^{(t-1)}$ 求導。

XGBoost 相較於 GBDT 的一個最大的特點是用到了損失函數的二階導數訊息,所以當自訂或者選擇 XGBoost 損失函數時,需要其二階可導。以平方損失函數為例:

$$l\left(y_i, \hat{y}_i^{(t-1)}\right) = \left(y_i - \hat{y}_i^{(t-1)}\right)^2 \tag{12-8}$$

對應的一階導數和二階導數分別為:

$$g_i = \frac{\partial l\left(y_i, \hat{y}_i^{(t-1)}\right)}{\partial \hat{y}_i^{(t-1)}} = -2\left(y_i - \hat{y}_i^{(t-1)}\right) \tag{12-9}$$

$$h_i = \frac{\partial^2 l\left(y_i, \hat{y}_i^{(t-1)}\right)}{\partial\left(\hat{y}_i^{(t-1)}\right)^2} = 2 \tag{12-10}$$

將式(12-7)的損失函數二階泰勒展開式代入式(12-5)，可得損失函數的近似表達式：

$$L^{(t)} \approx \sum_{i=1}^{n}\left[l\left(y_i, \hat{y}_i^{(t-1)}\right) + g_i f_t(x_i) + \frac{1}{2}h_i f_t^2(x_i)\right] + \Omega(f_t) + \text{Constant} \tag{12-11}$$

去掉相關常數項，式(12-11)簡化後的損失函數表達式為：

$$L^{(t)} \approx \sum_{i=1}^{n}\left[g_i f_t(x_i) + \frac{1}{2}h_i f_t^2(x_i)\right] + \Omega(f_t) \tag{12-12}$$

由式(12-12)可知，只需要求出損失函數每一步的一階導數和二階導數值，並對目標函數進行最佳化求解，就可以得到前向分步中每一步的模型 $f(x)$，最後根據加性模型得到 XGBoost 模型。

然而關於 XGBoost 的推導並沒有到此結束。為了計算 XGBoost 決策樹節點分裂條件，我們還需要進一步的推導。

我們對決策樹做以下定義。假設一棵決策樹是由葉子節點的權重和樣本實例到葉子節點的映射關係 q 構成，這種映射關係可以理解為決策樹的分支結構。所以一棵樹的數學表達可以定義為：

$$f_t(x) = w_{q(x)} \tag{12-13}$$

然後定義決策樹複雜度的正則化項。模型複雜度 Ω 可由單棵決策樹的葉子節點數 T 和葉子權重 w 決定，即損失函數的複雜度由決策樹的所有葉子節點數和葉子權重所決定。所以，模型的複雜度可以表示為：

$$\Omega(f_t) = \gamma T + \frac{1}{2}\lambda\sum_{j=1}^{T}w_j^2 \tag{12-14}$$

下面對決策樹所有葉子節點重新進行歸組。將屬於第 j 個葉子節點的所有樣本劃入一個葉子節點的樣本集合中，即 $I_j = \{i \mid q(x_i) = j\}$，因而 XGBoost 的損失函數式(12-12)可以改寫為：

$$L^{(t)} \approx \sum_{i=1}^{n} \left[g_i f_t(x_i) + \frac{1}{2} h_i f_t^2(x_i) \right] + \Omega(f_t)$$

$$= \sum_{i=1}^{n} \left[g_i w_{q(x_i)} + \frac{1}{2} h_i w_{q(x_i)}^2 \right] + \gamma T + \frac{1}{2} \lambda \sum_{j=1}^{T} w_j^2 \qquad (12\text{-}15)$$

$$= \sum_{j=1}^{T} \left[\left(\sum_{i \in I_j} g_i \right) w_j + \frac{1}{2} \left(\sum_{i \in I_j} h_i + \lambda \right) w_j^2 \right] + \gamma T$$

定義 $G_j = \sum_{i \in I_j} g_i$ ，$H_j = \sum_{i \in I_j} h_i$ ，其中可以理解為葉子節點 j 所包含樣本的一階偏導數累加之和，H_j 可以理解為葉子節點 j 所包含樣本的二階偏導數累加之和，G_j 和 H_j 均為常量。

將 G_j 和 H_j 代入式(12-15)，損失函數又可以變換為：

$$L^{(t)} = \sum_{j=1}^{T} \left[G_j w_j + \frac{1}{2} (H_j + \lambda) w_j^2 \right] + \gamma T \qquad (12\text{-}16)$$

對於每個葉子節點 j ，將其從目標函數中單獨取出：

$$G_j w_j + \frac{1}{2} (H_j + \lambda) w_j^2 \qquad (12\text{-}17)$$

由前述推導可知，G_j 和 H_j 相對於第 t 棵樹來說是可以計算出來的。所以式(12-17)是一個只包含一個變數葉子節點權重 w_j 的一元二次函數，可根據最值公式求其最值點。當相互獨立的每棵樹的葉子節點都達到最優值時，整個損失函數也相應地達到最優。在樹結構固定的情況下，對式(12-17)求導並令其為 0，可得最優點和最優值為：

$$w_j^* = -\frac{G_j}{H_j + \lambda} \qquad (12\text{-}18)$$

$$L = -\frac{1}{2} \sum_{j=1}^{T} \frac{G_j^2}{H_j + \lambda} + \gamma T \qquad (12\text{-}19)$$

假設決策樹模型在某個節點進行了特徵分裂，分裂前的損失函數寫為：

$$L_{\text{before}} = -\frac{1}{2} \left[\frac{(G_L + G_R)^2}{H_L + H_R + \lambda} \right] + \gamma \qquad (12\text{-}20)$$

分裂後的損失函數為：

$$L_{\text{after}} = -\frac{1}{2}\left[\frac{G_L^2}{H_L + \lambda} + \frac{G_R^2}{H_R + \lambda}\right] + 2\gamma \tag{12-21}$$

那麼，分裂後的訊息增益為：

$$\text{Gain} = \frac{1}{2}\left[\frac{G_L^2}{H_L + \lambda} + \frac{G_R^2}{H_R + \lambda} - \frac{(G_L + G_R)^2}{H_L + H_R + \lambda}\right] - \gamma \tag{12-22}$$

如果增益 Gain > 0 ，即分裂為兩個葉子節點後，目標函數下降了，則考慮此次分裂的結果。實際處理時需要遍歷所有特徵尋找最優分裂特徵。

以上就是 XGBoost 相對完整的數學推導過程，核心是透過損失函數展開到二階導數來進一步逼近真實損失。XGBoost 的推導思路和流程簡化後如圖 12-1 所示。

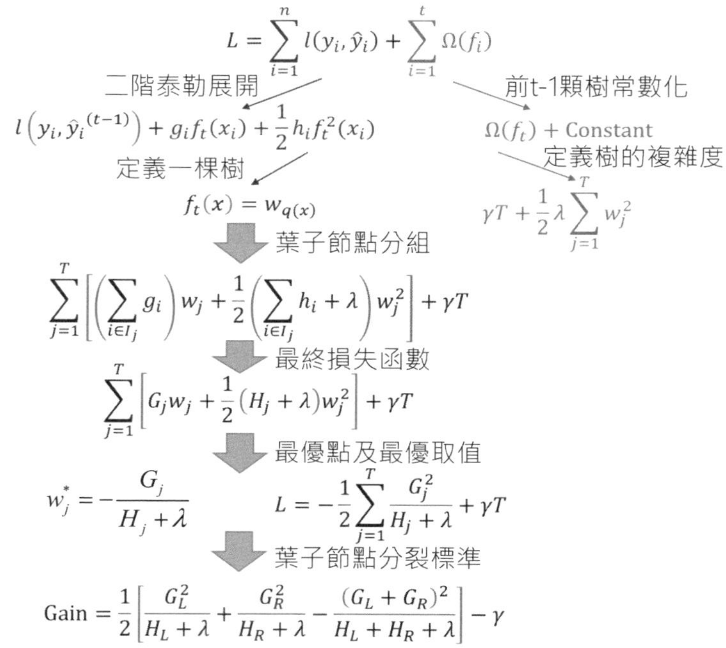

$$L = \sum_{i=1}^{n} l(y_i, \hat{y}_i) + \sum_{i=1}^{t} \Omega(f_i)$$

二階泰勒展開　　　　　　　　　　前t-1顆樹常數化

$$l\left(y_i, \hat{y}_i^{(t-1)}\right) + g_i f_t(x_i) + \frac{1}{2}h_i f_t^2(x_i) \qquad \Omega(f_t) + \text{Constant}$$

定義一棵樹　　　　　　　　　　　定義樹的複雜度

$$f_t(x) = w_{q(x)} \qquad\qquad \gamma T + \frac{1}{2}\lambda \sum_{j=1}^{T} w_j^2$$

葉子節點分組

$$\sum_{j=1}^{T}\left[\left(\sum_{i \in I_j} g_i\right)w_j + \frac{1}{2}\left(\sum_{i \in I_j} h_i + \lambda\right)w_j^2\right] + \gamma T$$

最終損失函數

$$\sum_{j=1}^{T}\left[G_j w_j + \frac{1}{2}(H_j + \lambda)w_j^2\right] + \gamma T$$

最優點及最優取值

$$w_j^* = -\frac{G_j}{H_j + \lambda} \qquad\qquad L = -\frac{1}{2}\sum_{j=1}^{T}\frac{G_j^2}{H_j + \lambda} + \gamma T$$

葉子節點分裂標準

$$\text{Gain} = \frac{1}{2}\left[\frac{G_L^2}{H_L + \lambda} + \frac{G_R^2}{H_R + \lambda} - \frac{(G_L + G_R)^2}{H_L + H_R + \lambda}\right] - \gamma$$

圖 12-1　XGBoost 推導思路和流程

12.3 XGBoost 演算法實現

12.3.1 XGBoost 實現：基於 GBDT 的改進

有了上一章 GBDT 演算法的實現基礎，再來實現 XGBoost 就不會有太多困難了。大多數底層程式碼較為類似，可以直接復用，比如樹節點、基礎決策樹和一些輔助函數的定義。相較於 GBDT，XGBoost 的主要變化在於損失函數二階導數、訊息增益計算和葉子節點得分計算等方面。在 GBDT 程式碼實現思路基礎上，XGBoost 程式碼實現框架如圖 12-2 所示。

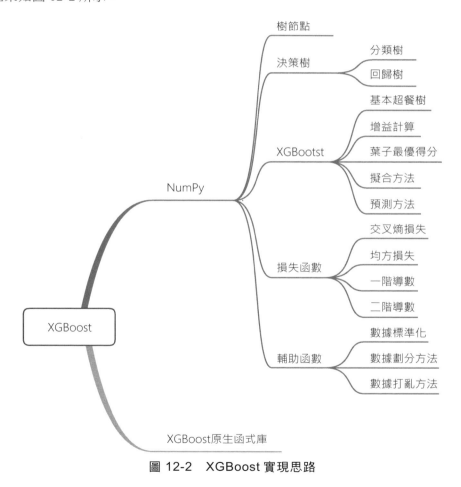

圖 12-2　XGBoost 實現思路

與上一章 GBDT 使用迴歸樹不同，本章以分類樹為例，底層的決策樹節點和基礎決策
樹不再重複實現，讀者可參考第 7 章和第 11 章內容，這裡我們可以封裝後直接匯入。
先定義 XGBoost 單棵迴歸樹類，如程式碼清單 12-1 所示。

程式碼清單 12-1　XGBoost 單棵迴歸樹類

```python
### XGBoost 單棵迴歸樹類
# 匯入必備函式庫和基礎模組
import numpy as np
from cart import TreeNode, BinaryDecisionTree
from sklearn.model_selection import train_test_split
from sklearn.metrics import accuracy_score
from utils import data_shuffle, cat_label_convert

### XGBoost 單棵樹類
class XGBoost_Single_Tree(BinaryDecisionTree):
    # 節點分裂方法
    def node_split(self, y):
        # 中間特徵所在列
        feature = int(np.shape(y)[1]/2)
        # 左子樹為真實值，右子樹為預測值
        y_true, y_pred = y[:, :feature], y[:, feature:]
        return y_true, y_pred

    # 訊息增益計算方法
    def gain(self, y, y_pred):
        # 梯度計算
        Gradient = np.power((y * self.loss.gradient(y, y_pred)).sum(), 2)
        # 黑塞矩陣計算
        Hessian = self.loss.hess(y, y_pred).sum()
        return 0.5 * (Gradient / Hessian)

    # 樹分裂增益計算
    # 式(12-22)
    def gain_xgb(self, y, y1, y2):
        # 節點分裂
        y_true, y_pred = self.node_split(y)
        y1, y1_pred = self.node_split(y1)
        y2, y2_pred = self.node_split(y2)
        true_gain = self.gain(y1, y1_pred)
        false_gain = self.gain(y2, y2_pred)
        gain = self.gain(y_true, y_pred)
        return true_gain + false_gain - gain

    # 計算葉子節點最優權重
    def leaf_weight(self, y):
```

```
            y_true, y_pred = self.node_split(y)
            # 梯度計算
            gradient = np.sum(y_true * self.loss.gradient(y_true, y_pred), axis=0)
            # 黑塞矩陣計算
            hessian = np.sum(self.loss.hess(y_true, y_pred), axis=0)
            # 葉子節點得分
            leaf_weight =  gradient / hessian
            return leaf_weight

    # 樹擬合方法
    def fit(self, X, y):
        self.gini_impurity_calc = self.gain_xgb
        self.leaf_value_calc = self.leaf_weight
        super(XGBoost_Single_Tree, self).fit(X, y)
```

在程式碼清單 12-1 中，首先匯入了基礎決策樹和輔助函數等模組，然後定義了
XGBoost 單棵樹類，主要包括樹節點分裂方法、訊息增益計算方法、葉子節點得分計
算方法和樹擬合方法，根據 12.2 節的推導可知，這些方法都是單棵 XGBoost 樹的基
本方法。其中訊息增益和葉子節點得分計算都用到了損失函數二階導數訊息，在程式
碼中我們透過計算損失函數的黑塞矩陣來實現。所以，這裡我們還需要定義一個新的
損失函數來作為 XGBoost 的損失函數。因為是分類問題，所以本節要定義一個分類
損失函數。如程式碼清單 12-2 所示，平方損失類主要定義了一階導數和二階導數的
計算方法。

程式碼清單 12-2　XGBoost 分類損失函數

```
### 分類損失函數定義
# 定義 Sigmoid 類別
class Sigmoid:
    def __call__(self, x):
        return 1 / (1 + np.exp(-x))
    def gradient(self, x):
        return self.__call__(x) * (1 - self.__call__(x))

# 定義 Logit 損失
class LogisticLoss:
    def __init__(self):
        sigmoid = Sigmoid()
        self._func = sigmoid
        self._grad = sigmoid.gradient

    # 定義損失函數形式
    def loss(self, y, y_pred):
        y_pred = np.clip(y_pred, 1e-15, 1 - 1e-15)
```

```
        p = self._func(y_pred)
        return y * np.log(p) + (1 - y) * np.log(1 - p)

    # 定義一階梯度
    def gradient(self, y, y_pred):
        p = self._func(y_pred)
        return -(y - p)

    # 定義二階梯度
    def hess(self, y, y_pred):
        p = self._func(y_pred)
        return p * (1 - p)
```

基於單棵分類樹和 Logit 分類損失函數，我們可以構造由多棵分類樹構成的 XGBoost
模型。如程式碼清單 12-3 所示，主要包括 XGBoost 基本超參數定義、擬合方法和預
測方法。常用的超參數包括樹的棵數、學習率、節點分裂最小樣本數、節點最小基尼
不純度和樹最大深度等。XGBoost 分類樹擬合和預測方法的基本思路都是遍歷所有
樹，針對每一棵樹做預測，然後對預測結果進行累加後取 softmax 並轉化為類別預測
結果。

程式碼清單 12-3　XGBoost 模型

```
### XGBoost 定義
class XGBoost:
    def __init__(self, n_estimators=300, learning_rate=0.001,
                 min_samples_split=2,
                 min_gini_impurity=999,
                 max_depth=2):
        # 樹的棵數
        self.n_estimators = n_estimators
        # 學習率
        self.learning_rate = learning_rate
        # 節點分裂最小樣本數
        self.min_samples_split = min_samples_split
        # 節點最小基尼不純度
        self.min_gini_impurity = min_gini_impurity
        # 樹最大深度
        self.max_depth = max_depth
        # 用於分類的對數損失
        # 迴歸任務可定義平方損失
        # self.loss = SquaresLoss()
        self.loss = LogisticLoss()
        # 初始化分類樹列表
        self.estimators = []
        # 遍歷構造每一棵決策樹
```

```
        for _ in range(n_estimators):
            tree = XGBoost_Single_Tree(
                min_samples_split=self.min_samples_split,
                min_gini_impurity=self.min_gini_impurity,
                max_depth=self.max_depth,
                loss=self.loss)
            self.estimators.append(estimator)

    # XGBoost 擬合方法
    def fit(self, X, y):
        y = cat_label_convert(y)
        y_pred = np.zeros(np.shape(y))
        # 擬合每一棵樹後將結果累加
        for i in range(self.n_estimators):
            estimator = self.estimators[i]
            y_true_pred = np.concatenate((y, y_pred), axis=1)
            estimator.fit(X, y_true_pred)
            iter_pred = estimator.predict(X)
            y_pred -= np.multiply(self.learning_rate, iter_pred)

    # XGBoost 預測方法
    def predict(self, X):
        y_pred = None
        # 遍歷預測
        for estimator in self.estimators:
            iter_pred = estimator.predict(X)
            if y_pred is None:
                y_pred = np.zeros_like(iter_pred)
            y_pred -= np.multiply(self.learning_rate, iter_pred)
        y_pred = np.exp(y_pred) / np.sum(np.exp(y_pred), axis=1, keepdims=True)
        # 將機率預測轉換為標籤
        y_pred = np.argmax(y_pred, axis=1)
        return y_pred
```

以上就是基於 NumPy 的 XGBoost 程式碼實現。最後利用測試資料對 XGBoost 進行測試，如程式碼清單 12-4 所示。

程式碼清單 12-4　XGBoost 程式碼測試

```
# 匯入 sklearn 資料集模組
from sklearn import datasets
# 匯入 iris 資料集
data = datasets.load_iris()
# 獲取輸入輸出
X, y = data.data, data.target
# 劃分資料集
X_train, X_test, y_train, y_test = train_test_split(X, y, test_size=0.2,
```

```
                 random_state=43)
# 建立 XGBoost 分類器
clf = XGBoost()
# 模型擬合
clf.fit(X_train, y_train)
# 模型預測
y_pred = clf.predict(X_test)
# 分類準確率評估
accuracy = accuracy_score(y_test, y_pred)
print ("Accuracy of numpy xgboost: ", accuracy)
```

輸出如下：

```
Accuracy of numpy XGBoost: 0.9333333333333333
```

可以看到，基於 NumPy 實現的 XGBoost 演算法在 iris 資料集上的分類準確率達到 0.93，算是一個不錯的結果。

12.3.2　原生函式庫 XGBoost 範例

XGBoost 的作者陳天奇也提供了 XGBoost 原生的工業級官方函式庫 xgboost。直接在命令列輸入：

```
pip install xgboost
```

即可安裝 xgboost 函式庫。完整版的使用方法可參考 xgboost 官方手冊。這裡同樣用 iris 資料集測試 xgboost 的效果，如程式碼清單 12-5 所示。

程式碼清單 12-5　xgboost 測試

```
# 匯入 xgboost
import xgboost as xgb
# 匯入繪製特徵重要性模組函數
from xgboost import plot_importance
from matplotlib import pyplot as plt
# 設定模型參數
params = {
    'booster': 'gbtree',
    'objective': 'multi:softmax',
    'num_class': 3,
    'gamma': 0.1,
    'max_depth': 2,
    'lambda': 2,
    'subsample': 0.7,
```

```
        'colsample_bytree': 0.7,
        'min_child_weight': 3,
        'eta': 0.001,
        'seed': 1000,
        'nthread': 4,
}
# 轉換為 xgb 資料集格式 Dmatrix
dtrain = xgb.DMatrix(X_train, y_train)
# 指定樹的棵數
num_rounds = 200
# 模型訓練
model = xgb.train(params, dtrain, num_rounds)
# 對測試集進行預測
dtest = xgb.DMatrix(X_test)
y_pred = model.predict(dtest)
# 計算分類準確率
accuracy = accuracy_score(y_test, y_pred)
print ("Accuracy by xgboost:", accuracy)
# 繪製特徵重要性
plot_importance(model)
plt.show();
```

輸出如下：

```
Accuracy by xgboost: 0.9666666666666667
```

在程式碼清單 12-5 中，我們首先指定了 xgboost 模型訓練的各種參數，包括提升樹類型、任務類型、類別數量和樹最大深度等，然後將原始資料類型轉換為 xgboost 的 DMatrix 資料類型，接著進行模型訓練和預測，最後評估分類準確率，並繪製了特徵重要性圖，視覺化地呈現每個特徵在模型中的重要性評分。可以看到，基於 xgboost 原生函式庫的模型準確率達到 0.97，比我們用 NumPy 實現的分類準確率要高一些。特徵重要性評分如圖 12-3 所示。

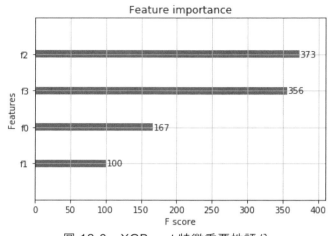

圖 12-3　XGBoost 特徵重要性評分

12.4　小結

作為原始 GBDT 模型的升級版本，XGBoost 的最大特徵在於對損失函數展開到二階導數，使得梯度提升樹模型更能逼近其真實損失。本章系統梳理了 XGBoost 的損失函數推導過程，從最初的損失函數版本出發，進行二階泰勒展開並重新定義一棵決策樹，透過對葉子節點分組得到最終的損失函數形式，最後求最優點和最優取值，並得到葉子節點的分裂標準。按照 XGBoost 的推導流程，在之前章節的基礎上，基於 NumPy 定義了一個 XGBoost 模型，並將其與原生的 xgboost 函式庫的效果進行了比較。

XGBoost 作為一款極為流行的開源梯度提升樹整合學習框架，無論是在學界、競賽界還是工業界，目前都有著廣泛應用。

## 第 13 章

LightGBM

就 GBDT 系列演算法性能而言，XGBoost 已經非常高效了，但並非沒有缺陷。LightGBM 就是一種針對 XGBoost 缺陷的改進版本，使得 GBDT 演算法系統更輕便、更高效，能夠做到又快又准。本章基於 XGBoost 可最佳化的地方，引出 LightGBM 的基本原理，包括直方圖演算法、單邊梯度抽樣、互斥特徵捆綁演算法以及 leaf-wise 生長策略，最後給出其演算法實現。

13.1 XGBoost 可最佳化的地方

XGBoost 透過預排序的演算法來尋找特徵的最優分裂點，雖然預排序演算法能夠準確找出特徵的分裂點，但該方法占用空間太大，在資料量和特徵量都比較多的情況下，會嚴重影響演算法性能。XGBoost 尋找最優分裂點的演算法複雜度可以估計為：

$$複雜度 = 特徵數 \times 特徵分裂點的數量 \times 樣本量$$

既然 XGBoost 的複雜度是由特徵數、特徵分裂點的數量和樣本量所決定的，那麼 LightGBM 的最佳化自然是從這三個方向來考慮。LightGBM 總體上仍然屬於 GBDT 演算法框架，關於 GBDT 演算法，第 11 和 12 章都有重點闡述，這裡不再重複。本章重點梳理 LightGBM 在上述三個方向的基本原理。

13.2 LightGBM 基本原理

LightGBM 的全稱為 light gradient boosting machine（輕量的梯度提升機），是由微軟於 2017 年開源的一款頂級 Boosting 演算法框架。跟 XGBoost 一樣，LightGBM 也是 GBDT 演算法框架的一種工程實現，不過更快速、更高效。本節分別從直方圖演算法、單邊梯度抽樣、互斥特徵捆綁演算法以及 leaf-wise 生長策略等方向來解釋 LightGBM。

13.2.1　直方圖演算法

為了減少特徵分裂點數量和更加高效地尋找最優特徵分裂點，LightGBM 不同於 XGBoost 的預排序演算法，採用直方圖演算法尋找最優特徵分裂點。其主要思路是將連續的浮點特徵值離散化為 k 個整數並構造一個寬度為 k 的直方圖。對某個特徵資料進行遍歷的時候，將離散化後的值用於索引作為直方圖的累積統計量。遍歷完一次後，直方圖便可累積對應的統計量，然後根據該直方圖尋找最優分裂點。圖 13-1 為直方圖演算法示意圖。

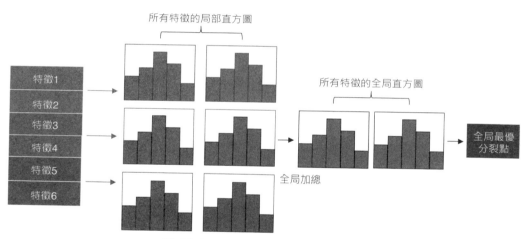

圖 13-1　LightGBM 直方圖演算法

直方圖演算法本質上是一種資料離散化和分箱操作，雖然談不上特別新穎的最佳化設計，但確實速度快性能優，計算代價和記憶體占用都大大減少。

直方圖的另一個好處在於差加速。一個葉子節點的直方圖可由其父節點的直方圖與其兄弟節點的直方圖作差得到，這也可以加速特徵節點分裂。圖 13-2 為差加速示意圖。

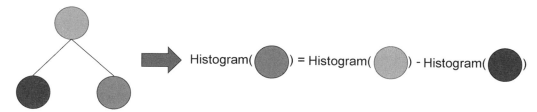

圖 13-2　直方圖差加速

所以，從特徵尋找最優分裂點角度，LightGBM 使用了直方圖演算法進行最佳化。

13.2.2　單邊梯度抽樣

單邊梯度抽樣（gradient-based one-side sampling, GOSS）演算法是 LightGBM 從減少樣本的角度進行最佳化而設計的演算法，是 LightGBM 的核心原理之一。單邊梯度抽樣演算法的主要思路是從減少樣本的角度出發，將訓練過程中大部分權重較小的樣本剔除，僅對剩餘樣本資料計算訊息增益。

第 10 章談到了 AdaBoost 演算法，該演算法的一個關鍵要素是樣本權重，透過在訓練過程中不斷調整樣本分類權重從而達到最優分類效果。但在 GBDT 系列中並沒有樣本權重的相關設計，GBDT 採用樣本梯度來代替權重的概念。一般來說，訓練梯度小的樣本，其經驗誤差也較小，說明這部分資料已經獲得了較好的訓練，GBDT 的想法是在下一步的殘差擬合中丟棄這部分樣本，但這樣做可能會改變訓練樣本的資料分布，影響最終的訓練精度。

針對以上問題，LightGBM 提出採用 GOSS 採樣演算法。其目的是盡可能保留對計算訊息增益有幫助的樣本，提高模型訓練速度。GOSS 的基本做法是先將需要進行分裂的特徵按絕對值大小降序排序，取絕對值最大的前 a% 個資料，假設樣本大小為 n，在剩下的 $(1-a)$% 個資料中隨機選擇 b% 個資料，將這 b% 個資料乘以一個常數 $(1-a)/b$。這種做法會使得演算法更加關注訓練不夠充分的樣本，並且原始的資料分布不會有太大改變。最後使用 $a+b$ 個資料來計算該特徵的訊息增益。

GOSS 演算法主要從減少樣本的角度來對 GBDT 進行最佳化。丟棄梯度較小的樣本並且在不損失太多精度的情況下提升模型訓練速度，這是 LightGBM 速度較快的原因之一。

13.2.3　互斥特徵捆綁演算法

直方圖演算法對應特徵分裂點的最佳化，單邊梯度抽樣對應樣本量的最佳化，最後還剩特徵數的最佳化沒有談到。互斥特徵捆綁演算法是針對特徵的最佳化。**互斥特徵捆綁**（exclusive feature bundling, EFB）演算法透過將兩個互斥的特徵捆綁為一個特徵，在不遺失特徵訊息的前提下，減少特徵數，從而加速模型訓練。大多數時候兩個特徵不是完全互斥的，可以用定義一個衝突比率衡量特徵不互斥程度，當衝突比率較低時，可以將不完全互斥的兩個特徵捆綁，這對最後的模型精度沒有太大影響。

所謂特徵互斥，即兩個特徵不會同時為非零值，這一點跟分類特徵的 one-hot 表達有點類似。互斥特徵捆綁演算法的關鍵問題有兩個：一個是如何判斷將哪些特徵進行綁定，另一個是如何將特徵進行綁定，即綁定後的特徵如何取值。

針對第一個問題，EFB 演算法將其轉化為**圖著色問題**（graph coloring problem）來求解。其基本思路是將所有特徵看作圖的各個頂點，用一條邊連接不相互獨立的兩個特徵，邊的權重則表示兩個相連接的特徵的衝突比率，需要綁定在一起的特徵就是圖著色問題中要塗上同一種顏色的點（特徵）。

第二個問題是要確定綁定後的特徵如何進行取值，其關鍵在於能夠將原始特徵從合併後的特徵中分離，即綁定到一個特徵後，我們仍然可以從這個綁定的 bundle 裡面識別出原始特徵。EFB 演算法針對該問題嘗試從直方圖的角度來處理，具體做法是將不同特徵值分到綁定的 bundle 中不同的直方圖「箱子」中，透過在特徵取值中加一個偏置常量來進行處理。舉個簡單的例子，假設我們要綁定特徵 A 和特徵 B 兩個特徵，特徵 A 的取值區間為 $[10, 20)$，特徵 B 的取值範圍為 $[10, 30)$，我們可以給特徵 B 的取值範圍加一個偏置量 10，則特徵 B 的取值範圍變成了 $[20, 40)$，綁定後的特徵取值範圍變成了 $[10, 40)$，這樣特徵 A 和特徵 B 便可進行融合了。

13.2.4　leaf-wise 生長策略

前述三個演算法是 LightGBM 在 XGBoost 基礎上，針對特徵分裂點、樣本量和特徵數分別做出的最佳化處理方法。除此之外，LightGBM 還提出了區別於 XGBoost 的按層生長的葉子節點生長方法，即帶有深度限制的按葉子節點（leaf-wise）生長的決策樹生長方法。

按層生長和按葉子節點生長的方法如圖 13-3 所示。

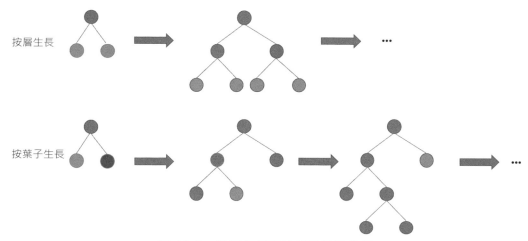

按層生長

按葉子生長

圖 13-3　按層生長和按葉子節點生長

XGBoost 採用按層生長的 level-wise 演算法，好處是可以多執行緒最佳化，也方便控制模型複雜度，且不易過擬合，缺點是不加區分地對待同一層所有葉子節點，大部分節點分裂和增益計算不是必需的，產生了額外的計算開銷。LightGBM 提出了按葉子節點生長的 leaf-wise 演算法，精度更高且更高效，能夠節約不必要的計算開銷，同時為防止某一節點過分生長而加上一個深度限制機制，能夠在保證精度的同時一定程度上防止過擬合。

除以上四點改進演算法外，LightGBM 在工程實現上也有一些改進和最佳化，比如可以直接支援類別特徵（不需要再對類別特徵進行 one-hot 等處理）、高效並行和 cache（快取）命中率最佳化等。這裡不做詳述，讀者查閱 LightGBM 論文原文即可。

13.3 LightGBM 演算法實現

開源 LightGBM 專案的微軟開發團隊提供了該演算法的原生函式庫實現方式。透過 pip 安裝後便可直接進行呼叫。圖 13-4 展示的是 LightGBM 官方文件首頁。

圖 13-4　LightGBM

直接在 pip 中安裝 lightgbm 函式庫：

```
pip install lightgbm
```

lightgbm 提供了分類和迴歸兩大類介面，下面以分類問題和 iris 資料集為例給出原生
lightgbm 介面的一個使用範例，如程式碼清單 13-1 所示。

程式碼清單 13-1　lightgbm 使用範例

```python
# 匯入相關模組
import lightgbm as lgb
from sklearn.metrics import accuracy_score
from sklearn.datasets import load_iris
from sklearn.model_selection import train_test_split
import matplotlib.pyplot as plt
# 匯入 iris 資料集
iris = load_iris()
data, target = iris.data, iris.target
# 資料集劃分
X_train, X_test, y_train, y_test = train_test_split(data, target, test_size=0.2,
random_state=43)
# 建立 lightgbm 分類模型
gbm = lgb.LGBMClassifier(objective='multiclass',
                         num_class=3,
                         num_leaves=31,
                         learning_rate=0.05,
                         n_estimators=20)
```

```
# 模型訓練
gbm.fit(X_train, y_train, eval_set=[(X_test, y_test)], early_stopping_rounds=5)
# 預測測試集
y_pred = gbm.predict(X_test, num_iteration=gbm.best_iteration_)
# 模型評估
print('Accuracy of lightgbm:', accuracy_score(y_test, y_pred))
# 繪製模型特徵重要性
lgb.plot_importance(gbm)
plt.show();
```

在程式碼清單 13-1 中,我們以 iris 資料集為例,首先將資料集劃分為訓練集和測試集之後,基於 `LGBMClassifier` 模組建立分類模型實例,設定相關超參數並對訓練資料進行擬合,然後基於訓練後的模型對測試集進行預測,最後評估測試集上的分類準確率並輸出特徵重要性排序。程式碼輸出如圖 13-5 所示。

```
[1]     valid_0's multi_logloss: 1.02277
Training until validation scores don't improve for 5 rounds
[2]     valid_0's multi_logloss: 0.943765
[3]     valid_0's multi_logloss: 0.873274
[4]     valid_0's multi_logloss: 0.810478
[5]     valid_0's multi_logloss: 0.752973
[6]     valid_0's multi_logloss: 0.701621
[7]     valid_0's multi_logloss: 0.654982
[8]     valid_0's multi_logloss: 0.611268
[9]     valid_0's multi_logloss: 0.572202
[10]    valid_0's multi_logloss: 0.53541
[11]    valid_0's multi_logloss: 0.502582
[12]    valid_0's multi_logloss: 0.472856
[13]    valid_0's multi_logloss: 0.443853
[14]    valid_0's multi_logloss: 0.417764
[15]    valid_0's multi_logloss: 0.393613
[16]    valid_0's multi_logloss: 0.370679
[17]    valid_0's multi_logloss: 0.349936
[18]    valid_0's multi_logloss: 0.330669
[19]    valid_0's multi_logloss: 0.312805
[20]    valid_0's multi_logloss: 0.296973
Did not meet early stopping. Best iteration is:
[20]    valid_0's multi_logloss: 0.296973
Accuracy of lightgbm: 1.0
```

圖 13-5　lightgbm 訓練輸出

可以看到,LightGBM 在 iris 測試集上的分類準確率達到 100%,對比上一章的 XGBoost,效果要更好。LightGBM 的特徵重要性如圖 13-6 所示。

215

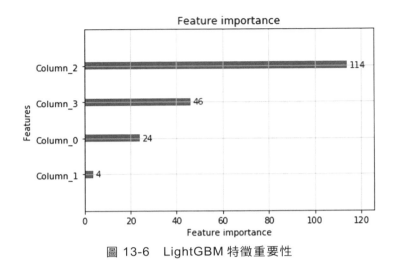

圖 13-6　LightGBM 特徵重要性

13.4 小結

LightGBM 是微軟針對 XGBoost 可最佳化的點開源的一款更高效的 GBDT 整合學習框架。針對 XGBoost 的一些性能缺點，LightGBM 分別基於直方圖演算法、單邊梯度抽樣、互斥特徵捆綁演算法以及 leaf-wise 生長策略四個方法來實現更高效的 GBDT 演算法框架。

在演算法實現上，限於 LightGBM 演算法工程實現的複雜度，本章並未基於 NumPy 給出 LightGBM 的演算法搭建邏輯，而是直接基於 lightgbm 原生函式庫給出了該演算法的實現範例。相較於 XGBoost，LightGBM 因其更優越的效能，在專案中的應用越來越廣泛。

## 第 14 章

CatBoost

XGBoost 和 LightGBM 都是高效的 GBDT 演算法工程化實現框架。除這兩個 Boosting 框架外，還有一種因處理類別特徵而聞名的 Boosting 框架——CatBoost。CatBoost 是俄羅斯搜尋引擎巨頭 Yandex 於 2017 年開源的一款 GBDT 計算框架，因能夠高效處理資料中的類別特徵而取名為 CatBoost（Categorical + Boosting）。本章將在介紹 CatBoost 主要理論（如目標變數統計、特徵組合和排序提升等）的基礎上，給出 CatBoost 原生函式庫的程式碼實現範例。

14.1 機器學習中類別特徵的處理方法

對於類別特徵的處理是 CatBoost 的一大特點，也是其名稱的由來。CatBoost 透過對一般的目標變數統計方法添加先驗項來改進它們。除此之外，CatBoost 還考慮使用類別特徵的不同組合來增加資料集特徵維度。在闡述 CatBoost 類別特徵編碼之前，我們先梳理一下機器學習中常用的類別特徵處理方法。

類別特徵在結構化資料集中是非常普遍的特徵。這類特徵區別於常見的數值特徵，是一個離散的集合，比如性別（男、女）、學歷（大學、碩士研究生、博士研究生等）、地點（杭州、北京、上海等），有時候我們還會碰到有幾十甚至上百個取值的類別特徵。

對於類別特徵，最直接的方法就是寫死，即直接對類別特徵進行數值映射，有多少類別取值就映射多少數值。這種寫死方式簡單快捷，但僅在類別特徵內部取值是有序的情況才可使用，即類別特徵取值存在明顯的順序性，比如學歷特徵取值為高中、大學、碩士研究生和博士研究生，各學歷之間存在明顯的順序關係。

除寫死外，以往最通用的方法就是 one-hot 編碼。如果類別特徵取值數目較少，one-hot 編碼不失為一種比較高效的方法。但當類別特徵取值數目較多時，採用 one-hot 編碼就不划算了，它會產生大量冗餘特徵。試想一下一個類別數目為 100 的類別特徵，one-hot 編碼會產生 100 個稀疏特徵，這對訓練演算法而言會是不小的負擔。圖 14-1 是 one-hot 編碼的一個例子。

學歷		大學	碩士研究生	博士研究生
大學		1	0	0
碩士研究生		0	1	0
博士研究生		0	0	1
碩士研究生		0	1	0

圖 14-1　one-hot 編碼

所以，對於特徵取值數目較多的類別特徵，一種折中的方法是將類別數目重新歸類，使其降到較少數目再進行 one-hot 編碼。另一種常用的方法則是**目標變數統計**（target statisitics, TS），TS 計算每個類別對於目標變數的期望值並將類別特徵轉換為新的數值特徵。CatBoost 在一般 TS 方法上做了改進。

14.2　CatBoost 理論基礎

CatBoost 是 GBDT 演算法的一個工程化實現。關於 GBDT 理論框架，前文已詳盡闡述，本章不再重複。本節重點講述 CatBoost 演算法框架自身的理論特色，包括用於處理類別變數的目標變數統計、特徵組合和排序提升演算法。

14.2.1　目標變數統計

CatBoost 演算法設計一個最大的目的就是更好地處理 GBDT 特徵中的類別特徵。一般的 TS 方法最直接的做法是對類別對應的標籤平均值進行取代。在 GBDT 構建決策樹的過程中，取代後的類別標籤平均值作為節點分裂的標準，這種做法也稱 greedy target-based statistics，簡稱 greedy TS，其計算公式可表示為：

$$\hat{x}_k^i = \frac{\sum_{j=1}^{n} \left[x_{j,k} = x_{i,k} \right] Y_i}{\sum_{j=1}^{n} \left[x_{j,k} = x_{i,k} \right]} \tag{14-1}$$

greedy TS 一個比較明顯的缺陷是當特徵比標籤包含更多的訊息時，統一用標籤平均值來代替分類特徵表達的話，訓練集和測試集可能會因為資料分布不一樣而產生條件偏移問題。CatBoost 對 greedy TS 方法的改進是添加先驗項，用以減少噪聲和低頻類別型資料對資料分布的影響。改進後的 greedy TS 方法的數學表達如下：

$$\hat{x}_k^i = \frac{\sum_{j=1}^{p-1}\left[x_{\sigma_{j,k}} = x_{\sigma_{i,k}}\right]Y_{\sigma_j} + ap}{\sum_{j=1}^{p-1}\left[x_{\sigma_{j,k}} = x_{\sigma_{p,k}}\right] + a} \tag{14-2}$$

其中 p 為添加的先驗項，a 為大於 0 的權重係數。

除上述方法外，CatBoost 還提供了 holdout TS、leave-one-out TS、ordered TS 等幾種改進的 TS 方法，這裡不一一詳述。

14.2.2 特徵組合

CatBoost 對類別特徵處理方法的另一種創新在於可以將任意幾個類別特徵組合為新的特徵。比如使用者 ID 和廣告主題之間的聯合訊息，如果單純地將二者轉換為數值特徵，二者之間的聯合訊息可能就會遺失。CatBoost 則考慮將這兩個類別特徵組合成新的類別特徵。但組合的數量會隨著資料集中類別特徵數量的增多呈指數級增長，因此不可能考慮所有組合。

所以，CatBoost 在構建新的分裂節點時，會採用貪心的策略考慮特徵之間的組合。CatBoost 將目前樹的所有組合、類別特徵與資料集中的所有類別特徵相結合，並將新的類別組合型特徵動態地轉換為數值特徵。

14.2.3 排序提升演算法

CatBoost 的另一大創新點在於提出使用**排序提升**（ordered boosting）方法解決預測偏移（prediction shift）問題。所謂預測偏移，即訓練樣本 X_k 的分布 $F(X_k)|X_k$ 與測試樣本 X 的分布之間產生的偏移。

CatBoost 首次揭示了梯度提升中的預測偏移問題，認為預測偏移就像 TS 處理方法一樣，是由一種特殊的特徵標籤洩露和梯度偏差造成的。我們來看一下在梯度提升過程中這種預測偏移是怎麼傳遞的。

假設前一輪訓練得到的強分類器為 $F^{t-1}(x)$，目前損失函數為 $L(y, F^{t-1}(x))$，則本輪迭代要擬合的弱分類器為 h^t：

$$h^t = \arg\min_{h \in H} L(y, F^{t-1}(x) + h(x)) \tag{14-3}$$

梯度表示為：

$$h^t = \arg\min_{h \in H} E(-g^t(x, y) - h(x))^2 \tag{14-4}$$

近似資料表達為：

$$h^t = \arg\min_{h \in H} \frac{1}{n} \sum_{k=1}^{n} (-g^t(X_k, y_k) - h(X_h))^2 \tag{14-5}$$

最終預測偏移的鏈式傳遞為：梯度的條件分布和測試資料的分布存在偏移；h^t 的資料近似估計與梯度表達式之間存在偏移；預測偏移會影響 F^t 的泛化性能。

CatBoost 採用基於 ordered TS 的排序提升方法來處理預測偏移問題。排序提升演算法的流程如圖 14-2 所示。

排序提升演算法

輸入：
$\{(X_k, y_k)\}_{k=1}^{n}$：訓練樣本
I：樹的棵樹
σ：$[1, n]$ 的隨機序列
M_i：初始化模型
對於第 t 棵樹
　　　對於第 i 個樣本
　　　　　$r_i = y_i - M_{\sigma(i)-1}(X_i)$
　　　　　$\Delta M = \text{Tree}\left((X_j, r_j)\right), \sigma(j) \leqslant i$
　　　　　$M_i = M_i + \Delta M$
輸出：
模型 M_n

圖 14-2　排序提升演算法

對於 $\{(X_k, y_k)\}_{k=1}^{n}$，訓練樣本按照隨機序列 σ 進行排列。假設樹的棵數為 I，首先初始化模型 M_i，然後對於每一棵樹，遍歷每個樣本後對前 $k-1$ 個樣本計算梯度，接著用

前 $k-1$ 個樣本的梯度和 $X_j(j=1, 2, \cdots, k-1)$ 來訓練模型 ΔM，最後對每一個樣本 X_k，用 ΔM 來更新 M_i，遍歷迭代之後就可以得到最終模型 M_n。排序提升的具體操作實例如圖 14-3 所示。

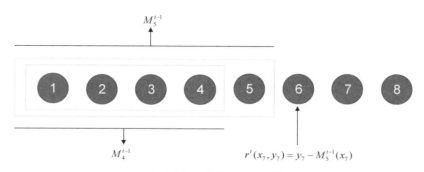

圖 14-3　排序提升實例

對於訓練資料，排序提升先生成一個隨機排列 σ。隨機排列用於之後的模型訓練，即在訓練第 M_i 個模型時，使用排列中前 i 個樣本進行訓練。在迭代過程中，為得到第 j 個樣本的殘差估計值，使用第 M_{j-1} 個模型進行估計。但這種訓練 n 個模型的做法會大大增加記憶體消耗和時間複雜度，可操作性不強。因此，CatBoost 在以決策樹為基分類器的梯度提升演算法的基礎上，對這種排序提升演算法進行了改進。

CatBoost 提供了兩種 Boosting 模式：plain 和 ordered。plain 就是在標準的 GBDT 演算法中內建了排序 TS 操作，ordered 模式則是在排序提升演算法上做了改進。

完整的 ordered 模式描述如下：CatBoost 對訓練集產生 $s+1$ 個獨立隨機序列 $\sigma_1, \cdots, \sigma_s$ 用來定義和評估樹結構的分裂，σ_0 用來計算分裂所得到的葉子節點的值。CatBoost 採用對稱樹作為基分類器，對稱意味著在樹的同一層，分裂標準相同。對稱樹具有平衡、不易過擬合、能夠大大縮短測試時間的特點。

在 ordered 模式學習過程中：

(1) 我們訓練了一個模型 $M_{r,j}$，其中 $M_{r,j}(i)$ 表示在序列 σ_r 中用前 j 個樣本學習得到的模型對於第 i 個樣本的預測；

(2) 在每一次迭代 t 中，演算法 $\sigma_1, \cdots, \sigma_s$ 從中抽樣一個序列 σ_r，並基於此構建第 t 步的學習樹；

(3) 基於 $M_{r,j}(i)$ 計算對應梯度 $\mathrm{grad}_{r,\,\sigma(i)-1}(i) = \dfrac{\partial L(y_i,\,s)}{\partial s}\Big|_{s=M_{r,j}(i)}$ ；

(4) 使用餘弦相似度來近似梯度 G，對於每個樣本 i，取梯度 $\mathrm{grad}_{r,\,\sigma(i)-1}$ ；

(5) 在評估候選分裂節點的過程中，第 i 個樣本的葉子節點值 $\delta(i)$ 由與 i 同屬一個葉子 $\mathrm{leaf}_r(i)$ 的所有樣本的前 p 個樣本的梯度值求平均得到；

(6) 當第 t 步迭代的樹 T_t 結構確定以後，便可用其來提升所有模型 $M_{r',\,j}$。

除類別特徵處理和排序提升外，CatBoost 還有許多其他亮點，如基於**對稱樹**（oblivious tree）的基分類器，提供多 GPU 訓練加速支援等。關於 CatBoost 的更多理論細節，可參考 CatBoost 的原始論文。

14.3　CatBoost 演算法實現

跟 LightGBM 一樣，CatBoost 開發團隊也開源了對應的原生實現函式庫 CatBoost。圖 14-4 是 CatBoost 官網首頁介面。

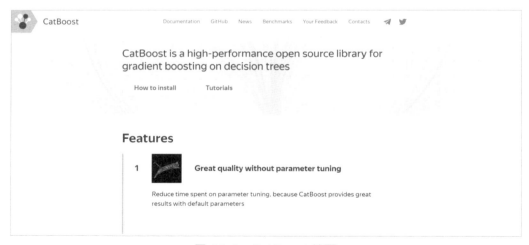

圖 14-4　CatBoost 首頁

CatBoost 的安裝同樣非常簡單，直接在 pip 中進行安裝即可：

```
pip install catboost
```

下面以一個分類資料集 adult 作為 CatBoost 使用範例，透過一系列特徵來判斷一位成年人的收入是否超過 50k，資料集共有 32,5611 筆紀錄、15 個資料特徵，如程式碼清單 14-1 所示。

程式碼清單 14-1　CatBoost 使用範例

```python
# 匯入相關函式庫
import numpy as np
import pandas as pd
from sklearn.model_selection import train_test_split
import catboost as cb
from sklearn.metrics import accuracy_score
# 讀取資料
data = pd.read_csv('./adult.data', header=None)
# 變數重命名
data.columns = ['age', 'workclass', 'fnlwgt', 'education',
                'education-num', 'marital-status', 'occupation', 'relationship',
                'race', 'sex', 'capital-gain', 'capital-loss', 'hours-per-week',
                'native-country', 'income']
# 標籤轉換
data['income'] = data['income'].astype("category").cat.codes
# 劃分資料集
X_train, X_test, y_train, y_test = train_test_split(
    data.drop(['income'], axis=1), data['income'],
    random_state=10, test_size=0.3)
# 建立模型實例並配置各參數
clf = cb.CatBoostClassifier(eval_metric="AUC", depth=4,
                            iterations=500, l2_leaf_reg=1, learning_rate=0.1)
# 設定類別特徵索引
cat_features_index = [1, 3, 5, 6, 7, 8, 9, 13]
# 模型訓練
clf.fit(X_train, y_train, cat_features=cat_features_index)
# 模型預測
y_pred = clf.predict(X_test)
# 測試集上的分類準確率
print('Accuracy of catboost:', accuracy_score(y_test, y_pred))
```

輸出如下：

```
Accuracy of catboost: 0.8727607738765483
```

在程式碼清單 14-1 中，首先讀入 adult 資料集，並對變數按照給定名詞進行重新命名，對標籤變數進行類別編碼，將資料集劃分為訓練集和測試集；然後建立 CatBoost 模型實例，並設定類別特徵索引；最後執行訓練並測試分類準確率。可以看到，訓練後的 CatBoost 模型在測試集上的分類準確率達到了 0.87。

14.4　小結

類別特徵處理是機器學習處理結構化資料的一個重要問題。一般的類別特徵處理方法包括直接的寫死、one-hot 編碼以及目標變數統計等。CatBoost 是一款以高效處理類別特徵而聞名的梯度提升樹模型。在一般的梯度提升樹演算法基礎上，CatBoost 的主要特徵體現在對類別特徵處理加以改進的目標變數統計法、特徵組合以及解決梯度偏移問題的排序提升演算法上。

作為與 XGBoost 和 LightGBM 齊名的 Boosting 演算法，CatBoost 有足夠優秀的效能指標，尤其是對類別特徵的處理。

第 15 章

隨機森林

Bagging 是區別於 Boosting 的一種整合學習框架，透過對資料集自身採樣來獲取不同子集，並且對每個子集訓練基分類器來進行模型整合。Bagging 是一種並行化的整合學習方法。隨機森林是 Bagging 學習框架的一個代表，透過樣本和特徵的兩個隨機性來構造基分類器，由多棵決策樹進而形成隨機森林。本章在介紹 Bagging 框架的基礎上，重點闡述隨機森林演算法，並給出隨機森林的 NumPy 與 sklearn 演算法實現方式。

15.1 Bagging：另一種整合學習框架

本書第 10～14 章談到的都是整合學習中的 Boosting 框架，透過不斷地迭代和殘差擬合的方式來構造整合的樹模型。Bagging 則是區別於 Boosting 的一種整合學習框架，作為並行式整合學習方法最典型的框架，其核心概念在於**自助採樣**（bootstrap sampling）。給定包含 m 個樣本的資料集，有放回地隨機抽取一個樣本放入採樣集中，經過 m 次採樣，可得到一個和原始資料集一樣大小的採樣集。最終可以採樣得到 T 個包含 m 個樣本的採樣集，然後基於每個採樣集訓練出一個基分類器，最後將這些基分類器進行組合。這就是 Bagging 的主要概念。

Bagging 與 Boosting 的差異如圖 15-1 所示。可以看到，Bagging 的最大特徵是可以並行實現，Boosting 則是一種序列迭代的實現方式。

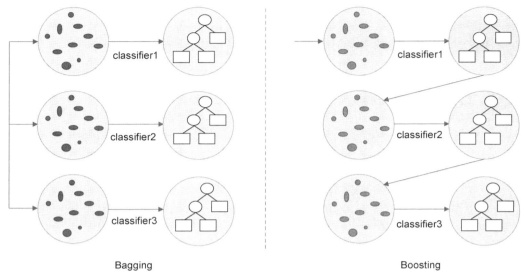

圖 15-1　Bagging 與 Boosting

15.2 隨機森林的基本原理

隨機森林（random forest, RF）是基於 Bagging 框架設計的一種整合學習演算法。隨機森林以決策樹為基分類器進行整合，進一步在決策樹訓練過程中引入了隨機選擇資料特徵的方法。因為構建模型過程中的這種隨機性而得名隨機森林。

有了之前章節關於決策樹的基礎內容以及對 Bagging 基本概念的闡述，隨機森林就沒有太多難以理解的地方了。構建決策樹的過程見第 7 章，這裡不再重複。因為基礎的推導工作之前的章節都已完成，所以這裡我們可以直接闡述隨機森林的演算法過程，簡單來說就是兩個隨機性，具體如下。

(1) 假設有 M 個樣本，有放回地隨機選擇 M 個樣本（每次隨機選擇一個放回後繼續選）。

(2) 假設樣本有 N 個特徵，在決策時的每個節點需要分裂時，隨機從這 N 個特徵中選取 n 個特徵，滿足 $n \ll N$，從這 n 個特徵中選擇特徵進行節點分裂。

(3) 基於抽樣的 M 個樣本 n 個特徵按照節點分裂的方式構建決策樹。

(4) 按照(1)~(3)步構建大量決策樹組成隨機森林，然後將每棵樹的結果進行綜合（分類可使用投票法，迴歸可使用均值法）。

隨機森林的演算法流程並不複雜，當我們熟悉了 bagging 的基本概念和決策樹的構建過程後，隨機森林就很好理解了。

15.3 隨機森林的演算法實現

15.3.1 基於 NumPy 的隨機森林演算法實現

有了第 10～14 章關於 Boosting 框架的程式碼實現經驗，隨機森林的 NumPy 實現就不太困難了。基於 NumPy 的隨機森林編寫思路如圖 15-2 所示，其中決策樹節點、基礎決策樹以及分類樹和迴歸樹前文已經給出了實現方式，這裡不再重複。我們需要關注的是自助抽樣方法和隨機森林的構建方法。

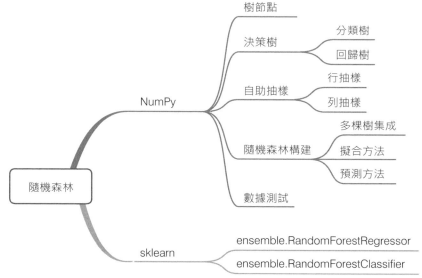

圖 15-2　基於 NumPy 的隨機森林實現導圖

直接定義自助抽樣函數，從目前樣本中隨機選擇樣本子集，這裡需要實現隨機森林的第一個隨機性，如程式碼清單 15-1 所示。

程式碼清單 15-1　定義自助抽樣函數

```
# 匯入 numpy
import numpy as np
### 自助抽樣選擇訓練資料子集
def bootstrap_sampling(X, y, n_estimators):
    '''
    輸入：
    X：訓練樣本輸入
    y：訓練樣本標籤
    n_estimators：樹的棵數
    輸出：
    sampling_subsets：抽樣子集
    '''
    # 合併資料輸入和標籤
    X_y = np.concatenate([X, y.reshape(-1,1)], axis=1)
    # 打亂資料
    np.random.shuffle(X_y)
    # 樣本量
    n_samples = X.shape[0]
    # 初始化抽樣子集列表
    sampling_subsets = []
    # 遍歷產生多個抽樣子集
    for _ in range(n_estimators):
        # 第一個隨機性，行抽樣
        idx1 = np.random.choice(n_samples, n_samples, replace=True)
        bootstrap_Xy = X_y[idx1, :]
        bootstrap_X = bootstrap_Xy[:, :-1]
        bootstrap_y = bootstrap_Xy[:, -1]
        sampling_subsets.append([bootstrap_X, bootstrap_y])
    return sampling_subsets
```

在程式碼清單 15-1 中，給定輸入輸出資料集和決策樹棵數，透過隨機抽樣的方式構造多個抽樣子集。結合之前的章節已經完成的基礎決策樹的實現，這裡以分類樹為例構造隨機森林，如程式碼清單 15-2 所示。

程式碼清單 15-2　構造隨機森林

```
# 從 cart 模組中匯入分類樹
from cart import ClassificationTree
# 樹的棵數
n_estimators = 10
# 初始化隨機森林所包含的樹列表
trees = []
# 基於決策樹構建森林
for _ in range(n_estimators):
```

```
tree = ClassificationTree(min_samples_split=2, min_gini_impurity=999, max_depth=3)
trees.append(tree)
```

在程式碼清單 15-2 中，我們定義了一個 trees 的隨機森林決策樹列表，透過遍歷構造每棵樹的方法來構造隨機森林。然後基於 trees 這個決策樹列表，我們來定義隨機森林的訓練方法。如程式碼清單 15-3 所示，訓練時每次自助抽樣獲得一個子集並遍歷擬合 trees 列表中的每一棵樹，最後得到的是包含訓練好的每棵決策樹構成的隨機森林模型。

程式碼清單 15-3　隨機森林訓練

```python
### 定義隨機森林訓練方法
def fit(X, y):
    '''
    輸入：
    X：訓練樣本輸入
    y：訓練樣本標籤
    '''
    # 對森林中每棵樹訓練一個雙隨機抽樣子集
    n_features = X.shape[1]
    sub_sets = bootstrap_sampling(X, y, n_estimators)
    遍歷擬合每一棵樹
    for i in range(n_estimators):
        sub_X, sub_y = sub_sets[i]
        # 第二個隨機性，列抽樣
        idx2 = np.random.choice(n_features, max_features, replace=True)
        sub_X = sub_X[:, idx2]
        trees[i].fit(sub_X, sub_y)
        trees[i].feature_indices = idx2
        print('The {}th tree is trained done...'.format(i+1))
```

至此，除預測方法沒有定義外，基於 NumPy 的隨機森林基本過程已經完成。下面定義一個 RandomForest 類別，將自助抽樣、訓練方法和預測方法都包含在內。完整實現如程式碼清單 15-4 所示。

程式碼清單 15-4　定義 RandomForest 類別

```python
### 定義隨機森林類別
class RandomForest:
    def __init__(self, n_estimators=100, min_samples_split=2,
        min_gain=0, max_depth=float("inf"), max_features=None):
        # 樹的棵數
        self.n_estimators = n_estimators
        # 樹最小分裂樣本數
```

```python
        self.min_samples_split = min_samples_split
        # 最小基尼不純度
        self.min_gini_impurity = self.min_gini_impurity
        # 樹最大深度
        self.max_depth = max_depth
        # 所使用最大特徵數
        self.max_features = max_features
        self.trees = []
        # 基於決策樹構建森林
        for _ in range(self.n_estimators):
            tree = ClassificationTree(min_samples_split = self.min_samples_split,
                                      min_gini_impurity = self.min_gini_impurity,
                                      max_depth = self.max_depth)
            self.trees.append(tree)
    # 自助抽樣
    def bootstrap_sampling(self, X, y):
        X_y = np.concatenate([X, y.reshape(-1,1)], axis=1)
        np.random.shuffle(X_y)
        n_samples = X.shape[0]
        sampling_subsets = []

        for _ in range(self.n_estimators):
            # 第一個隨機性，行抽樣
            idx1 = np.random.choice(n_samples, n_samples, replace=True)
            bootstrap_Xy = X_y[idx1, :]
            bootstrap_X = bootstrap_Xy[:, :-1]
            bootstrap_y = bootstrap_Xy[:, -1]
            sampling_subsets.append([bootstrap_X, bootstrap_y])
        return sampling_subsets

    # 隨機森林訓練
    def fit(self, X, y):
        # 對森林中每棵樹訓練一個雙隨機抽樣子集
        sub_sets = self.bootstrap_sampling(X, y)
        n_features = X.shape[1]
        # 設定 max_feature
        if self.max_features == None:
            self.max_features = int(np.sqrt(n_features))
        for i in range(self.n_estimators):
            # 第二個隨機性，列抽樣
            sub_X, sub_y = sub_sets[i]
            idx2 = np.random.choice(n_features, self.max_features, replace=True)
            sub_X = sub_X[:, idx2]
            self.trees[i].fit(sub_X, sub_y)
            # 儲存每次列抽樣的列索引，方便預測時每棵樹呼叫
            self.trees[i].feature_indices = idx2
            print('The {}th tree is trained done...'.format(i+1))
```

```
# 隨機森林預測
def predict(self, X):
    # 初始化預測結果列表
    y_preds = []
    # 遍歷預測
    for i in range(self.n_estimators):
        idx = self.trees[i].feature_indices
        sub_X = X[:, idx]
        y_pred = self.trees[i].predict(sub_X)
        y_preds.append(y_pred)
    # 對分類結果進行整合
    y_preds = np.array(y_preds).T
    res = []
    # 取多數類為預測類
    for j in y_preds:
        res.append(np.bincount(j.astype('int')).argmax())
    return res
```

在程式碼清單 15-4 中，我們基於前述程式碼定義了一個 RandomForest 類別，類的初始化方法中主要包含了決策樹的基本超參數和遍歷構造隨機森林的方法。自助抽樣方法和訓練方法前述程式碼已做說明，這裡不再贅述。除此之外，這裡添加了一個預測方法，透過遍歷訓練好的決策樹列表，給出每棵樹的預測結果。最後對這些結果進行整合和轉化，按照投票法（多數表決）獲得最終的預測結果。

我們以 sklearn 的模擬資料集為例，對基於 NumPy 實現的隨機森林模型進行測試，如程式碼清單 15-5 所示。

程式碼清單 15-5　資料測試

```
# 匯入相關模組
from sklearn.datasets import make_classification
from sklearn.model_selection import train_test_split
# 生成模擬二分類資料集
X, y = make_classification(n_samples=1000,n_features=20,
                           n_redundant=0, n_informative=2,random_state=1,
                           n_clusters_per_class=1)
rng = np.random.RandomState(2)
X += 2 * rng.uniform(size=X.shape)
# 劃分資料集
X_train, X_test, y_train, y_test = train_test_split(X, y, test_size=0.3)
# 建立隨機森林模型實例
rf = RandomForest(n_estimators=10, max_features=15)
# 模型訓練
rf.fit(X_train, y_train)
# 模型預測
```

```
y_pred = rf.predict(X_test)
acc = accuracy_score(y_test, y_pred)
# 輸出分類準確率
print ("Accuracy of NumPy Random Forest:", acc)
```

輸出如下：

```
Accuracy of NumPy Random Forest: 0.7366666666666667
```

可以看到，基於 NumPy 手寫的隨機森林模型在模擬測試集上的分類準確率為 0.74，相對來說不是很高。

15.3.2 基於 sklearn 的隨機森林演算法實現

sklearn 也提供了隨機森林的演算法實現方式，基於隨機森林的分類和迴歸呼叫方式分別為 ensemble.RandomForestClassifier 和 ensemble.RandomForestRegressor。下面同樣基於模擬測試集進行擬合，範例如程式碼清單 15-6 所示。

程式碼清單 15-6　sklearn 隨機森林範例

```
# 匯入隨機森林分類器
from sklearn.ensemble import RandomForestClassifier
# 建立隨機森林分類器實例
clf = RandomForestClassifier(max_depth=3, random_state=0)
# 模型擬合
clf.fit(X_train, y_train)
# 預測
y_pred = clf.predict(X_test)
acc = accuracy_score(y_test, y_pred)
# 輸出分類準確率
print ("Accuracy of sklearn Random Forest:", acc)
```

輸出如下：

```
Accuracy of NumPy Random Forest: 0.82
```

可以看到，基於同樣的模擬資料集，我們手動編寫的 NumPy 隨機森林演算法比 sklearn 隨機森林演算法的分類準確率稍差一些，說明手動編寫的演算法在精度上還有一定的最佳化空間。

15.4 小結

Bagging 是另外一種經典的整合學習演算法框架。與 Boosting 不同的是，Bagging 透過自助採樣的方式來獲取訓練基分類器的樣本子集。

隨機森林是 Bagging 框架的一個典型演算法。隨機森林的實現建立在決策樹的基礎之上，然後透過兩個隨機性——行抽樣和列抽樣，來構造樣本子集並用以訓練隨機森林的基分類器，最後將每個基分類器的預測結果整合，得到最終的預測結果。

相較於 Boosting 演算法，Bagging 是可以並行實現的，高精度和並行下的高性能，使得隨機森林一直是機器學習領域最受歡迎的演算法之一。

第 16 章

整合學習：對比與調參

雖然現在深度學習大行其道，但以XGBoost、LightGBM和CatBoost為代表的Boosting
演算法仍有其廣闊的用武之地。拋開深度學習適用的文字、圖像、語音和影片等非結
構化資料應用，對於訓練樣本較少的結構化資料領域，Boosting演算法仍然是第一選
擇。本章首先簡單闡述前述三大Boosting演算法的聯繫與區別，並就一個實際資料案
例對三大演算法進行對比，然後介紹常用的Boosting演算法超參數調優方法，包括隨
機調參法、網格搜尋法和貝氏調參法，並給出相應的程式碼範例。

16.1 三大 Boosting 演算法對比

XGBoost、LightGBM和CatBoost都是目前經典的SOTA（state of the art）Boosting
演算法，都可以歸入梯度提升決策樹演算法系列。這三個模型都是以決策樹為支撐的
整合學習框架，其中XGBoost是對原始版本GBDT演算法的改進，而LightGBM和
CatBoost在XGBoost基礎上做了進一步的最佳化，在精度和速度上各有所長。

三大模型的原理細節前文已詳細闡述，本節不再重複。那麼這三大Boosting演算法又
有哪些大的區別呢？主要有兩個方面。第一，模型樹的構造方式有所不同，XGBoost
使用按層生長（level-wise）的決策樹構建策略，LightGBM則使用按葉子生長
（leaf-wise）的構建策略，而CatBoost使用對稱樹結構，其決策樹都是完全二元樹。
第二，對於類別特徵的處理有較大區別，XGBoost本身不具備自動處理類別特徵的能
力，對於資料中的類別特徵，需要我們手動處理變換成數值後才能輸入到模型中；
LightGBM中則需要指定類別特徵名稱，演算法會自動對其進行處理；CatBoost以處
理類別特徵而聞名，透過目標變數統計等特徵編碼方式也能實現高效處理類別特徵。

下面以 Kaggle 2015 年的 flights 資料集為例，分別用 XGBoost、LightGBM 和 CatBoost 模型進行實驗。圖 16-1 是 flights 資料集簡介。

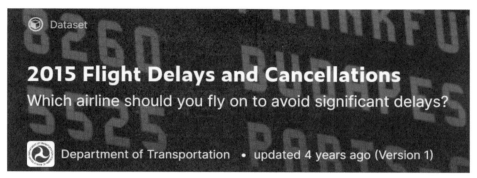

圖 16-1　Kaggle flights 資料集

該資料集共有 500 多萬筆航班紀錄資料，特徵有 31 個。僅作示範用的情況下，我們採用抽樣的方式從原始資料集中抽樣 1%的資料，並篩選 11 個特徵，經過預處理後重新構建訓練集，目標是構建對航班是否延誤的二分類模型。資料讀取和簡單預處理過程如程式碼清單 16-1 所示。

程式碼清單 16-1　資料讀取和預處理

```python
# 匯入相關模組
import pandas as pd
from sklearn.model_selection import train_test_split
# 讀取 flights 資料集
flights = pd.read_csv('flights.csv')
# 資料集抽樣 1%
flights = flights.sample(frac=0.01, random_state=10)
# 特徵抽樣，獲取指定的 11 個特徵
flights = flights[["MONTH", "DAY", "DAY_OF_WEEK", "AIRLINE",
                   "FLIGHT_NUMBER", "DESTINATION_AIRPORT",
                   "ORIGIN_AIRPORT","AIR_TIME", "DEPARTURE_TIME",
                   "DISTANCE", "ARRIVAL_DELAY"]]
# 對標籤進行離散化，延誤 10 分鐘以上才算延誤
flights["ARRIVAL_DELAY"] = (flights["ARRIVAL_DELAY"]>10)*1
# 類別特徵
cat_cols = ["AIRLINE", "FLIGHT_NUMBER", "DESTINATION_AIRPORT", "ORIGIN_AIRPORT"]
# 類別特徵編碼
for item in cat_cols:
    flights[item] = flights[item].astype("category").cat.codes +1
# 劃分資料集
X_train, X_test, y_train, y_test = train_test_split(
```

```
    flights.drop(["ARRIVAL_DELAY"], axis=1),
    flights["ARRIVAL_DELAY"], random_state=10, test_size=0.3)
# 列印劃分後的資料集大小
print(X_train.shape, y_train.shape, X_test.shape, y_test.shape)
```

輸出如下：

```
(39956, 10) (39956,) (17125, 10) (17125,)
```

在程式碼清單 16-1 中，我們首先讀取了 flights 原始資料集。因為原始資料量太大，所以我們從中抽樣 1%，並篩選了 11 個特徵，構建有 57,0811 筆、11 個特徵的航班紀錄資料集。然後對抽樣資料集進行簡單的預處理，先對訓練標籤進行二值離散化，延誤超過 10 分鐘的轉化為 1（延誤），延誤不到 10 分鐘的轉化為 0（不延誤），再對「航線」、「航班號」、「目的地機場」、「出發地機場」等類別特徵進行類別編碼處理。最後劃分資料集，得到 39,956 筆訓練樣本，17,125 筆測試樣本。

(1) XGBoost

下面我們開始測試三個模型在該資料集上的表現。先來看 XGBoost，如程式碼清單 16-2 所示。

程式碼清單 16-2　XGBoost 在 flights 資料集上的測試

```
# 匯入 xgboost 模組
import xgboost as xgb
# 匯入模型評估 auc 函數
from sklearn.metrics import roc_auc_score
# 設定模型超參數
params = {
    'booster': 'gbtree',
    'objective': 'binary:logistic',
    'gamma': 0.1,
    'max_depth': 8,
    'lambda': 2,
    'subsample': 0.7,
    'colsample_bytree': 0.7,
    'min_child_weight': 3,
    'eta': 0.001,
    'seed': 1000,
    'nthread': 4,
}
# 封裝 xgboost 資料集
dtrain = xgb.DMatrix(X_train, y_train)
# 訓練輪數，即樹的棵數
```

```
num_rounds = 500
# 模型訓練
model_xgb = xgb.train(params, dtrain, num_rounds)
# 對測試集進行預測
dtest = xgb.DMatrix(X_test)
y_pred = model_xgb.predict(dtest)
print('AUC of testset based on XGBoost: ', roc_auc_score(y_test, y_pred))
```

輸出如下：

```
AUC of testset based on XGBoost: 0.6845368959487046
```

在程式碼清單 16-2 中，我們測試了 XGBoost 在 flights 資料集上的表現，匯入相關模組並設定模型超參數，基於訓練集進行 XGBoost 模型擬合，最後將訓練好的模型用於測試集預測，得到測試集 AUC 為 0.68。

(2) LightGBM

LightGBM 在 flights 資料集上的測試過程如程式碼清單 16-3 所示。

程式碼清單 16-3　LightGBM 在 flights 資料集上的測試

```
# 匯入 lightgbm 模組
import lightgbm as lgb
dtrain = lgb.Dataset(X_train, label=y_train)
params = {
    "max_depth": 5,
    "learning_rate" : 0.05,
    "num_leaves": 500,
    "n_estimators": 300
    }

# 指定類別特徵
cate_features_name = ["MONTH","DAY","DAY_OF_WEEK","AIRLINE",
                      "DESTINATION_AIRPORT", "ORIGIN_AIRPORT"]
# lightgbm 模型擬合
model_lgb = lgb.train(params, d_train, categorical_feature = cate_features_name)
# 對測試集進行預測
y_pred = model_lgb.predict(X_test)
print('AUC of testset based on XGBoost: ' roc_auc_score(y_test, y_pred))
```

輸出如下：

```
AUC of testset based on XGBoost: 0.6873707383550387
```

在程式碼清單 16-3 中，我們測試了 LightGBM 在 flights 資料集上的表現，匯入相關模組並設定模型超參數，基於訓練集進行 LightGBM 模型擬合，最後將訓練好的模型用於測試集預測，得到測試集 AUC 為 0.69，跟 XGBoost 表現差不多。

(3) CatBoost

CatBoost 在 flights 資料集上的測試過程如程式碼清單 16-4 所示。

程式碼清單 16-4　CatBoost 在 flights 資料集上的測試

```
# 匯入 lightgbm 模組
import catboost as cb
# 類別特徵索引
cat_features_index = [0,1,2,3,4,5,6]
# 建立 catboost 模型實例
model_cb = cb.CatBoostClassifier(eval_metric="AUC",
                                 one_hot_max_size=50, depth=6, iterations=300,
                                 l2_leaf_reg=1, learning_rate=0.1)
# catboost 模型擬合
model_cb.fit(X_train, y_train, cat_features=cat_features_index)
# 對測試集進行預測
y_pred = model_cb.predict(X_test)
print('AUC of testset based on CatBoost: ' roc_auc_score(y_test, y_pred))
```

輸出如下：

```
AUC of testset based on CatBoost: 0.5463773041667715
```

在程式碼清單 16-4 中，我們測試了 CatBoost 在 flights 資料集上的表現，匯入相關模組並設定模型超參數，基於訓練集進行 CatBoost 模型擬合，最後將訓練好的模型用於測試集預測，得到測試集 AUC 為 0.55。相較於 XGBoost 和 LightGBM，CatBoost 在該資料集上的表現要差不少。表 16-1 是針對 flights 資料集三大模型的綜合對比。

表 16-1 三大模型性能對比

	XGBoost	LightGBM	CatBoost
基本超參數	max_depth: 8, lambda: 2, subsample: 0.7, colsample_bytree: 0.7, min_child_weight: 3 n_estimator: 500	max_depth: 5,learning_rate: 0.05, num_leaves: 500, n_estimators: 300	one_hot_max_size=10, depth=6, iterations= 300, l2_leaf_reg=1, learning_rate=0.1

	XGBoost	LightGBM	CatBoost
訓練集 AUC	0.7516	0.8812	0.5735
測試集 AUC	0.6845	0.6874	0.5464
訓練時間（s）	21.95	2.18	37.28
測試時間（s）	0.23	0.51	0.28

從表 16-1 來看，LightGBM 無論是在精度上還是速度上，都要優於 XGBoost 和 CatBoost。當然，我們只是在資料集上直接用三個模型做了比較，沒有做進一步的資料特徵工程和超參數調優，表 16-1 的結果均可進一步最佳化。

16.2 常用的超參數調優方法

機器學習模型中有大量參數需要事先人為設定，比如神經網路訓練的 batch-size、XGBoost 等整合學習模型的樹相關參數，我們將這類不是經過模型訓練得到的參數叫作**超參數**（hyperparameter）。人為調整超參數的過程就是我們熟知的調參。機器學習中常用的調參方法包括**網格搜尋法**（grid search）、**隨機搜尋法**（random search）和**貝氏最佳化**（bayesian optimization）。

16.2.1 網格搜尋法

網格搜尋是一種常用的超參數調優方法，常用於最佳化三個或者更少數量的超參數，本質上是一種窮舉法。對於每個超參數，使用者選擇一個較小的有限集去探索，然後這些超參數笛卡兒乘積得到若干組超參數。網格搜尋使用每組超參數訓練模型，挑選驗證集誤差最小的超參數作為最優超參數。

例如，我們有三個需要最佳化的超參數 a、b、c，候選取值分別是{1, 2}、{3, 4}、{5, 6}，則所有可能的參數取值組合組成了一個有 8 個點的三維空間網格：{(1, 3, 5)、(1, 3, 6)、(1, 4, 5)、(1, 4, 6)、(2, 3, 5)、(2, 3, 6)、(2, 4, 5)、(2, 4, 6)}，網格搜尋就是透過遍歷這 8 個可能的參數取值組合進行訓練和驗證，最終得到最優超參數。

sklearn 中透過 model_selection 模組下的 GridSearchCV 來實現網格搜尋調參，並且這個調參過程是加了交叉驗證的。我們同樣以 16-1 節的 flights 資料集為例，展示 XGBoost 的網格搜尋範例，如程式碼清單 16-5 所示。

程式碼清單 16-5　網格搜尋範例

```
### 基於 XGBoost 的 GridSearch 搜尋範例
# 匯入 GridSearch 模組
from sklearn.model_selection import GridSearchCV
# 建立 xgb 分類模型實例
model = xgb.XGBClassifier()
# 待搜尋的參數列表空間
param_lst = {"max_depth": [3,5,7],
             "min_child_weight" : [1,3,6],
             "n_estimators": [100,200,300],
             "learning_rate": [0.01, 0.05, 0.1]
             }
# 建立網格搜尋物件
grid_search = GridSearchCV(model, param_grid=param_lst, cv=3, verbose=10,
n_jobs=-1)
# 基於 flights 資料集執行搜尋
grid_search.fit(X_train, y_train)
# 輸出搜尋結果
print(grid_search.best_estimator_)
```

輸出如下：

```
XGBClassifier(max_depth=5, min_child_weight=6, n_estimators=300)
```

程式碼清單 16-5 給出了基於 XGBoost 的網格搜尋範例。我們首先建立了 XGBoost 分類模型實例，然後給出待搜尋的參數和對應的參數範圍列表，並基於 GridSearch 建立網格搜尋物件，最後擬合訓練資料，輸出網格搜尋的參數結果。可以看到，當樹最大深度為 5、最小子樹權重取 6 且樹的棵數為 300 時，模型能達到相對最優的效果。

16.2.2　隨機搜尋

隨機搜尋，顧名思義，即在指定超參數範圍內或者分布上隨機搜尋最優超參數。相較於網格搜尋方法，給定超參數分布，並不是所有超參數都會進行嘗試，而是會從給定分布中抽樣固定數量的參數，實際僅對這些抽樣到的超參數進行實驗。相較於網格搜尋，隨機搜尋有時候會更高效。sklearn 中透過 `model_selection` 模組下的 `RandomizedSearchCV` 方法進行隨機搜尋。基於 XGBoost 的隨機搜尋範例如程式碼清單 16-6 所示。

程式碼清單 16-6　隨機搜尋範例

```
### 基於 XGBoost 的 RandomizedSearch 搜尋範例
# 匯入 RandomizedSearchCV 方法
from sklearn.model_selection import RandomizedSearchCV
# 建立 xgb 分類模型實例
model = xgb.XGBClassifier()
# 待搜尋的參數列表空間
param_lst = {'max_depth': [3,5,7],
             'min_child_weight': [1,3,6],
             'n_estimators': [100,200,300],
             'learning_rate': [0.01, 0.05, 0.1]
             }
# 建立網格搜尋
random_search = RandomizedSearchCV(model, param_lst, random_state=0)
# 基於 flights 資料集執行搜尋
random_search.fit(X_train, y_train)
# 輸出搜尋結果
print(random_search.best_params_)
```

輸出如下：

```
{'n_estimators': 300, 'min_child_weight': 6, 'max_depth': 5,
 'learning_rate': 0.1}
```

程式碼清單 16-6 給出了隨機搜尋範例，模式跟網格搜尋基本一致。隨機搜尋的結果顯示樹的棵數取 300、最小子樹權重為 6、最大深度為 5、學習率取 0.1 時模型達到最優。

16.2.3　貝氏調參

本節介紹第三種調參方法——貝氏最佳化，它可能是最好的一種調參方法。貝氏最佳化（Bayesian optimzation）是一種基於**高斯過程**（Gaussian process）和貝氏定理的參數最佳化方法，近年來廣泛用於機器學習模型的超參數調優。這裡不詳細探討高斯過程和貝氏最佳化的數學原理，僅展示貝氏最佳化的基本用法和調參範例。

貝氏最佳化其實跟其他最佳化方法一樣，都是為了求目標函數取最大值時的參數值。作為序列最佳化問題，貝氏最佳化需要在每次迭代時選取一個最優觀測值，這是它的關鍵問題，而這個關鍵問題正好被上述高斯過程完美解決。關於貝氏最佳化的大量數學原理，包括高斯過程、採集函數、Upper Confidence Bound（UCB）和 Expectation

Improvements（EI）等概念原理，本節限於篇幅不做更多描述。貝氏最佳化可直接借用現成的第三方函式庫 BayesianOptimization 來實現。範例如程式碼清單 16-7 所示。

程式碼清單 16-7　貝氏最佳化範例

```
### 基於 XGBoost 的 BayesianOptimization 搜尋範例
# 匯入 xgb 模組
import xgboost as xgb
# 匯入貝氏最佳化模組
from bayes_opt import BayesianOptimization
# 定義目標最佳化函數
def xgb_evaluate(min_child_weight,
                 colsample_bytree,
                 max_depth,
                 subsample,
                 gamma,
                 alpha):
    # 指定要最佳化的超參數
    params['min_child_weight'] = int(min_child_weight)
    params['cosample_bytree'] = max(min(colsample_bytree, 1), 0)
    params['max_depth'] = int(max_depth)
    params['subsample'] = max(min(subsample, 1), 0)
    params['gamma'] = max(gamma, 0)
    params['alpha'] = max(alpha, 0)
    # 定義 xgb 交叉驗證結果
    cv_result = xgb.cv(params, dtrain,
                       num_boost_round=num_rounds, nfold=5,
                       seed=random_state,
                       callbacks=[xgb.callback.early_stop(50)])
    return cv_result['test-auc-mean'].values[-1]

# 定義相關參數
num_rounds = 3000
random_state = 2021
num_iter = 25
init_points = 5
params = {
    'eta': 0.1,
    'silent': 1,
    'eval_metric': 'auc',
    'verbose_eval': True,
    'seed': random_state
}
# 建立貝氏最佳化實例
```

```
# 並設定參數搜尋範圍
xgbBO = BayesianOptimization(xgb_evaluate,
                             {'min_child_weight': (1, 20),
                              'colsample_bytree': (0.1, 1),
                              'max_depth': (5, 15),
                              'subsample': (0.5, 1),
                              'gamma': (0, 10),
                              'alpha': (0, 10),
                             })
# 執行調優過程
xgbBO.maximize(init_points=init_points, n_iter=num_iter)
```

程式碼清單 16-7 給出了基於 XGBoost 的貝氏最佳化範例。在執行貝氏最佳化前，我們需要基於 XGBoost 的交叉驗證 xgb.cv 定義一個待最佳化的目標函數，獲取 xgb.cv 交叉驗證結果，並以測試集 AUC 為最佳化時的精度衡量指標。最後將定義好的目標最佳化函數和超參數搜尋範圍傳入貝氏最佳化函數 BayesianOptimization 中，給定初始化點和迭代次數，即可執行貝氏最佳化。

部分最佳化過程如圖 16-2 所示，可以看到，貝氏最佳化在第 23 次迭代時達到最優，當 alpha 參數取 4.099、列抽樣比例為 0.1、gamma 參數為 0、樹最大深度為 5、最小子樹權重取 5.377 以及子抽樣比例為 1.0 時，測試集 AUC 達到最優的 0.72。

```
|   22     |  0.7069  |  5.509  |  1.0   |   0.0   |  15.0   |  1.0   |  1.0   |
Multiple eval metrics have been passed: 'test-auc' will be used for early stopping.

Will train until test-auc hasn't improved in 50 rounds.
Stopping. Best iteration:
[313]    train-auc:0.844097+0.00169582    test-auc:0.717143+0.00497509

|   23     |  0.7171  |  4.099  |  0.1   |   0.0   |  5.0    |  5.377  |  1.0   |
Multiple eval metrics have been passed: 'test-auc' will be used for early stopping.

Will train until test-auc hasn't improved in 50 rounds.
Stopping. Best iteration:
[121]    train-auc:0.861537+0.000673411   test-auc:0.704227+0.00621222

|   24     |  0.7042  |  10.0   |  0.1   |   0.0   |  15.0   |  20.0   |  0.5   |
Multiple eval metrics have been passed: 'test-auc' will be used for early stopping.
```

圖 16-2　貝氏最佳化過程輸出

16.3 小結

本章在前幾章整合學習內容基礎上做了簡單的綜合對比，並給出了整合學習常用的超參數調優方法和範例。我們針對常用的三大 Boosting 整合學習模型——XGBoost、LightGBM 和 CatBoost，以具體的資料實例做了精度和速度上的效能對比，但限於具體的資料集和調優差異，對比結果僅作示範說明，並不能真正代表 LightGBM 模型一定優於 CatBoost 模型。此外還介紹了三大常用的超參數調優方法：網格搜尋法、隨機搜尋法和貝氏最佳化法，並且基於同樣的資料集給出了這三種方法的使用範例，但限於篇幅，並沒有深入闡述每個方法的數學原理。

第四部分

無監督
學習模型

## 第 17 章

聚類分析與 k 均值聚類演算法

不同於前面各章，本章開始介紹無監督學習模型。**聚類分析**（cluster analysis）是一類經典的無監督學習演算法。在給定樣本的情況下，聚類分析透過度量特徵相似度或者距離，將樣本自動劃分為若干類別。本章在介紹常用距離度量方式和聚類演算法的基礎上，重點闡述 k 均值聚類演算法，並給出基於 NumPy 與 sklearn 的演算法實現方式。

17.1 距離度量和相似度度量方式

距離度量和相似度度量是聚類分析的核心概念，大多數聚類演算法建立在距離度量之上。常用的距離度量方式包括閔氏距離和馬氏距離，常用的相似度度量方式包括相關係數和夾角餘弦等。在第 6 章中，我們已經簡單介紹了常用的距離度量方式，這裡回顧一下這些方法。

(1) 閔氏距離。閔氏距離即**閔可夫斯基距離**（Minkowski distance），該距離定義如下。給定 m 維向量樣本集合 X，對於 $x_i, x_j \in X$，$x_i = (x_{1i}, x_{2i}, \cdots, x_{mi})^{\mathrm{T}}$，$x_j = (x_{1j}, x_{2j}, \cdots, x_{mj})^{\mathrm{T}}$，那麼樣本 x_i 與樣本 x_j 的閔氏距離可定義為：

$$d_{ij} = \left(\sum_{k=1}^{m} \left| x_{ki} - x_{kj} \right|^p \right)^{\frac{1}{p}}, \ p \geqslant 1 \tag{17-1}$$

當 $p = 1$ 時，閔氏距離就變成了**曼哈頓距離**（Manhatan distance）：

$$d_{ij} = \sum_{k=1}^{m} \left| x_{ki} - x_{kj} \right| \tag{17-2}$$

當 $p = 2$ 時，閔氏距離就是常見的**歐幾里德距離**（Euclidean distance）：

$$d_{ij} = \left(\sum_{k=1}^{m} \left| x_{ki} - x_{kj} \right|^2 \right)^{\frac{1}{2}} \tag{17-3}$$

當 $p = \infty$ 時，閔氏距離也稱**切比雪夫距離**（Chebyshev distance）：

$$d_{ij} = \max \left| x_{ki} - x_{kj} \right| \tag{17-4}$$

(2) 馬氏距離。馬氏距離的全稱為**馬哈蘭距離**（Mahalanobis distance），是一種衡量各個特徵之間相關性的聚類度量方式。給定一個樣本集合 $X = (x_{ij})_{m \times n}$，假設該樣本集合的共變異數矩陣為 S，那麼樣本 x_i 與樣本 x_j 之間的馬氏距離可定義為：

$$d_{ij} = \left[(x_i - x_j)^\mathrm{T} S^{-1} (x_i - x_j) \right]^{\frac{1}{2}} \tag{17-5}$$

當 S 為單位矩陣，即樣本的各特徵之間相互獨立且變異數為 1 時，馬氏距離就是歐幾里德距離。

(3) 相關係數。**相關係數**（correlation coefficent）是度量樣本相似度最常用的方式。相關係數越接近 1，表示兩個樣本越相似；相關係數越接近 0，表示兩個樣本越不相似。樣本 x_i 與樣本 x_j 之間的相關係數可定義為：

$$r_{ij} = \frac{\displaystyle\sum_{k=1}^{m} (x_{ki} - \overline{x}_i)(x_{kj} - \overline{x}_j)}{\left[\displaystyle\sum_{k=1}^{m} (x_{ki} - \overline{x}_i)^2 \sum_{k=1}^{m} (x_{kj} - \overline{x}_j)^2 \right]^{\frac{1}{2}}} \tag{17-6}$$

(4) 夾角餘弦。**夾角餘弦**（angle cosine）也是度量兩個樣本相似度的方式。夾角餘弦越接近 1，表示兩個樣本越相似；夾角餘弦越接近 0，表示兩個樣本越不相似。樣本 x_i 與樣本 x_j 之間的夾角餘弦可定義為：

$$AC_{ij} = \frac{\displaystyle\sum_{k=1}^{m} x_{ki} x_{kj}}{\left[\displaystyle\sum_{k=1}^{m} x_{ki}^2 \sum_{k=1}^{m} x_{kj}^2 \right]^{\frac{1}{2}}} \tag{17-7}$$

17.2　聚類演算法一覽

聚類演算法透過距離度量將相似的樣本歸入同一個簇（cluster）中，這使得同一個簇中的樣本物件的相似度盡可能大，同時不同簇中的樣本物件的差異性也盡可能大。圖 17-1 是一個聚類演算法的範例圖，可以看到，透過聚類演算法對左圖的樣本資料進行聚類，得到了右圖的三個聚類簇。

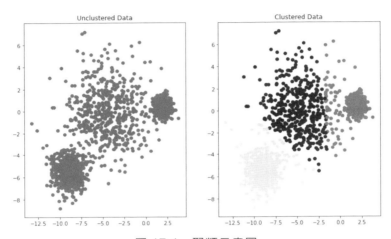

圖 17-1　聚類示意圖

常用的聚類演算法有如下幾種：基於距離的聚類，該類演算法的目標是使簇內距離小、簇間距離大，最典型的就是本章將要詳細闡述的 k 均值聚類演算法；基於密度的聚類，該類演算法是根據樣本鄰近區域的密度來進行劃分的，最常見的密度聚類演算法當數 DBSCAN 演算法；層次聚類演算法，包括合併層次聚類和分裂層次聚類等；基於圖論的譜聚類演算法等。圖 17-2 是 sklearn 在不同資料集上的 10 類聚類演算法效果對比。

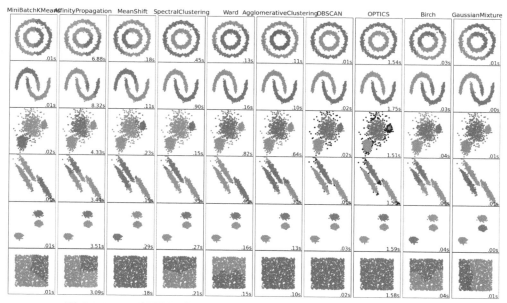

圖 17-2　10 類聚類演算法效果對比（圖來自 sklearn 官網教學）

圖 17-2 中從左至右分別為 k 均值聚類演算法、近似傳播演算法、均值移動、譜聚類、Ward 層次聚類演算法、聚集聚類演算法、DBSCAN、OPTICS、Birch 演算法以及高斯混合演算法，縱向為 6 個不同的資料集。

17.3　k 均值聚類演算法的原理推導

本章我們選取 k 均值聚類演算法為代表進行詳細介紹。給定 $m \times n$ 維度大小的樣本集合 $X = \{x_1, x_2, \cdots, x_m\}$，$k$ 均值聚類是要將 m 個樣本劃分到 k 個類別區域，通常 $k < m$。所以 k 均值聚類可以總結為對樣本集合 X 的劃分，其學習策略是透過最小化損失函數來選取最優劃分。

假設使用歐幾里德距離作為 k 均值聚類演算法的距離度量方式，則樣本間的距離 d_{ij} 可定義為：

$$d_{ij} = \sum_{k=1}^{n} (x_{ki} - x_{kj})^2 = \| x_i - x_j \|^2 \qquad (17\text{-}8)$$

定義樣本與其所屬類中心之間的距離總和為最終損失函數：

$$L(C) = \sum_{i=1}^{k} \sum_{C(i)=l} \| x_i - \overline{x}_l \|^2 \tag{17-9}$$

其中，$\overline{x}_l = (\overline{x}_{1l}, \overline{x}_{2l}, \cdots, \overline{x}_{ml})^{\mathrm{T}}$ 為第 l 個類的**質心**（centroid），即類的中心點；$n_l = \sum_{i=1}^{n} I(L(i) = l)$ 中的 $(L(i) = l)$ 表示指示函數，取值為 1 或者 0。函數 $L(C)$ 表示相同類中樣本的相似度。所以 k 均值聚類可以規約為一個最佳化問題來進行求解：

$$\begin{aligned} C^* &= \arg \min_{C} L(C) \\ &= \arg \min_{C} \sum_{l=1}^{k} \sum_{C(i)=l} \| x_i - x_j \|^2 \end{aligned} \tag{17-10}$$

該問題是一個 NP 難的組合最佳化問題，實際求解時我們採用迭代的方法。

根據前述流程，我們可以梳理 k 均值聚類演算法的主要流程，具體如下。

(1) 初始化質心。即在第 0 次迭代時隨機選擇 k 個樣本點作為初始化的聚類質心 $m^{(0)} = \left(m_1^{(0)}, \cdots, m_l^{(0)}, \cdots, m_k^{(0)} \right)$。

(2) 按照樣本與質心的距離對樣本進行聚類。對固定的質心 $m^{(t)} = \left(m_1^{(t)}, \cdots, m_l^{(t)}, \cdots, m_k^{(t)} \right)$，其中 $m_l^{(t)}$ 為類 G_l 的質心，計算每個樣本到質心的距離，將每個樣本劃分到與其最近的質心所在的類，構成初步的聚類結果 $C^{(t)}$。

(3) 計算上一步聚類結果的新的質心。對聚類結果 $C^{(t)}$ 計算目前各個類中樣本的均值，並作為新的質心 $m^{(t+1)} = \left(m_1^{(t+1)}, \cdots, m_l^{(t+1)}, \cdots, m_k^{(t+1)} \right)$。

(4) 如果迭代收斂或者滿足迭代停止條件，則輸出最後的聚類結果 $C^* = C^{(t)}$，否則令 $t = t+1$，返回第(2)步重新計算。

17.4 k 均值聚類演算法實現

17.4.1 基於 NumPy 的 k 均值聚類演算法實現

本節中,我們基於 NumPy 按照前述演算法流程來實現一個 k 均值聚類演算法。回顧上述過程,我們可以先思考一下如何定義演算法流程。首先要定義歐幾里德距離計算函數,然後定義質心初始化函數,根據樣本與質心的歐幾里德距離劃分類別並獲取聚類結果,根據新的聚類結果重新計算質心,重新聚類直到滿足停止條件。完整的編寫思路如圖 17-3 所示。

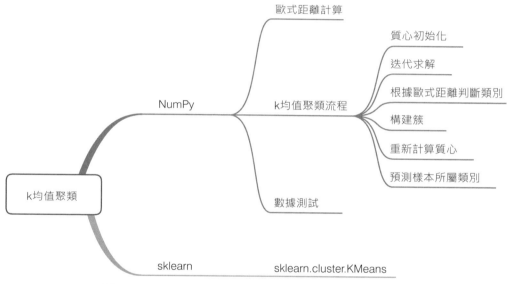

圖 17-3　基於 NumPy 的 *k* 均值聚類演算法編寫思路

先定義兩個向量之間的歐幾里德距離函數,如程式碼清單 17-1 所示。

程式碼清單 17-1　定義歐幾里德距離函數

```
# 匯入 numpy
import numpy as np
### 定義歐幾里德距離函數
def euclidean_distance(x, y):
    '''
    輸入:
    x:向量 x
```

```
    y：向量 y
    輸出：
    np.sqrt(distance)：歐幾里德距離
    '''
    # 初始化距離
    distance = 0
    # 遍歷並對距離的平方進行累加
    for i in range(len(x)):
        distance += pow((x[i] - y[i]), 2)
    return np.sqrt(distance)
```

在程式碼清單 17-1 中，我們定義了兩個向量 *x* 和 *y* 之間的歐幾里德距離計算過程。透過遍歷計算兩個向量元素的差的平方，累加後開根號，得到兩個向量的歐幾里德距離。

接下來定義 *k* 均值聚類演算法流程所需要的各種輔助函數，包括質心初始化、根據質心和距離判斷所屬質心索引、為每個樣本分配簇、重新計算質心和類別預測等方法。先來定義質心初始化方法。

(1) 質心初始化。質心初始化即類中心初始化，也就是為每個類別隨機選擇樣本進行類中心初始化。該過程也是 *k* 均值聚類演算法的起點。質心初始化過程如程式碼清單 17-2 所示。

程式碼清單 17-2　質心初始化

```
### 定義質心初始化函數
def centroids_init(X, k):
    '''
    輸入：
    X：訓練樣本，NumPy 陣列
    k：質心個數，也是聚類個數
    輸出：
    centroids：質心矩陣
    '''
    # 樣本數和特徵數
    m, n = X.shape
    # 初始化質心矩陣，大小為質心個數×特徵數
    centroids = np.zeros((k, n))
    # 遍歷
    for i in range(k):
        # 每一次循環隨機選擇一個類中心作為質心向量
        centroid = X[np.random.choice(range(m))]
        # 將質心向量分配給質心矩陣
        centroids[i] = centroid
    return centroids
```

在程式碼清單 17-2 中，輸入為訓練樣本和質心個數，輸出為初始化後的質心矩陣。首先獲取輸入樣本數和特徵數，基於質心個數特徵數用零矩陣初始化質心矩陣，然後遍歷迭代，每次循環隨機選擇一個類中心作為質心向量，最後將每個質心向量分配給質心矩陣。

(2) 根據質心和距離判斷所屬質心索引。初始化質心後，需要基於歐幾里德距離計算每個樣本所屬最近質心的索引。計算過程如程式碼清單 17-3 所示。

程式碼清單 17-3　根據質心和距離判斷所屬質心索引

```
### 定義樣本所屬最近質心的索引
def closest_centroid(x, centroids):
    '''
    輸入：
    x：單個樣本實例
    centroids：質心矩陣
    輸出：
    closest_i：
    '''
    # 初始化最近索引和最近距離
    closest_i, closest_dist = 0, float('inf')
    # 遍歷質心矩陣
    for i, centroid in enumerate(centroids):
        # 計算歐幾里德距離
        distance = euclidean_distance(x, centroid)
        # 根據歐幾里德距離判斷並選擇最近質心的索引
        if distance < closest_dist:
            closest_i = i
            closest_dist = distance
    return closest_i
```

在程式碼清單 17-3 中，輸入為單個樣本實例和質心矩陣，首先初始化最近索引和最近距離，然後遍歷質心矩陣中的每一個質心向量，計算樣本與目前質心向量的距離，以最近索引為該樣本的質心索引。

(3) 為每個樣本分配簇。這一步實際上是聚類過程，也就是將每一個樣本分配到最近的類簇中。分配樣本和構建簇的過程如程式碼清單 17-4 所示。

程式碼清單 17-4　為每個樣本分配簇

```
### 分配樣本與構建簇
def build_clusters(centroids, k, X):
    '''
    輸入：
    centroids：質心矩陣
    k：質心個數，也是聚類個數
    X：訓練樣本，NumPy 陣列
    輸出：
    clusters：聚類簇
    '''
    # 初始化簇列表
    clusters = [[] for _ in range(k)]
    # 遍歷訓練樣本
    for x_i, x in enumerate(X):
        # 獲取樣本所屬最近質心的索引
        centroid_i = closest_centroid(x, centroids)
        # 將目前樣本添加到所屬類簇中
        clusters[centroid_i].append(x_i)
    return clusters
```

在程式碼清單 17-4 中，我們以質心矩陣、質心個數和訓練樣本作為輸入，首先初始化簇列表，然後遍歷訓練樣本，計算樣本所屬最近質心的索引，並將目前樣本添加到所屬類簇中，透過遍歷迭代的方式構建聚類簇。

(4) 重新計算質心。k 均值聚類演算法的核心思想在於不斷地動態調整，根據前一步生成的類簇重新計算質心，然後執行聚類過程。完成過程如程式碼清單 17-5 所示。

程式碼清單 17-5　計算目前質心

```
### 計算質心
def calculate_centroids(clusters, k, X):
    '''
    輸入：
    clusters：上一步的聚類簇
    k：質心個數，也是聚類個數
    X：訓練樣本，NumPy 陣列
    輸出：
    centroids：更新後的質心矩陣
    '''
    # 特徵數
    n = X.shape[1]
```

```
# 初始化質心矩陣，大小為質心個數×特徵數
centroids = np.zeros((k, n))
# 遍歷目前簇
for i, cluster in enumerate(clusters):
    # 計算每個簇的均值作為新的質心
    centroid = np.mean(X[cluster], axis=0)
    # 將質心向量分配給質心矩陣
    centroids[i] = centroid
return centroids
```

在程式碼清單 17-5 中，我們給出了質心的計算過程。以上一步的聚類簇、質心個數和訓練樣本作為輸入，計算目前的質心矩陣。與程式碼清單 17-1 的初始化隨機選擇樣本構成質心矩陣不同，這裡選擇每個簇的均值來構成新的質心矩陣。

(5) 獲取樣本所屬類別。最後還需要獲取每個樣本實際所屬的聚類類別，具體如程式碼清單 17-6 所示。

程式碼清單 17-6　獲取樣本所屬的聚類類別

```
### 獲取每個樣本所屬的聚類類別
def get_cluster_labels(clusters, X):
    '''
    輸入：
    clusters：目前的聚類簇
    X：訓練樣本，NumPy 陣列
    輸出：
    y_pred：預測類別
    '''
    # 預測結果初始化
    y_pred = np.zeros(X.shape[0])
    # 遍歷聚類簇
    for cluster_i, cluster in enumerate(clusters):
        # 遍歷目前簇
        for sample_i in cluster:
            # 為每個樣本分配類別簇
            y_pred[sample_i] = cluster_i
    return y_pred
```

完成上述 k 均值聚類演算法元件後，我們將各個元件進行封裝，定義一個完整的 k 均值聚類演算法流程，如程式碼清單 17-7 所示。

程式碼清單 17-7　*k* 均值聚類演算法封裝過程

```
### k 均值聚類演算法流程封裝
def kmeans(X, k, max_iterations):
    '''
    輸入：
    X：訓練樣本，NumPy 陣列
    k：質心個數，也是聚類個數
    max_iterations：最大迭代次數
    輸出：
    預測類別列表
    '''
    # 1.初始化質心
    centroids = centroids_init(X, k)
    # 遍歷迭代求解
    for _ in range(max_iterations):
        # 2.根據目前質心進行聚類
        clusters = build_clusters(centroids, k, X)
        # 儲存目前質心
        cur_centroids = centroids
        # 3.根據聚類結果計算新的質心
        centroids = calculate_centroids(clusters, k, X)
        # 4.設定收斂條件為質心是否發生變化
        diff = centroids - cur_centroids
        if not diff.any():
            break
    # 返回最終的聚類標籤
    return get_cluster_labels(clusters, X)
```

演算法封裝完後，我們用一個小例子測試一下演算法效果，測試過程如程式碼清單 17-8 所示。

程式碼清單 17-8　基於 NumPy 的 *k* 均值聚類演算法測試

```
# 建立測試資料
X = np.array([[0,2],[0,0],[1,0],[5,0],[5,2]])
# 設定聚類類別為 2 個，最大迭代次數為 10
labels = kmeans(X, 2, 10)
# 列印每個樣本所屬的類別標籤
print(labels)
```

輸出如下：

```
[0. 0. 0. 1. 1.]
```

在程式碼清單 17-8 中，我們基於 NumPy 陣列建立了一組測試資料，設定聚類類別為 2 個，最大迭代次數為 10。輸出結果顯示，k 均值聚類演算法將第 1~3 個樣本聚為一類，第 4~5 個樣本聚為一類。

17.4.2　基於 sklearn 的 k 均值聚類演算法實現

sklearn 也提供了 k 均值聚類演算法的實現方式，k 均值聚類演算法呼叫的模組為 KMeans，同樣基於模擬測試集進行擬合，範例如程式碼清單 17-9 所示。

> **程式碼清單 17-9　基於 sklearn 的 k 均值聚類範例**
>
> ```python
> # 匯入 KMeans 模組
> from sklearn.cluster import Kmeans
> # 建立 k 均值聚類實例並進行資料擬合
> kmeans = KMeans(n_clusters=2, random_state=0).fit(X)
> # 列印擬合標籤
> print(kmeans.labels_)
> ```

輸出如下：

```
[1. 1. 1. 0. 0.]
```

如程式碼清單 17-9 所示，基於 sklearn.cluster 模組匯入 KMeans 函數，然後建立 k 均值聚類模型實例並進行資料擬合，最後輸出的 k 均值聚類結果跟程式碼清單 17-8 的聚類結果相反，但聚類的兩個類別是一致的。

17.5　小結

本章開始介紹一些典型的無監督學習演算法，而聚類演算法正是無監督學習的典型演算法。聚類演算法建立在距離度量方式的基礎之上，常用的距離度量方式包括閔氏距離和馬氏距離，常用的相似度度量方式包括相關係數和夾角餘弦等。

k 均值聚類演算法是眾多聚類演算法中最常用的代表性演算法。作為一種動態迭代的演算法，k 均值聚類演算法的主要步驟包括質心初始化、根據距離度量進行初步聚類、根據聚類結果計算新的質心、不斷迭代聚類直至滿足停止條件。這種不斷動態迭代最佳化的演算法，從思想上看更像是一種 EM 演算法（詳見第 22 章）。

第 18 章
主成分分析

區別於聚類分析，降維是另一類無監督學習演算法，而**主成分分析**（principal component analysis, PCA）是一種經典的降維演算法。PCA 透過正交變換將一組由線性相關變數表示的資料轉換為幾個由線性無關變數表示的資料，這幾個線性無關變數就是主成分。PCA 是一種應用廣泛的資料分析和降維方法。本章將在闡述 PCA 主要原理和推導的基礎上，給出其 NumPy 和 sklearn 實現方式。

18.1 PCA 原理推導

針對高維資料的降維問題，PCA 的基本思路如下：首先將需要降維的資料的各個變數標準化（規範化）為均值為 0、變異數為 1 的資料集，然後對標準化後的資料進行正交變換，將原來的資料轉換為由若干個線性無關向量表示的新資料。這些新向量表示的資料不僅要求相互線性無關，而且需要所包含的訊息量最大。PCA 的一個範例如圖 18-1 所示。

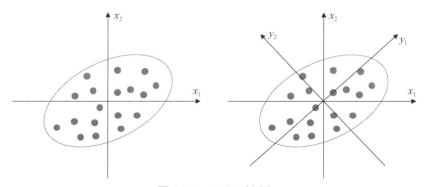

圖 18-1　PCA 範例

圖 18-1 中，左圖是一組由變數 x_1 和 x_2 表示的二維空間，資料分布於圖中橢圓形區域內，能夠看到，變數 x_1 和 x_2 存在一定的相關關係；右圖是對資料進行正交變換後的資料座標，由變數 y_1 和 y_2 表示。為了使得變換後的訊息量最大，PCA 使用變異數最大的方向作為新座標系的第一座標軸 y_1，變異數第二大的作為第二座標軸 y_2。

PCA 使用變異數來衡量新變數的訊息量大小，按照變異數大小排序依次為第一主成分、第二主成分等。下面對 PCA 原理進行簡單推導。

假設原始資料為 m 維隨機變數 $\boldsymbol{x} = (x_1, x_2, \cdots, x_m)^{\mathrm{T}}$，其均值向量 $\boldsymbol{\mu} = \mathrm{E}(\boldsymbol{x}) = (\mu_1, \mu_2, \cdots, \mu_m)^{\mathrm{T}}$，共變異數矩陣為：

$$\boldsymbol{\Sigma} = \mathrm{cov}(\boldsymbol{x}, \boldsymbol{x}) = \mathrm{E}\left[(\boldsymbol{x} - \boldsymbol{\mu})(\boldsymbol{x} - \boldsymbol{\mu})^{\mathrm{T}}\right] \tag{18-1}$$

由 m 維隨機變數 x 到 m 維隨機變數 $\boldsymbol{y} = (y_1, y_2, \cdots, y_m)^{\mathrm{T}}$ 的線性變換：

$$y_i = \boldsymbol{\alpha}_i^{\mathrm{T}} \boldsymbol{x} = \alpha_{1i} x_1 + \alpha_{2i} x_2 + \cdots + \alpha_{mi} x_m \tag{18-2}$$

其中 $\boldsymbol{\alpha}_i^{\mathrm{T}} = (\alpha_{1i}, \alpha_{2i}, \cdots, \alpha_{mi})$。

經過線性變換後的隨機變數 y_i 的均值、變異數和共變異數統計量可以表示為：

$$\mathrm{E}(y_i) = \boldsymbol{\alpha}_i^{\mathrm{T}} \mu_i, \;\; i = 1, 2, \cdots, m \tag{18-3}$$

$$\mathrm{var}(y_i) = \boldsymbol{\alpha}_i^{\mathrm{T}} \boldsymbol{\Sigma} \alpha_i, \;\; i = 1, 2, \cdots, m \tag{18-4}$$

$$\mathrm{cov}(y_i, y_j) = \boldsymbol{\alpha}_i^{\mathrm{T}} \boldsymbol{\Sigma} \alpha_j, \;\; i, j = 1, 2, \cdots, m \tag{18-5}$$

當隨機變數 x 到隨機變數 y 的線性變換滿足如下條件時，變換後的 $y_1, y_2, \cdots, y_m$ 分別為隨機變數 x 的第一主成分、第二主成分、……、第 m 主成分。

(1) 線性變換的係數向量 $\boldsymbol{\alpha}_i^{\mathrm{T}}$ 為單位向量，有 $\boldsymbol{\alpha}_i^{\mathrm{T}} \alpha_i = 1$，$i = 1, 2, \cdots, m$。

(2) 線性變換後的變數 y_i 與 y_j 線性無關，即 $\mathrm{cov}(y_i, y_j) \neq 0 (i \neq j)$。

(3) 變數 y_1 是隨機變數 $\boldsymbol{x}$ 所有線性變換中變異數最大的，y_2 是與 y_1 無關的所有線性變換中變異數最大的。

上述三個條件給出了求解主成分的基本方法。根據最佳化目標和約束條件，我們可以使用拉格朗日乘數法來求解主成分。下面以第一主成分為例進行求解推導。第一主成分的最佳化問題的數學表達為：

$$\max \quad \boldsymbol{\alpha}_1^{\mathrm{T}} \boldsymbol{\Sigma} \boldsymbol{\alpha}_1 \tag{18-6}$$

$$\text{s.t.} \quad \boldsymbol{\alpha}_1^{\mathrm{T}} \boldsymbol{\alpha}_1 = 1 \tag{18-7}$$

定義拉格朗日函數如下：

$$L = \boldsymbol{\alpha}_1^{\mathrm{T}} \boldsymbol{\Sigma} \boldsymbol{\alpha}_1 - \lambda(\boldsymbol{\alpha}_1^{\mathrm{T}} \boldsymbol{\alpha}_1 - 1) \tag{18-8}$$

將式(18-8)的拉格朗日函數 $\boldsymbol{\alpha}_1$ 對求導並令其為 0，有：

$$\frac{\partial L}{\partial \boldsymbol{\alpha}_1} = \boldsymbol{\Sigma} \boldsymbol{\alpha}_1 - \lambda \boldsymbol{\alpha}_1 = 0 \tag{18-9}$$

根據矩陣特徵值與特徵向量的關係，由式(18-9)可知 λ 為 $\boldsymbol{\Sigma}$ 的特徵值，$\boldsymbol{\alpha}_1$ 為對應的單位特徵向量。假設 $\boldsymbol{\alpha}_1$ 是 $\boldsymbol{\Sigma}$ 的最大特徵值 λ_1 對應的單位特徵向量，那麼 $\boldsymbol{\alpha}_1$ 和 λ_1 均為上述最佳化問題的最優解。所以 $\boldsymbol{\alpha}_1^{\mathrm{T}} x$ 為第一主成分，其變異數為對應共變異數矩陣的最大特徵值：

$$\mathrm{var}(\boldsymbol{\alpha}_1^{\mathrm{T}} x) = \boldsymbol{\alpha}_1^{\mathrm{T}} \boldsymbol{\Sigma} \boldsymbol{\alpha}_1 = \lambda_1 \tag{18-10}$$

這樣，第一主成分的推導就算完成了。同樣的方法可用來求解第 k 主成分，第 k 主成分的變異數的第 k 個特徵值為：

$$\mathrm{var}(\alpha_k^{\mathrm{T}} x) = \alpha_k^{\mathrm{T}} \boldsymbol{\Sigma} \alpha_k = \lambda_k, \quad k = 1, 2, \cdots, m \tag{18-11}$$

最後，梳理一下 PCA 的計算流程：

(1) 對 m 行 n 列的資料 X 按照列均值為 0、變異數為 1 進行標準化處理；

(2) 計算標準化後的 X 的共變異數矩陣 $\boldsymbol{C} = \dfrac{1}{m} \boldsymbol{X}\boldsymbol{X}^{\mathrm{T}}$；

(3) 計算共變異數矩陣 C 的特徵值和對應的特徵向量；

(4) 將特徵向量按照對應特徵值大小排列成矩陣，取前 k 行構成的矩陣 $\boldsymbol{P}$；

(5) 計算 $\boldsymbol{Y} = \boldsymbol{P}\boldsymbol{X}$ 即可得到經過 PCA 降維後的 k 維資料。

18.2 PCA 演算法實現

18.2.1 基於 NumPy 的 PCA 演算法實現

本節我們基於 NumPy 按照上一節的 PCA 演算法流程來手寫一個 PCA 演算法。PCA 演算法流程比較簡單，這裡就不需要再繪製心智圖進行梳理了，直接按照前述(1)~(5) 演算法流程實現即可。

基於 NumPy 的完整 PCA 演算法實現過程如程式碼清單 18-1 所示。

程式碼清單 18-1　PCA 演算法實現

```python
# 匯入 numpy
import numpy as np
### PCA 演算法類
class PCA:
    # 定義共變異數矩陣計算方法
    def calc_cov(self, X):
        # 樣本量
        m = X.shape[0]
        # 資料標準化
        X = (X - np.mean(X, axis=0)) / np.var(X, axis=0)
        return 1 / m * np.matmul(X.T, X)
    # PCA 演算法實現
    # 輸入為要進行 PCA 的矩陣和指定的主成分個數
    def pca(self, X, n_components):
        # 計算共變異數矩陣，對應前述步驟(1)和(2)
        cov_matrix = self.calc_cov(X)
        # 計算共變異數矩陣的特徵值和對應特徵向量
        # 對應步驟(3)
        eigenvalues, eigenvectors = np.linalg.eig(cov_matrix)
        # 對特徵值進行排序，對應步驟(4)
        idx = eigenvalues.argsort()[::-1]
        # 取最大的前 n_component 組，對應步驟(4)
        eigenvectors = eigenvectors[:, idx]
        eigenvectors = eigenvectors[:, :n_components]
        # Y=PX 轉換，對應步驟(5)
        return np.matmul(X, eigenvectors)
```

可以看到，在程式碼清單 18-1 中，借助 NumPy，我們僅用了數行程式碼就實現了一個相對完整的 PCA 演算法。我們首先定義了一個共變異數矩陣計算函數，將資料標準化，然後計算其共變異數矩陣。透過 PCA.pca 方法來完整實現步驟(1)~(5)，對應 PCA 演算法流程的步驟(1)和(2)。接著對共變異數矩陣計算特徵值和特徵向量，並將特徵向量按照特徵值大小排列組成矩陣 P，最後按照 $Y = PX$ 得到 PCA 降維後的矩陣，對應步驟(3)~(5)。

接下來我們用 sklearn iris 資料集對 PCA 演算法進行測試，如程式碼清單 18-2 所示。

程式碼清單 18-2　PCA 演算法資料測試

```
# 匯入相關函式庫
from sklearn import datasets
import matplotlib.pyplot as plt
# 匯入 sklearn 資料集
iris = datasets.load_iris()
X, y = iris.data, iris.target
# 將資料降維到 3 個主成分
X_trans = PCA().pca(X, 3)
# 顏色列表
colors = ['navy', 'turquoise', 'darkorange']
# 繪製不同類別
for c, i, target_name in zip(colors, [0,1,2], iris.target_names):
    plt.scatter(X_trans[y == i, 0], X_trans[y == i, 1],
                color=c, lw=2, label=target_name)
# 添加圖例
plt.legend()
plt.show();
```

程式碼清單 18-2 給出了 PCA 演算法的資料實例，我們對 iris 資料集進行 PCA 降維，獲取前 3 個主成分並基於 matplotlib 對演算法效果進行視覺化。iris 資料的 PCA 降維效果如圖 18-2 所示。

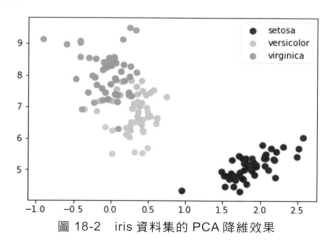

圖 18-2　iris 資料集的 PCA 降維效果

18.2.2 基於 sklearn 的 PCA 演算法實現

sklearn 也提供了 PCA 的演算法實現方式，PCA 演算法呼叫模組為 sklearn decomposition.PCA。該演算法背後的實現方式不同於 18.2.1 節所述的演算法流程，而是基於奇異值分解演算法實現的。下面同樣基於模擬測試集進行擬合，範例如程式碼清單 18-3 所示。

程式碼清單 18-3　sklearn PCA 範例

```
# 匯入 sklearn 降維模組
from sklearn import decomposition
# 建立 PCA 模型實例，主成分個數為 3 個
pca = decomposition.PCA(n_components=3)
# 模型擬合
pca.fit(X)
# 擬合模型並將模型應用於資料 X
X_trans = pca.transform(X)
# 顏色列表
colors = ['navy', 'turquoise', 'darkorange']
# 繪製不同類別
for c, i, target_name in zip(colors, [0,1,2], iris.target_names):
    plt.scatter(X_trans[y == i, 0], X_trans[y == i, 1],
                color=c, lw=2, label=target_name)
# 添加圖例
plt.legend()
plt.show();
```

在程式碼清單 18-3 中，首先基於 sklearn 的 PCA 模組 decomposition.PCA 建立了一個 PCA 模型實例，指定主成分個數為 3，然後進行模型擬合併應用於 iris 資料集，最後繪製不同主成分下的類別圖，如圖 18-3 所示。可以看到，基於 sklearn 實現的 PCA 降維，視覺化的結果與上一節手動實現的 PCA 演算法還是有較大差別，這可能與 sklearn 的 PCA 演算法背後的奇異值分解的實現邏輯有關。

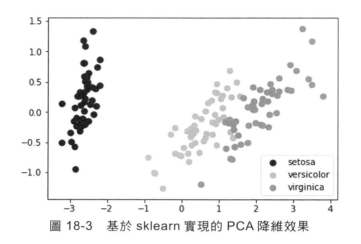

圖 18-3　基於 sklearn 實現的 PCA 降維效果

18.3　小結

PCA 是一種經典的無監督學習和降維演算法。其核心思想是將規範化後的資料正交變換為若干個線性無關的新變數，並且這些新變數所包含的訊息量最大。PCA 的實現方式有兩種：一種是本章所闡述的求樣本共變異數矩陣的特徵值和特徵向量，另一種是基於下一章要講的奇異值分解演算法。

做為一種多元統計分析方法，PCA 在資料壓縮和資料降噪等領域都有廣泛應用。

第 19 章

奇異值分解

奇異值分解（singular value decomposition, SVD）是線性代數中一種常用的矩陣分解和資料降維方法，揭示了矩陣分析的本質變換。奇異值分解在機器學習中也有著廣泛應用，比如自然語言處理中的奇異值分解詞向量和潛在語義索引、推薦系統中的特徵分解、圖像降噪與壓縮等。本章以矩陣分解和特徵值、特徵向量作為引入，進行奇異值分解基本原理推導，最後給出奇異值分解的 NumPy 和 sklearn 實現，以及一個奇異值分解的圖像去噪應用實例。

19.1 特徵向量與矩陣分解

矩陣分解是線性代數中最基礎的理論之一，在正式介紹奇異值分解之前，我們有必要簡單回顧特徵值分解。

假設存在 $n \times n$ 矩陣 A 和 n 維向量 x，λ 為任意實數，矩陣的特徵值與特徵向量定義如下：

$$Ax = \lambda x \tag{19-1}$$

其中 λ 為矩陣 A 的一個特徵值，n 維向量 x 是矩陣 A 的特徵值所對應的特徵向量。對式(19-1)進行變換，透過求解式(19-2)的齊次方程來計算矩陣 A 的特徵值和特徵向量：

$$(A - \lambda E)x = 0 \tag{19-2}$$

計算出矩陣的特徵值和特徵向量後就可以對矩陣進行分解。假設矩陣 A 有 n 個特徵值 $\lambda_1 \leqslant \lambda_2 \leqslant \cdots \leqslant \lambda_n$，每個特徵值對應的特徵向量為 w_1, w_2, $\cdots$, w_n，由特徵向量構成特徵矩陣 W，那麼矩陣 A 可分解為：

$$A = WAW^{-1} \tag{19-3}$$

對式(19-3)的矩陣 A 進行對角化，對矩陣 W 進行標準化和正交化處理，使得 W 滿足 $W^{\mathrm{T}}W = E$，有 $W^{\mathrm{T}} = W^{-1}$，即 W 即為酉矩陣。式(19-3)最終可以改寫為：

$$A = WAW^{\mathrm{T}} \tag{19-4}$$

要計算特徵值和特徵向量，一個必要條件是矩陣 A 必須要為 $n \times n$ 方陣，當碰到 $m \times n$, $m \neq n$ 的非方陣矩陣時，就無法直接使用特徵值進行分解了。非方陣矩陣的分解需要借助 SVD 方法。

19.2　SVD 演算法的原理推導

假設 $m \times n$ 有的非方陣矩陣 A，對其進行矩陣分解的表達式為：

$$A = UAV^{\mathrm{T}} \tag{19-5}$$

其中 U 為 $m \times m$ 矩陣，A 為 $m \times n$ 對角矩陣，V 為 $n \times n$ 矩陣。U 和 V 均有酉矩陣，即 U 和 V 滿足：

$$U^{\mathrm{T}}U = E \tag{19-6}$$

$$V^{\mathrm{T}}V = E \tag{19-7}$$

其中 E 為單位矩陣。

在上一節中，我們透過求解齊次方程來計算矩陣特徵值與特徵向量，那麼基於式(19-4)，如何求 U、A 和 V^{T} 這三個矩陣呢？依然需要借助矩陣特徵值和特徵向量。

由於矩陣 A 是非方陣矩陣，因此我們對矩陣 A 的轉置矩陣 A^{T} 與矩陣 A 做矩陣乘法運算，可得 $m \times m$ 矩陣 $A^T A$，然後對該矩陣求解特徵值和特徵向量：

$$(A^T A)u_i = \lambda_i u_i \tag{19-8}$$

由式(19-8)可求得方陣 $A^T A$ 的 m 個特徵值和特徵向量,該 m 個特徵向量即可構成特徵矩陣 U。我們把這 m 個特徵向量稱為矩陣 A 的左奇異向量,特徵矩陣 U 也稱矩陣 A 的左奇異矩陣。

同理,我們對矩陣 A 與其轉置矩陣 A^T 做矩陣乘法運算,同樣可得 $n \times n$ 矩陣 AA^T,然後對該矩陣求特徵值和特徵向量:

$$(AA^T)v_i = \lambda_i v_i \tag{19-9}$$

由式(19-9)可求得方陣 AA^T 的 n 個特徵和特徵向量,我們把這 n 個特徵向量稱為矩陣 A 的右奇異向量,特徵矩陣 V 也稱矩陣 A 的右奇異矩陣。

左奇異矩陣 U 和右奇異矩陣 V 求出來後,只剩中間的奇異值矩陣尚未求出。奇異值矩陣 A 除了對角線上的奇異值,其餘元素均為 0,所以我們只要求出矩陣 A 的奇異值即可。推導如下:

$$A = U \Lambda V^T \tag{19-10}$$

$$AV = U \Lambda V^T V \tag{19-11}$$

$$AV = U \Lambda \tag{19-12}$$

$$Av_i = \sigma_i u_i \tag{19-13}$$

$$\sigma_i = Av_i / u_i \tag{19-14}$$

按照上述推導,我們可計算奇異值進而得到奇異值矩陣。實際上,透過推導特徵值與奇異值之間的關係,也可經由特徵值來計算奇異值。具體推導如下:

$$A = U \Lambda V^T \tag{19-15}$$

$$A^T = V \Lambda U^T \tag{19-16}$$

$$A^T A = V \Lambda U^T U \Lambda V^T = V \Lambda^2 V^T \tag{19-17}$$

由式(19-17)可知,特徵值矩陣為奇異值矩陣的平方,即特徵值是奇異值的平方。圖 19-1 為 SVD 矩陣分解示意圖。

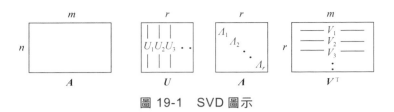

圖 19-1　SVD 圖示

19.3　SVD 演算法實現與應用

19.3.1　SVD 演算法實現

SVD 演算法在 NumPy、SciPy 和 sklearn 中均可直接呼叫，無須再梳理具體的實現邏輯。這裡給出 NumPy 和 sklearn 的 SVD 演算法實現範例。程式碼清單 19-1 是基於 NumPy 的 SVD 演算法實現。

程式碼清單 19-1　NumPy SVD 演算法實現

```python
# 匯入 numpy
import numpy as np
# 建立一個矩陣 A
A = np.array([[0,1],[1,1],[1,0]])
# 對其進行 SVD 分解
U, S, Vt = np.linalg.svd(A, full_matrices=True)
print(U, S, Vt)
```

輸出如下：

```
array([[-4.08248290e-01,  7.07106781e-01,  5.77350269e-01],
       [-8.16496581e-01,  5.55111512e-17, -5.77350269e-01],
       [-4.08248290e-01, -7.07106781e-01,  5.77350269e-01]])
array([1.73205081, 1.    ])
array([[-0.70710678, -0.70710678],
       [-0.70710678,  0.70710678]])
```

在程式碼清單 19-1 中，我們首先建立了一個示範矩陣 A，然後直接呼叫 linalg.svd 模組對其進行分解，分別得到左奇異矩陣 U、奇異值矩陣 S 和右奇異矩陣 V_t。從輸出的分解矩陣結果來看，linalg.svd 對奇異值矩陣做了簡化，只給出了奇異值向量，省略了奇異值矩陣中為 0 的部分。我們嘗試基於 U、S 和 V_t 來復原矩陣 A，如程式碼清單 19-2 所示。

程式碼清單 19-2　SVD 逆運算

```
# 由 U、S、Vt 復原矩陣 A
np.dot(U[:,:2]*S, Vt)
```

輸出如下：

```
array([[ 1.11022302e-16,  1.00000000e+00],
[ 1.00000000e+00,  1.00000000e+00],
[ 1.00000000e+00, -3.33066907e-16]])
```

可以看到，除了一些計算浮點數誤差，透過 U、S 和 V_t 是可以復原到初始矩陣 A 的。

再看來基於 sklearn 的 SVD 演算法實現。sklearn 的 SVD 演算法主要用於降維，呼叫介面為 decomposition.TruncatedSVD，是一種截斷的 SVD 演算法，即以某個閾值為限，取大於閾值部分的奇異值，範例如程式碼清單 19-3 所示。

程式碼清單 19-3　sklearn 截斷 SVD 演算法範例

```
# 匯入 sklearn 截斷 SVD 演算法模組
from sklearn.decomposition import TruncatedSVD
# 匯入 SciPy 生成稀疏資料模組
from scipy.sparse import random as sparse_random
# 建立稀疏資料 X
X = sparse_random(100, 100, density=0.01, format='csr', random_state=42)
# 基於截斷 SVD 演算法對 X 進行降維，降維的維度為 5，即輸出前 5 個奇異值
svd = TruncatedSVD(n_components=5, n_iter=7, random_state=42)
svd.fit(X)
# 輸出奇異值
print(svd.singular_values_)
```

輸出如下：

```
TruncatedSVD(n_components=5, n_iter=7, random_state=42)
[1.55360944 1.5121377  1.51052009 1.37056529 1.19917045]
```

在程式碼清單 19-3 中，我們基於 SciPy 的 sparse_random 模組建立了一個維的稀疏資料物件 X，然後建立一個包含 5 個輸出成分的截斷 SVD 演算法實例，並對 X 進行 SVD 擬合，最後輸出 5 個奇異值結果。

19.3.2　基於 SVD 的圖像去噪

本節嘗試將 SVD 用於圖像壓縮演算法。做法是儲存像素矩陣的前 k 個奇異值，並在此基礎上做圖像復原。由 SVD 的原理可知，在 SVD 分解中越靠前的奇異值越重要，代表的訊息含量越大。

下面我們嘗試對一個圖像進行 SVD 分解，並分別取前 1~50 個奇異值來復原該圖像。需要復原的圖像如圖 19-2 所示。

圖 19-2　需要壓縮的圖像

基於 SVD 的圖像壓縮演算法處理過程如程式碼清單 19-4 所示。

程式碼清單 19-4　SVD 圖像壓縮

```
# 匯入相關模組
import numpy as np
import os
from PIL import Image
from tqdm import tqdm
### 定義圖像復原函數，由分解後的矩陣復原到原矩陣
def restore(u, s, v, K):
    '''
    輸入：
```

```
u:左奇異矩陣
v:右奇異矩陣
s:奇異值矩陣
K:奇異值個數
輸出：
np.rint(a)：復原後的矩陣
'''
m, n = len(u), len(v[0])
a = np.zeros((m, n))
for k in range(K):
    uk = u[:, k].reshape(m, 1)
    vk = v[k].reshape(1, n)
    # 前 k 個奇異值的加總
    a += s[k] * np.dot(uk, vk)
a = a.clip(0, 255)
return np.rint(a).astype('uint8')

# 讀入待壓縮圖像
img = np.array(Image.open("./example.jpg", 'r'))
# 對 RGB 圖像進行奇異值分解
u_r, s_r, v_r = np.linalg.svd(img[:, :, 0])
u_g, s_g, v_g = np.linalg.svd(img[:, :, 1])
u_b, s_b, v_b = np.linalg.svd(img[:, :, 2])
# 使用前 50 個奇異值
K = 50
output_path = r'./svd_pic'
# 復原圖像
for k in tqdm(range(1, K+1)):
    R = restore(u_r, s_r, v_r, k)
    G = restore(u_g, s_g, v_g, k)
    B = restore(u_b, s_b, v_b, k)
    I = np.stack((R, G, B), axis=2)
    Image.fromarray(I).save('%s\\svd_%d.jpg' % (output_path, k))
```

在程式碼清單 19-4 中，我們首先基於分解後的 **U**、**S**、**V** 矩陣和 K 值定義一個圖像復原函數，原理是基於奇異值的加總來復原圖像訊息，然後讀入範例圖像，分別對 RGB 圖像進行奇異值分解，令 K 取 50，分別對分解後的矩陣進行圖像復原。

當使用前 10 個奇異值時，復原後的壓縮圖像隱約可見輪廓，就像打了馬賽克一樣，如圖 19-3 所示。

圖 19-3　僅取前 10 個奇異值時的圖像效果

繼續增加奇異值的數量,當取到前 50 個奇異值的時候,復原後的壓縮圖像已經清晰許多了,如圖 19-4 所示。

圖 19-4　取前 50 個奇異值時的圖像效果

逐漸增加所取奇異值個數後的漸進效果如圖 19-5 所示。

圖 19-5　逐漸增大奇異值個數時的圖像復原效果

總體而言，圖像清晰度隨著奇異值數量增多而提高。當奇異值 k 不斷增大時，復原後的圖像就會無限逼近真實圖像。這便是基於 SVD 的圖像壓縮原理。

19.4　小結

SVD 是一種針對非方陣的矩陣分解方法。透過將 $m \times n$ 的非方陣矩陣 A，表示為三個實矩陣乘積形式的運算，即 $A = U\Lambda V^{\mathrm{T}}$。可以透過特徵值與特徵向量的方式來求解奇異值分解的奇異值和奇異向量。

SVD 在 NumPy、SciPy 和 sklearn 等 Python 函式庫中均可以直接呼叫演算法介面。基於 SVD 的降維思想在圖像壓縮領域有著廣泛應用。

第五部分

機率模型

## 第 20 章

最大訊息熵模型

最大訊息熵原理是機率模型學習的一個基本準則。根據最大訊息熵原理，訊息熵最大時得到的模型是最優模型，即最大訊息熵模型。本章在闡述最大訊息熵原理的基礎上，給出最大訊息熵模型的詳細數學推導，包括最大訊息熵模型的學習演算法和基於改進的迭代尺度法的最佳化求解。

20.1　最大訊息熵原理

熵（entropy）最初作為一種熱力學概念，在 1950 年代隨著訊息技術理論的發展被引入訊息論。訊息理論的開創者謝農將訊息的不確定程度稱為熵，為了與熱力學中熵的概念區分，這種訊息的不確定程度又稱訊息熵。隨後 Jaynes 從訊息熵理論出發，提出最大訊息熵原理。最大訊息熵原理認為：熵在由已知訊息得到的約束條件下的最大化機率分布，是充分利用已知訊息並對未知部分做最少假定的機率分布。

假設離散隨機變數 X 的機率分布為 $P(X)$，該離散隨機變數的熵可以定義為：

$$H(P_x) = -\sum_x p(x) \log p(x) \tag{20-1}$$

假設連續隨機變數 Y 的機率密度函數為 $f(y)$，該連續隨機變數的熵可以定義為：

$$H(P_y) = -\int f(y) \log f(y) \mathrm{d}y \tag{20-2}$$

最大訊息熵原理就是在給定相關約束條件的情況下，求使得 $H(P_x)$ 或者 $H(P_y)$ 達到最大值時的 $P(X)$ 或者 $f(Y)$，本質上是求解一個約束最佳化問題。

20.2 最大訊息熵模型的推導

將最大訊息熵這個機率論中的一般性原理應用於機器學習分類模型，我們可以得到基於最大訊息熵原理的一般性模型，即最大訊息熵模型。假設有條件機率分布為 $P(Y|X)$ 的機率分類模型，該模型表示對於給定輸入 X，模型以條件機率 $P(Y|X)$ 輸出 Y。在給定訓練集 $T = \{(x_1, y_1), (x_2, y_2), \cdots, (x_N, y_N)\}$ 的情況下，學習的目標就是選擇最大訊息熵模型作為目標模型。

根據訓練集 T，可以確定聯合機率分布 $P(X, Y)$ 的經驗分布 $\tilde{P}(X, Y)$ 和邊緣機率分布 $P(X)$ 的經驗分布 $\tilde{P}(X)$，其中：

$$\tilde{P}(X = x, Y = y) = \frac{c(X = x, Y = y)}{N} \tag{20-3}$$

$$\tilde{P}(X = x) = \frac{c(X = x)}{N} \tag{20-4}$$

$c(X = x, Y = y)$ 和 $c(X = x)$ 分別為訓練集中樣本 (x, y) 出現的頻數和 x 出現的頻數，N 為訓練樣本量。

為了得到最大訊息熵模型，我們需要找到輸入 x 和輸出 y 滿足的約束條件。假設 x 和 y 滿足某一條件，我們可以用特徵函數 $f(x, y)$ 來描述：

$$f(x, y) = \begin{cases} 1, & x \text{ 與 } y \text{ 滿足某一條件} \\ 0, & \text{否則} \end{cases} \tag{20-5}$$

即 x 與 y 滿足某一條件時該函數取 1，否則為 0。

計算特徵函數 $f(x, y)$ 關於聯合經驗分布 $\tilde{P}(X, Y)$ 的數學期望 $\mathrm{E}_{\tilde{P}}(f)$：

$$\mathrm{E}_{\tilde{P}}(f) = \sum_{x, y} \tilde{P}(x, y) f(x, y) \tag{20-6}$$

計算特徵函數 $f(x, y)$ 關於模型 $P(Y|X)$ 與邊緣經驗分布 $\tilde{P}(X)$ 的數學期望 $\mathrm{E}_P(f)$：

$$\mathrm{E}_P(f) = \sum_{x, y} \tilde{P}(x) P(y|x) f(x, y) \tag{20-7}$$

根據：

$$\tilde{P}(x, y) = \tilde{P}(x) P(y|x) \tag{20-8}$$

以及訓練資料訊息，可假設上述兩個期望值相等，即：

$$\mathrm{E}_{\tilde{P}}(f) = \mathrm{E}_P(f) \tag{20-9}$$

展開有：

$$\sum_{x,y} \tilde{P}(x, y) f(x, y) = \sum_{x,y} \tilde{P}(x) P(y \mid x) f(x, y) \tag{20-10}$$

式 (20-10) 即可作為求解最大訊息熵模型的約束條件，當有 n 個特徵函數時 $f_i(x, y),\ i = 1,\ 2,\ \cdots,\ n$，就有 n 個約束條件。

至此，我們就可以將最大訊息熵模型的求解規約為如下約束最佳化問題：

$$
\begin{aligned}
\max_{P} \quad & H(P) = -\sum_{x,y} \tilde{P}(x) P(y \mid x) \log P(y \mid x) \\
\text{s.t.} \quad & \mathrm{E}_{\tilde{P}}(f_i) = \mathrm{E}_P(f_i),\ i = 1,\ 2,\ \cdots,\ n \\
& \sum_{y} P(y \mid x) = 1
\end{aligned} \tag{20-11}
$$

將式 (20-11) 的求極大化問題改寫為等價的極小化問題：

$$
\begin{aligned}
\min_{P} \quad & -H(P) = \sum_{x,y} \tilde{P}(x) P(y \mid x) \log P(y \mid x) \\
\text{s.t.} \quad & \mathrm{E}_{\tilde{P}}(f_i) = \mathrm{E}_P(f_i),\ i = 1,\ 2,\ \cdots,\ n \\
& \sum_{y} P(y \mid x) = 1
\end{aligned} \tag{20-12}
$$

根據拉格朗日乘數法，將式 (20-12) 的約束極小化原始問題改寫為無約束最佳化的對偶問題，透過求解對偶問題來求解原始問題。原始問題與對偶問題的轉換見第 9 章。

引入拉格朗日乘數 $w_0,\ w_1,\ \cdots,\ w_n$，定義拉格朗日函數 $L(P,\ w)$：

$$
\begin{aligned}
L(P,\ w) =\ & -H(P) + w_0 \left(1 - \sum_{y} P(y \mid x) \right) + \sum_{i=1}^{n} w_i \left(\mathrm{E}_{\tilde{P}}(f_i) - \mathrm{E}_P(f_i) \right) \\
=\ & \sum_{x,y} \tilde{P}(x) P(y \mid x) \log P(y \mid x) + w_0 \left(1 - \sum_{y} P(y \mid x) \right) + \\
& \sum_{i=1}^{n} w_i \left(\sum_{x,y} \tilde{P}(x, y) f_i(x, y) - \sum_{x,y} \tilde{P}(x) P(y \mid x) f_i(x, y) \right)
\end{aligned} \tag{20-13}
$$

原始問題為：

$$\min_{P} \max_{w} L(P, w) \tag{20-14}$$

對偶問題為：

$$\max_{w} \min_{P} L(P, w) \tag{20-15}$$

根據拉格朗日對偶性的相關性質，可知原始問題式(20-14)與對偶問題式(20-15)有共同解，所以我們可以透過求對偶問題式(20-15)得到原始問題式(20-14)的解。針對這類極大極小化問題，一般方法是先求解內部極小化問題 $\min_{P} L(P, w)$ ，再求解外部極大化問題。

將內部極小化問題定義為 $\varphi(w)$ ，即：

$$\varphi(w) = \min_{P} L(P, w) = L(P_w, w) \tag{20-16}$$

同時令 P_w 為 $\varphi(w)$ 的解，P_w 可記為：

$$P_w = \arg \min_{P} L(P, w) = P_w(y \mid x) \tag{20-17}$$

下面求 $L(P, w)$ 關於 $P(y \mid x)$ 的偏導：

$$\frac{\partial L(P, w)}{\partial P(y \mid x)} = \sum_{x, y} \tilde{P}(x)(\log P(y \mid x) + 1) - \sum_{y} w_0 - \sum_{x, y} \left(\tilde{P}(x) \sum_{i=1}^{n} w_i f_i(x, y) \right) \tag{20-18}$$

$$= \sum_{x, y} \tilde{P}(x) \left(\log P(y \mid x) + 1 - w_0 - \sum_{i=1}^{n} w_i f_i(x, y) \right) \tag{20-19}$$

令 $\dfrac{\partial L(P, w)}{\partial P(y \mid x)} = 0$ ，可解得 $P(y \mid x)$：

$$P(y \mid x) = \exp\left(\sum_{i=1}^{n} w_i f_i(x, y) + w_0 - 1 \right) = \frac{\exp\left(\sum_{i=1}^{n} w_i f_i(x, y) \right)}{\exp(1 - w_0)} \tag{20-20}$$

由 $\sum_{y} P(y \mid x) = 1$ ，式(20-20)可化簡為：

$$P_w(y \mid x) = \frac{1}{Z_w(x)} \exp\left(\sum_{i=1}^{n} w_i f_i(x, y) \right) \tag{20-21}$$

其中 $Z_w(x)$ 為規範化因子：

$$Z_w(x) = \sum_y \exp\left(\sum_{i=1}^n w_i f_i(x, y)\right) \tag{20-22}$$

求解完內部極小化問題之後，再求解外部極大化問題 $\max_w \varphi(w)$ ，最終的解即為 $\max_w \varphi(w)$ 的解。

式(20-21)和式(20-22)表示的模型即為最大訊息熵模型。針對最大訊息熵模型這樣的凸函數，實際求解最佳化時可以使用梯度下降法、牛頓法或者改進的迭代尺度法等方法。限於篇幅本章不展開詳細闡述。

20.3　小結

基於最大訊息熵原理推導得到的約束條件下的模型即為最大訊息熵模型。作為機率模型學習的一個通用準則，最大訊息熵原理認為在所有可能的機率模型中，熵最大的那個模型為最優模型。透過使特徵函數 $f(x, y)$ 關於聯合經驗分布 $\tilde{P}(X, Y)$ 的數學期望 $E_{\tilde{P}}(f)$ ，與模型 $P(Y \mid X)$ 和邊緣經驗分布 $\tilde{P}(X)$ 的數學期望 $E_P(f)$ 相等，並作為最大訊息熵模型學習的約束條件，求解約束最佳化問題，可得到最終的最大訊息熵模型。

本章公式推導過程主要來自《統計學習方法》（簡體中文書，ISBN：9787302517276）。作為一個不那麼「典型」的機器學習模型，本章更多的是為全書知識體系的完整而存在，因而本章未給出最大訊息熵模型的具體程式碼實現，感興趣的讀者可自行編寫程式碼進行測試。

## 第 21 章

貝氏機率模型

貝氏定理是機率模型中最著名的理論之一，在機器學習中也有著廣泛應用。基於貝氏定理的常用機器學習機率模型包括單純貝氏和貝氏網路。本章在對貝氏定理進行簡介的基礎上，分別對單純貝氏和貝氏網路理論進行詳細推導並給出相應的程式碼實現。針對單純貝氏模型，本章給出了 NumPy 和 sklearn 的實現方法，貝氏網路的實現則借助於 pgmpy。

21.1　貝氏定理簡介

自從 Thomas Bayes 於 1763 年發表了那篇著名的「論有關機遇問題的求解」一文後，以貝氏公式為核心的貝氏定理自此發展起來。貝氏定理認為任意未知量 θ 都可以看作一個隨機變數，對該未知量的描述可以用一個機率分布 $\pi(\theta)$ 來概括，這是貝氏學派最基本的觀點。當這個機率分布在進行現場試驗或者抽樣前就已確定，便可將該分布稱為先驗機率分布，再結合由給定資料集 X 計算樣本的似然函數 $\pi(\theta \mid X)$ 後，即可應用貝氏公式計算該未知量的後驗機率分布。經典的貝氏公式如下：

$$\pi(\theta \mid X) = \frac{L(\theta \mid X)\pi(\theta)}{\int L(\theta \mid X)\pi(\theta)\mathrm{d}\theta} \tag{21-1}$$

其中 $\pi(\theta \mid X)$ 為後驗機率分布，$\int L(\theta \mid X)\pi(\theta)\mathrm{d}\theta$ 為邊緣分布，其排除了任何有關未知量 θ 的訊息，因此貝氏公式的等價形式可以寫作：

$$\pi(\theta \mid X) \propto L(\theta \mid X)\pi(\theta) \tag{21-2}$$

由式(21-2)可以歸納出，貝氏公式的本質就是基於先驗機率分布 $\pi(\theta)$ 和似然函數 $L(\theta \mid X)$ 的統計推斷。其中先驗機率分布 $\pi(\theta)$ 的選擇與後驗機率分布 $\pi(\theta \mid X)$ 的推斷是貝氏領域的兩個核心問題。先驗機率分布 $\pi(\theta)$ 的選擇目前並沒有統一標準，不同的先驗機率分布對後驗計算的準確度有很大影響，這也是貝氏領域的研究熱門之一；後驗機率分布 $\pi(\theta \mid X)$ 曾因複雜的數學形式和高維數值積分使得後驗推斷十分困難，而隨著電腦運算能力的發展，基於電腦軟體的數值計算技術使這些問題得以解決，貝氏定理又重新煥發活力。

與機器學習的結合正是貝氏定理的主要應用方向。單純貝氏是一種基於貝氏定理的機率分類模型，而貝氏網路是一種將貝氏定理應用於機率圖中的分類模型。

21.2　單純貝氏

21.2.1　單純貝氏的原理推導

單純貝氏是基於貝氏定理和特徵條件獨立性假設的分類演算法。具體而言，對於給定訓練資料，單純貝氏首先基於特徵條件獨立性假設學習輸入和輸出的聯合機率分布，然後對於新的實例，利用貝氏定理計算出最大的後驗機率。單純貝氏不會直接學習輸入和輸出的聯合機率分布，而是透過學習類的先驗機率和類條件機率來完成。單純貝氏的機率計算公式如圖 21-1 所示。

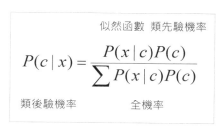

圖 21-1　單純貝氏基本公式

單純貝氏中「單純」（Naive）的含義，即特徵的條件獨立性假設。條件獨立性假設是說用於分類的特徵在類確定的條件下都是獨立的，該假設使得單純貝氏的學習成為可能。假設輸入特徵向量為 X，輸出為類標記隨機變數 Y，$P(X, Y)$ 為 X 和 Y 的聯合機率分布，給定訓練集 $T = \{(x_1, y_1), (x_2, y_2), \cdots, (x_N, y_N)\}$。單純貝氏基於訓練集來學習聯合機率分布 $P(X, Y)$。具體而言，透過學習類先驗機率分布和類條件機率分布來實現。

單純貝氏的學習步驟如下。

首先計算類先驗機率分布：

$$P(Y = c_k) = \frac{1}{N}\sum_{i=1}^{N}I(\tilde{y}_i = c_k), \;\; k = 1, 2, \cdots, K \tag{21-3}$$

其中 c_k 表示第 k 個類別，$\tilde{y}_i$ 表示第 i 個樣本的類標記。類先驗機率分布可以透過極大似然估計得到。

然後計算類條件機率分布：

$$P(\boldsymbol{X} = x \mid Y = c_k) = P(X^{(1)} = x^{(1)}, \cdots, X^{(n)} = x^{(n)} \mid Y = c_k),\, k = 1, 2, \cdots, K \tag{21-4}$$

直接對 $P(\boldsymbol{X} = x \mid Y = c_k)$ 進行估計不太可行，因為參數太多。但是單純貝氏的一個最重要的假設就是條件獨立性假設，即：

$$\begin{aligned}P(\boldsymbol{X} = x \mid Y = c_k) &= P(X^{(1)} = x^{(1)}, \cdots, X^{(n)} = x^{(n)} \mid Y = c_k) \\ &= \prod_{j=1}^{n}P(X^{(j)} = x^{(j)} \mid Y = c_k)\end{aligned} \tag{21-5}$$

有了條件獨立性假設之後，便可基於極大似然估計計算式(21-5)的類條件機率。

類先驗機率分布和類條件機率分布都計算得到之後，基於貝氏公式即可計算類後驗機率：

$$P(Y = c_k \mid \boldsymbol{X} = x) = \frac{P(\boldsymbol{X} = x \mid Y = c_k)P(Y = c_k)}{\sum_k P(\boldsymbol{X} = x \mid Y = c_k)P(Y = c_k)} \tag{21-6}$$

將式(21-5)代入式(21-6)，有：

$$P(Y = c_k \mid \boldsymbol{X} = x) = \frac{\prod\limits_{j=1}^{n}P(X^{(j)} = x^{(j)} \mid Y = c_k)P(Y = c_k)}{\sum\limits_{k}\prod\limits_{j=1}^{n}P(X^{(j)} = x^{(j)} \mid Y = c_k)P(Y = c_k)} \tag{21-7}$$

基於式(21-7)即可學習一個單純貝氏分類模型。給定新的資料樣本時，計算其最大後驗機率即可：

$$\hat{y} = \arg\max_{c_k} \frac{\prod\limits_{j=1}^{n}P(X^{(j)} = x^{(j)} \mid Y = c_k)P(Y = c_k)}{\sum\limits_{k}\prod\limits_{j=1}^{n}P(X^{(j)} = x^{(j)} \mid Y = c_k)P(Y = c_k)} \tag{21-8}$$

其中分母 $\sum_{k}\prod_{j=1}^{n}P(X^{(j)}=x^{(j)}\,|\,Y=c_k)P(Y=c_k)$ 對於所有 c_k 都一樣，所以式(21-8)可進一步簡化為：

$$\hat{y}=\arg\max_{c_k}\prod_{j=1}^{n}P(X^{(j)}=x^{(j)}\,|\,Y=c_k)P(Y=c_k) \tag{21-9}$$

以上就是單純貝氏分類模型的簡單推導過程。

21.2.2　基於 NumPy 的單純貝氏實現

本節我們基於 NumPy 實現一個簡單的單純貝氏分類器。單純貝氏因為條件獨立性假設變得簡化，所以實現思路也較為簡單，這裡就不給出實現的心智圖了。根據 21.2.1 節的推導，其關鍵在於使用極大似然估計方法計算類先驗機率分布和類條件機率分布。

我們直接定義單純貝氏模型訓練過程，如程式碼清單 21-1 所示。

程式碼清單 21-1　單純貝氏模型訓練過程定義

```
# 匯入 numpy 和 pandas
import numpy as np
import pandas as pd
### 定義單純貝氏模型訓練過程
def nb_fit(X, y):
    '''
    輸入：
    X：訓練樣本輸入，pandas 資料框格式
    y：訓練樣本標籤，pandas 資料框格式
    輸出：
    classes：標籤類別
    class_prior：類先驗機率分布
    class_condition：類條件機率分布
    '''
    # 標籤類別
    classes = y[y.columns[0]].unique()
    # 標籤類別統計
    class_count = y[y.columns[0]].value_counts()
    # 極大似然估計：類先驗機率
    class_prior = class_count/len(y)
    # 類條件機率：字典初始化
    prior_condition_prob = dict()
    # 遍歷計算類條件機率
    # 遍歷特徵
```

```
    for col in X.columns:
        # 遍歷類別
        for j in classes:
            # 統計目前類別下特徵的不同取值
            p_x_y = X[(y==j).values][col].value_counts()
            # 遍歷計算類條件機率
            for i in p_x_y.index:
                prior_condition_prob[(col, i, j)] = p_x_y[i]/class_count[j]
    return classes, class_prior, prior_condition_prob
```

在程式碼清單 21-1 中，給定資料輸入和輸出均為 pandas 資料框格式，首先統計標籤類別數量，並基於極大似然估計計算類先驗機率，然後循環遍歷資料特徵和類別，計算類條件機率。

式(21-9)作為單純貝氏的核心公式，接下來我們需要基於它與 nb_fit 函數返回的類先驗機率和類條件機率來編寫單純貝氏的預測函數，如程式碼清單 21-2 所示。

程式碼清單 21-2　單純貝氏預測函數

```
### 定義單純貝氏預測函數
def nb_predict(X_test):
    '''
    輸入：
    X_test：測試輸入，字典格式
    輸出：
    classes[np.argmax(res)]：類別結果 1/-1
    '''
    # 初始化結果列表
    res = []
    # 遍歷樣本類別
    for c in classes:
        # 獲取目前類的先驗機率
        p_y = class_prior[c]
        # 初始化類條件機率
        p_x_y = 1
        # 遍歷字典每個元素
        for i in X_test.items():
        # 似然函數：類條件機率連乘
            p_x_y *= class_prior[tuple(list(i)+[c])]
        # 類先驗機率與類條件機率乘積
        res.append(p_y*p_x_y)
    # 式(21-9)使用 argmax 將結果轉化為預測類別
    return classes[np.argmax(res)]
```

程式碼清單 21-2 中定義了單純貝氏預測函數。以測試樣本 X_test 作為輸入，初始化結果列表並獲取目前類的先驗機率，遍歷測試樣本字典，首先計算類條件機率的連乘 $\prod_{j=1}^{n} P(X^{(j)} = x^{(j)} \mid Y = c_k)$，然後計算類先驗機率與類條件機率的乘積，最後按照式(21-9)取 argmax 獲得最大後驗機率所屬類別。

最後，我們使用資料樣例對編寫的單純貝氏程式碼進行測試。手動建立一個二分類的範例資料集[①]，並使用 nb_fit 進行訓練，如程式碼清單 21-3 所示。

程式碼清單 21-3　測試單純貝氏模型

```
### 建立資料集並訓練
# 特徵 X1
x1 = [1,1,1,1,1,2,2,2,2,2,3,3,3,3,3]
# 特徵 X2
x2 = ['S','M','M','S','S','S','M','M','L','L','L','M','M','L','L']
# 標籤列表
y = [-1,-1,1,1,-1,-1,-1,1,1,1,1,1,1,1,-1]
# 形成一個 pandas 資料框
df = pd.DataFrame({'x1':x1, 'x2':x2, 'y':y})
# 獲取訓練輸入和輸出
X, y = df[['x1', 'x2']], df[['y']]
# 單純貝氏模型訓練
classes, class_prior, prior_condition_prob = nb_fit(X, y)
print(classes, class_prior, prior_condition_prob)
```

在程式碼清單 21-3 中，我們基於列表構建了 pandas 資料框格式的資料集，獲取訓練輸入和輸出並傳入單純貝氏模型訓練函數中，輸出結果如圖 21-2 所示。可以看到，資料標籤包括是 1/-1 的二分類資料集，類先驗機率分布為{1: 0.6，-1: 0.4}，各類條件機率也一一列出。

---

① 數據範例來自《統計學習方法》表 4.1

```
(array([-1,  1], dtype=int64),  1    0.6
 -1    0.4
 Name: y, dtype: float64, {('x1', 1, -1): 0.5,
  ('x1', 2, -1): 0.3333333333333333,
  ('x1', 3, -1): 0.16666666666666666,
  ('x1', 3, 1): 0.4444444444444444,
  ('x1', 2, 1): 0.3333333333333333,
  ('x1', 1, 1): 0.2222222222222222,
  ('x2', 'S', -1): 0.5,
  ('x2', 'M', -1): 0.3333333333333333,
  ('x2', 'L', -1): 0.16666666666666666,
  ('x2', 'L', 1): 0.4444444444444444,
  ('x2', 'M', 1): 0.4444444444444444,
  ('x2', 'S', 1): 0.1111111111111111})
```

圖 21-2　程式碼清單 21-3 輸出截圖

最後，我們建立一個測試樣本，並基於 nb_predict 函數對其進行類別預測，如程式碼清單 21-4 所示。

程式碼清單 21-4　單純貝氏模型預測

```
### 單純貝氏模型預測
X_test = {'x1': 2, 'x2': 'S'}
print('測試資料預測類別為：', nb_predict(X_test))
```

輸出如下：

測試資料預測類別為：-1

可見模型將該測試樣本預測為負類。

21.2.3　基於 sklearn 的單純貝氏實現

sklearn 也提供了單純貝氏的演算法實現方式，涵蓋不同似然函數分布的單純貝氏演算法實現方式，比如高斯單純貝氏、伯努利單純貝氏、多項式單純貝氏等。我們以高斯單純貝氏為例。高斯單純貝氏即假設似然函數為常態分布的單純貝氏模型。它的似然函數如式(21-10)所示：

$$P(x_i \mid y) = \frac{1}{\sqrt{2\pi\sigma_y^2}} \exp\left(-\frac{(x_i - \mu_y)^2}{2\sigma_y^2}\right) \tag{21-10}$$

sklearn 中高斯單純貝氏的呼叫介面為 sklearn.naive_bayes.GaussianNB，以 iris 資料集為例給出呼叫範例，如程式碼清單 21-5 所示。

程式碼清單 21-5　sklearn 高斯單純貝氏範例

```
### sklearn 高斯單純貝氏範例
# 匯入相關模組
from sklearn.datasets import load_iris
from sklearn.model_selection import train_test_split
from sklearn.naive_bayes import GaussianNB
from sklearn.metrics import accuracy_score
# 匯入資料集
X, y = load_iris(return_X_y=True)
# 劃分資料集
X_train, X_test, y_train, y_test = train_test_split(X, y, test_size=0.5,
random_state=0)
# 建立高斯單純貝氏模型實例
gnb = GaussianNB()
# 模型擬合併預測
y_pred = gnb.fit(X_train, y_train).predict(X_test)
print("Accuracy of GaussianNB in iris data test:", accuracy_score(y_test, y_pred))
```

輸出如下：

```
Accuracy of GaussianNB in iris data test: 0.9466666666666667
```

在程式碼清單 21-5 中，首先匯入 sklearn 中單純貝氏相關模組，匯入 iris 資料集並將其劃分為訓練集和測試集，然後建立高斯單純貝氏模型實例，基於訓練集進行擬合併對測試集進行預測，最後得到分類準確率為 0.95。

21.3　貝氏網路

21.3.1　貝氏網路的原理推導

單純貝氏的最大特點是特徵的條件獨立性假設，但在現實情況下，條件獨立這個假設通常過於嚴格，很難成立。特徵之間的相關性限制了單純貝氏的效能，所以本節將介紹一種去除了條件獨立性假設的貝氏演算法，即**貝氏網路**（Bayesian network）。

我們先以一個例子作為引入。假設我們需要透過大頭貼真實性、粉絲數量和動態更新頻率來判斷一個社群帳號是否為真實帳號。各特徵屬性之間的關係如圖 21-3 所示。

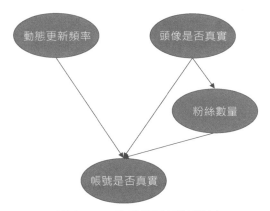

圖 21-3　社群帳號屬性關係

圖 21-3 是一個**有向無環圖**（directed acyclic graph, DAG），每個節點表示一個特徵或者隨機變數，特徵之間的關係則用箭頭連線來表示，比如動態的更新頻率、粉絲數量和大頭貼真實性都會影響一個社群帳號的真實性，而大頭貼真實性又對粉絲數量有一定影響。但僅有各特徵之間的關係還不足以進行貝氏分析。除此之外，貝氏網路中每個節點還有一個與之對應的機率表。假設帳號是否真實和大頭貼是否真實有如圖 21-4 所示機率表。

A=0	A=1
0.13	0.87

	H=0	H=1
A=0	0.88	0.12
A=1	0.25	0.75

圖 21-4　貝氏網路機率表

圖 21-4 是展現大頭貼和帳號是否真實的機率表。第一張機率表表示的是帳號是否真實，因為該節點沒有父節點，所以可以直接用先驗機率來表示，表示帳號真實與否的機率。第二張機率表表示的是帳號真實性對於大頭貼真實性的條件機率。比如在帳號為真的條件下，大頭貼為真的機率為 0.75。在有了 DAG 和機率表之後，我們便可以利用貝氏公式進行定量的因果關係推斷。假設我們已知某微博帳號使用了虛假大頭貼，那麼其帳號為虛假帳號的機率可以推斷為：

$$P(A=0 \mid H=0) = \frac{P(H=0 \mid A=0)P(A=0)}{P(H=0)}$$

$$= \frac{P(H=0 \mid A=0)P(A=0)}{P(H=0 \mid A=0)P(A=0) + P(H=0 \mid A=1)P(A=1)}$$

$$= \frac{0.88 \times 0.13}{0.88 \times 0.13 + 0.25 \times 0.87} \approx 0.35$$

利用貝氏公式，可知在大頭貼虛假的情況下其帳號虛假的機率為 0.35。

上面的例子直觀地展示了貝氏網路的用法。一個貝氏網路通常由 DAG 和節點對應的機率表組成。其中 DAG 由節點（node）和有向邊（edge）組成，節點表示特徵屬性或隨機變數，有向邊表示各變數之間的依賴關係。貝氏網路的一個重要性質是：當一個節點的父節點機率分布確定之後，該節點條件獨立於其所有非直接父節點。該性質方便我們計算變數之間的聯合機率分布。

一般來說，多變數非獨立隨機變數的聯合機率分布計算公式如下：

$$P(x_1, x_2, \cdots, x_n) = P(x_1)P(x_2 \mid x_1)P(x_3 \mid x_1, x_2) \cdots P(x_n \mid x_1, x_2, \cdots, x_{n-1}) \qquad (21\text{-}11)$$

有了節點條件獨立性質之後，式(21-11)可以簡化為：

$$P(x_1, x_2, \cdots, x_n) = \prod_{i=1}^{n} P(x_i \mid \mathrm{Parents}(x_i)) \qquad (21\text{-}12)$$

當由 DAG 表示的節點關係和機率表確定後，相關的先驗機率分布、條件機率分布就能夠確定，然後基於貝氏公式，我們就可以使用貝氏網路進行推斷了。

21.3.2 借助於 pgmpy 的貝氏網路實現

本節中我們基於 pgmpy 來構造貝氏網路和進行建模訓練。pgmpy 是一款基於 Python 的機率圖模型包，主要包括貝氏網路和馬爾可夫蒙地卡羅等常見機率圖模型的實現以及推斷方法。

我們以學生獲得之推薦信的質量為例來構造貝氏網路。相關特徵之間的 DAG 和機率表如圖 21-5 所示。

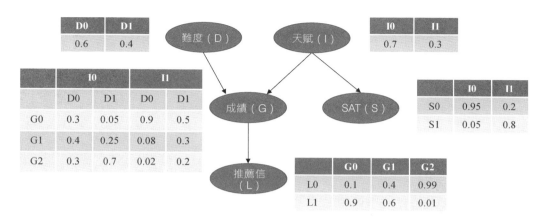

圖 21-5　推薦信質量的 DAG 和機率表

由圖 21-5 可知，考試難度、個人天賦都會影響成績，另外個人天賦也會影響 SAT 分數，而成績會直接影響推薦信的質量。下面我們直接用 pgmpy 實現上述貝氏網路模型。

(1) 構建模型框架，指定各變數之間的關係,如程式碼清單 21-6 所示。

程式碼清單 21-6　匯入 pgmpy 相關模組並構建模型框架

```
# 匯入 pgmpy 相關模組
from pgmpy.factors.discrete import TabularCPD
from pgmpy.models import BayesianModel
letter_model = BayesianModel([('D', 'G'),
                              ('I', 'G'),
                              ('G', 'L'),
                              ('I', 'S')])
```

(2) 構建各個節點的條件機率分布，需要指定相關參數和傳入機率表，如程式碼清單 21-7 所示。

程式碼清單 21-7　構建節點條件機率分布

```
# 學生成績的條件機率分布
grade_cpd = TabularCPD(
    variable='G', # 節點名稱
    variable_card=3, # 節點取值個數
    values=[[0.3, 0.05, 0.9, 0.5], # 該節點的機率表
    [0.4, 0.25, 0.08, 0.3],
    [0.3, 0.7, 0.02, 0.2]],
```

```
        evidence=['I', 'D'], # 該節點的依賴節點
        evidence_card=[2, 2] # 依賴節點的取值個數
)
# 考試難度的條件機率分布
difficulty_cpd = TabularCPD(
    variable='D',
    variable_card=2,
    values=[[0.6], [0.4]]
)
# 個人天賦的條件機率分布
intel_cpd = TabularCPD(
    variable='I',
    variable_card=2,
    values=[[0.7], [0.3]]
)
# 推薦信質量的條件機率分布
letter_cpd = TabularCPD(
    variable='L',
    variable_card=2,
    values=[[0.1, 0.4, 0.99],
    [0.9, 0.6, 0.01]],
    evidence=['G'],
    evidence_card=[3]
)
# SAT 考試分數的條件機率分布
sat_cpd = TabularCPD(
    variable='S',
    variable_card=2,
    values=[[0.95, 0.2],
    [0.05, 0.8]],
    evidence=['I'],
    evidence_card=[2]
)
```

(3) 將各個節點添加到模型中，構建貝氏網路模型，如程式碼清單 21-8 所示。

程式碼清單 21-8　構建貝氏網路模型

```
# 將各節點添加到模型中，構建貝氏網路
letter_model.add_cpds(
    grade_cpd,
    difficulty_cpd,
    intel_cpd,
    letter_cpd,
    sat_cpd
)
# 匯入 pgmpy 貝氏推斷模組
```

```
from pgmpy.inference import VariableElimination
# 貝氏網路推斷
letter_infer = VariableElimination(letter_model)
# 天賦較好且考試不難的情況下推斷該學生獲得推薦信的質量
prob_G = letter_infer.query(
    variables=['G'],
    evidence={'I': 1, 'D': 0})
print(prob_G)
```

輸出如圖 21-6 所示。

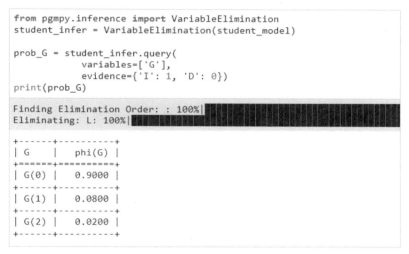

圖 21-6　程式碼清單 21-8 的輸出

圖 21-6 顯示，當聰明的學生碰上較簡單的考試時，獲得優等成績的機率高達 90%。

21.4　小結

貝氏定理是經典的機率模型之一，基於先驗訊息和資料觀測得到目標變數的後驗機率分布，是貝氏的核心理論。貝氏定理在機器學習領域也有廣泛應用，最常用的貝氏機器學習模型包括單純貝氏模型和貝氏網路模型。

單純貝氏模型是一種生成學習方法，透過資料學習聯合機率分布的方式來計算後驗機率分布 $P(Y \mid X)$。之所以取名為單純貝氏，是因為特徵的條件獨立性假設能夠大大簡化演算法的學習和預測過程，但也會造成一定的精度損失。

進一步地，將單純貝氏的條件獨立性假設去掉，認為特徵之間存在相關性的貝氏模型就是貝氏網路模型。貝氏網路是一種機率有向圖模型，透過有向圖和機率表的方式來構建貝氏機率模型。當由有向圖表示的節點關係和機率表確定後，相關的先驗機率分布、條件機率分布就能夠確定，然後基於貝氏公式，就可以使用貝氏網路進行機率推斷了。

第 22 章

EM 演算法

作為一種迭代演算法，EM 演算法用於包含隱變數的機率模型參數的極大似然估計。EM 演算法包括兩個步驟：E 步，求**期望**（expectation）；M 步，求**極大**（maximization）。本章首先介紹一般的極大似然估計方法，引入包含隱變數的極大似然估計算法，即 EM 演算法；然後闡述 EM 演算法的基本原理和步驟，並以經典的三硬幣模型為例進行輔助說明；最後給出基於 NumPy 的 EM 演算法實現。

22.1 極大似然估計

極大似然估計（maximum likelihood estimation, MLE）是統計學領域中一種經典的參數估計方法。對於某個隨機樣本滿足某種機率分布，但其中的統計參數未知的情況，極大似然估計可以讓我們透過若干次試驗的結果來估計參數的值。

以一個經典的例子進行說明，比如我們想了解某高校學生的身高分布。我們先假設該校學生的身高服從一個常態分布 $N(\mu, \sigma^2)$，其中的分布參數 μ 和 σ^2 未知。全校有數萬名學生，要一個個實測肯定不現實，所以我們決定用統計抽樣的方法，隨機選取 100 名學生測得其身高。

要透過這 100 人的身高來估算全校學生的身高，需要明確下面幾個問題。第一個問題是抽到這 100 人的機率是多少。因為每個人的選取都是獨立的，所以抽到這 100 人的機率可以表示為單個機率的乘積：

$$L(\theta) = L(x_1, x_2, \cdots, x_n; \theta) = \prod_{i=1}^{n} p(x_i \mid \theta) \tag{22-1}$$

式(22-1)為似然函數。通常為了計算方便，我們會對似然函數取對數：

$$H(\theta) = \ln L(\theta) = \ln \prod_{i=1}^{n} p(x_i \mid \theta) = \sum_{i=1}^{n} \ln p(x_i \mid \theta) \tag{22-2}$$

第二個問題是為什麼剛好抽到這 100 人。按照極大似然估計的理論，在學校這麼多學生中，我們恰好抽到這 100 人而不是另外 100 人，正是因為這 100 人出現的機率極大，即其對應的似然函數極大：

$$\hat{\theta} = \arg \max L(\theta) \tag{22-3}$$

最後一個問題是如何求解。這比較容易，直接對 $L(\theta)$ 求導並令其為 0 即可。

所以極大似然估計法可以看作由抽樣結果對條件的反推，即已知某個參數能使得這些樣本出現的機率極大，我們就直接把該參數作為參數估計的真實值。

22.2 EM 演算法的原理推導

上述基於全校學生身高服從一個分布的假設過於籠統，實際上該校男女生的身高分布是不一樣的。其中男生的身高分布為 $N(\mu_1, \sigma_1^2)$，女生的身高分布為 $N(\mu_2, \sigma_2^2)$。現在我們估計該校學生身高的分布，就不能簡單地用一個分布假設了。

假設我們分別抽選 50 個男生和 50 個女生，對他們分開進行估計。但大多數情況下，我們並不知道抽樣得到的這個樣本來自於男生還是女生。如果說學生的身高是**觀測變數**（observable variable），那麼樣本的性別就是**一種隱變數**（hidden variable）。

在這種情況下，我們需要估計兩個問題：一是這個樣本是男生的還是女生的，二是男生和女生對應身高的常態分布參數分別是多少。這種情況下一般的極大似然估計就不太適用了，要估計男女生身高分布，就必須先估計該學生是男還是女。反過來，要估計該學生是男還是女，又得從身高來判斷（通常男生身高較高，女生身高較矮）。但二者相互依賴，直接用極大似然估計無法計算。

針對這種包含隱變數的參數估計問題，一般使用 EM（expectation maximization）演算法，即期望極大化演算法來進行求解。針對上述身高估計問題，EM 演算法的求解思想是：既然兩個問題相互依賴，這肯定是一個動態求解過程。不如我們直接給定男女生身高的分布初始值，根據初始值估計每個樣本是男/女生的機率（E 步），然後據此使用極大似然估計男女生的身高分布參數（M 步），之後動態迭代調整直到滿足終止條件為止。

所以 EM 演算法的應用場景就是解決包含隱變數的機率模型參數估計問題。給定觀測變數資料 Y、隱變數資料 Z、聯合機率分布 $P(Y, Z \mid \theta)$ 以及關於隱變數的條件分布 $P(Z \mid Y, \theta)$，使用 EM 演算法對模型參數 θ 進行估計的流程如下。

(1) 初始化模型參數 $\theta^{(0)}$，開始迭代。

(2) E 步：記 $\theta^{(i)}$ 為第 i 次迭代參數 θ 的估計值，在第 $i+1$ 次迭代的 E 步，計算 Q 函數：

$$
\begin{aligned}
Q(\theta, \theta^{(i)}) &= \mathrm{E}_Z \left[\log P(Y, Z \mid \theta) \mid Y, \theta^{(i)} \right] \\
&= \sum_Z \log P(Y, Z \mid \theta) P(Z \mid Y, \theta^{(i)})
\end{aligned}
\tag{22-4}
$$

其中 $P(Z \mid Y, \theta^{(i)})$ 為給定觀測資料 Y 和目前參數估計 $\theta^{(i)}$ 的情況下隱變數資料 Z 的條件機率分布。E 步的關鍵是這個 Q 函數，Q 函數定義為完全資料的對數似然函數 $\log P(Y, Z \mid \theta)$ 關於在給定觀測資料 Y 和目前參數 $\theta^{(i)}$ 的情況下未觀測資料 Z 的條件機率分布。

(3) M 步：求使得 Q 函數最大化的參數 θ，確定第 $i+1$ 次迭代的參數估計值 $\theta^{(i+1)}$：

$$
\theta^{(i+1)} = \arg \max_\theta Q(\theta, \theta^{(i)})
\tag{22-5}
$$

(4) 重複迭代 E 步和 M 步直至收斂。

由 EM 演算法過程可知，其關鍵在於 E 步要確定 Q 函數。E 步在固定模型參數的情況下估計隱變數分布，而 M 步則是固定隱變數來估計模型參數。二者互動進行，直至滿足演算法收斂條件，如圖 22-1 所示。

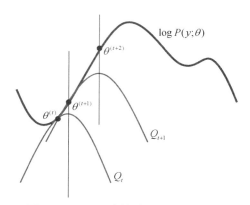

圖 22-1　EM 演算法動態迭代過程

EM 演算法的一個經典例子是三硬幣模型。假設有 A、B、C 三枚硬幣，拋擲硬幣出現正面的機率分別為 π、p 和 q。使用三枚硬幣進行如下試驗：首先拋擲硬幣 A，根據其結果來選擇硬幣 B 或者 C，假設正面選 B，反面選 C；然後記錄硬幣結果，正面記為 1，反面記為 0。獨立重複 5 次試驗，每次試驗重複拋擲 B 或者 C 10 次。問如何估計三枚硬幣分別出現正面的機率。

三硬幣模型可以寫作：

$$P(y,\ \theta) = \sum_z P(y, z \mid \theta) = \sum_z P(z \mid \theta)P(y \mid z,\ \theta) \tag{22-6}$$

其中，隨機變數 y 表示觀測變數，即最後觀測記錄的硬幣結果，為 1 或者 0；隨機變數 z 為隱變數，表示未觀測到的硬幣 A 的拋擲結果；$\theta = (\pi, p, q)$ 是模型需要估計的參數。

假設觀測資料記為 $Y = (Y_1,\ Y_1,\ \cdots,\ Y_{10})^{\mathrm{T}}$，未觀測資料記為 $Z = (Z_1,\ Z_1,\ \cdots,\ Z_{10})^{\mathrm{T}}$，那麼觀測資料的似然函數為：

$$P(Y \mid \theta) = \sum_z P(Z \mid \theta)P(Y \mid Z,\ \theta) \tag{22-7}$$

考慮求模型參數 $\theta = (\pi, p, q)$ 的極大似然估計，即求：

$$\hat{\theta} = \arg\max_\theta \log P(Y \mid \theta) \tag{22-8}$$

由於我們只能觀察到最後的拋擲結果，至於這個結果是由硬幣 B 拋出來的還是由硬幣 C 拋出來的，無從知曉，所以這個過程中根據機率選擇拋擲哪一枚硬幣就是一個隱變數。因此我們需要使用 EM 演算法來進行求解。

E 步：先初始化硬幣 B 和 C 出現正面的機率為 $\hat{\theta}_B^{(0)} = 0.6$ 和 $\hat{\theta}_C^{(0)} = 0.5$，估計每次試驗中選擇 B 或 C 的機率（即硬幣 A 是正面還是反面的機率），例如選擇 B 的機率為：

$$P(Z = B \mid y_1, \ \theta) = \frac{P(Z = B, \ y_1 \mid \theta)}{P(Z = B, \ y_1 \mid \theta) + P(Z = C, \ y_1 \mid \theta)}$$
$$= \frac{(0.6)^5 \times (0.4)^5}{(0.6)^5 \times (0.4)^5 + (0.5)^{10}} = 0.45$$

相應地，選擇 C 的機率為 $1 - 0.45 = 0.55$。計算出每次試驗選擇 B 和 C 的機率，然後根據試驗資料進行加權求和。

M 步：更新模型參數的估計值，先寫出 Q 函數：

$$Q(\theta, \ \theta^{(i)}) = \sum_{j=1}^{5} \sum_z P(z \mid y_j, \ \theta^{(i)}) \log P(z \mid y_j, \ \theta)$$
$$= \sum_{j=1}^{5} \mu_j \log(\theta_B^{y_j} (1 - \theta_B)^{10 - y_j}) + (1 - \mu_j) \log(\theta_C^{y_j} (1 - \theta_C)^{10 - y_j}) \tag{22-9}$$

對式 (22-9) 求導並令其為零，可得第一次迭代後的參數估計結果：$\theta_B^{(1)} = 0.71$，$\theta_C^{(1)} = 0.58$，然後重複迭代直至模型滿足收斂條件。

22.3 EM 演算法實現

本節我們嘗試基於 NumPy 實現最簡單的 EM 演算法，並用其來求解上一節的三硬幣問題。作為具體的演算法，EM 演算法無須像本書前述機器學習演算法那樣需要完整的編寫框架，我們直接按照 E 步和 M 步的演算法邏輯進行實現即可。下面編寫 EM 演算法，如程式碼清單 22-1 所示。

程式碼清單 22-1　EM 演算法過程

```
# 匯入 numpy
import numpy as np
### EM 演算法過程函數定義
def em(data, thetas, max_iter=50, eps=1e-3):
    '''
```

```
輸入：
data：觀測資料
thetas：初始化的估計參數值
max_iter：最大迭代次數
eps：收斂閾值
輸出：
thetas：估計參數
'''
# 初始化似然函數值
ll_old = 0
for i in range(max_iter):
    ### E 步：求隱變數分布
    # 對數似然
    log_like = np.array([np.sum(data * np.log(theta), axis=1) for theta in thetas])
    # 似然
    like = np.exp(log_like)
    # 求隱變數分布
    ws = like/like.sum(0)
    # 機率加權
    vs = np.array([w[:, None] * data for w in ws])
    ### M 步：更新參數值
    thetas = np.array([v.sum(0)/v.sum() for v in vs])
    # 更新似然函數
    ll_new = np.sum([w*l for w, l in zip(ws, log_like)])
    print("Iteration: %d" % (i+1))
    print("theta_B = %.2f, theta_C = %.2f, ll = %.2f" % (thetas[0,0],
            thetas[1,0], ll_new))
    # 滿足迭代條件即退出迭代
    if np.abs(ll_new - ll_old) < eps:
        break
    ll_old = ll_new
return thetas
```

在程式碼清單 22-1 中，em 函數給定輸入為觀測資料、初始化的參數估計值、最大迭代次數和收斂閾值。首先將似然函數值初始化，然後遍歷迭代：分別在 E 步求隱變數分布和在 M 步更新參數值，當似然函數差值小於給定收斂閾值時，EM 演算法迭代完成，獲取演算法收斂時的參數估計值。

基於 em 函數我們來嘗試求解前述三硬幣問題，如程式碼清單 22-2 所示。設定觀測資料和初始化的參數值，然後將其作為參數傳入 em 函數中即可。

程式碼清單 22-2　EM 演算法求解三硬幣問題

```
# 觀測資料，5 次獨立試驗，每次試驗 10 次拋擲的正反面次數
# 比如第一次試驗為 5 次正面、5 次反面
observed_data = np.array([(5,5), (9,1), (8,2), (4,6), (7,3)])
# 初始化參數值，即硬幣 B 出現正面的機率為 0.6，硬幣 C 出現正面的機率為 0.5
thetas = np.array([[0.6, 0.4], [0.5, 0.5]])
# EM 演算法尋優
thetas = em(observed_data, thetas, max_iter=30, eps=1e-3)
# 列印最優參數值
print(thetas)
```

輸出如下：

```
Iteration: 1
theta_B = 0.71, theta_C = 0.58, ll = -32.69
Iteration: 2
theta_B = 0.75, theta_C = 0.57, ll = -31.26
Iteration: 3
theta_B = 0.77, theta_C = 0.55, ll = -30.76
Iteration: 4
theta_B = 0.78, theta_C = 0.53, ll = -30.33
Iteration: 5
theta_B = 0.79, theta_C = 0.53, ll = -30.07
Iteration: 6
theta_B = 0.79, theta_C = 0.52, ll = -29.95
Iteration: 7
theta_B = 0.80, theta_C = 0.52, ll = -29.90
Iteration: 8
theta_B = 0.80, theta_C = 0.52, ll = -29.88
Iteration: 9
theta_B = 0.80, theta_C = 0.52, ll = -29.87
Iteration: 10
theta_B = 0.80, theta_C = 0.52, ll = -29.87
Iteration: 11
theta_B = 0.80, theta_C = 0.52, ll = -29.87
Iteration: 12
theta_B = 0.80, theta_C = 0.52, ll = -29.87
array([[0.7967829 , 0.2032171 ],
       [0.51959543, 0.48040457]])
```

可以看到，演算法在第 7 次迭代時收斂，最後硬幣 B 和硬幣 C 出現正面的機率分別為 0.80 和 0.52。

對於 EM 演算法，本章的討論並不十分深入。關於似然函數下界的推導、EM 演算法的多種解釋等，感興趣的讀者可以自行參考《統計學習方法》等相關資料。

22.4 小結

EM 演算法是含有隱變數的機率模型極大似然估計算法。它是一種動態迭代演算法，透過求極大化似然函數來實現極大似然估計。EM 演算法的迭代過程包括兩步：E 步求期望和 M 步求最大。

E 步主要是求 $\log P(Y, Z \mid \theta)$ 關於 $P(Z \mid Y, \theta^{(i)})$ 的期望 $Q(\theta, \theta^{(i)})$，即 Q 函數，所以 Q 函數的定義是 EM 演算法的一大關鍵。M 步則是求最大，即極大化 Q 函數得到待估參數的估計值：$\theta^{(i+1)} = \arg\max_{\theta} Q(\theta, \theta^{(i)})$。EM 演算法的一個經典例子是三硬幣問題。

第 23 章

隱馬可夫模型

從本章開始，我們將學習兩大經典的機率圖模型。**機率圖模型**（probabilistic graphical model, PGM）是一種由圖表示的機率分布模型。**隱馬可夫模型**（hidden Markov model, HMM）是由隱藏的馬可夫鏈隨機生成觀測序列的過程，是一種經典的機率圖模型。本章以機率圖模型作為引入，介紹機率圖模型的主要知識框架，並在此基礎上梳理隱馬可夫模型的基本概念和定義，引出隱馬可夫模型的三個重要問題：機率計算問題、參數估計問題和序列標註問題。最後以盒子摸球模型為例，給出隱馬可夫模型的具體程式碼實現。

23.1 什麼是機率圖模型

機率圖模型是一種基於機率理論、使用圖論方法來表示機率分布的模型。圖是由節點以及連接節點的邊組成的集合，節點和邊分別記為 v 和 e，節點和邊的集合分別記作 V 和 E，一個圖模型可以表示為 $G = (V, E)$。

假設有聯合機率分布 $P(Y)$，$Y \in \mathcal{Y}$ 是一組隨機變數，圖 $G = (V, E)$ 表示聯合機率分布 $P(Y)$，即在圖 G 中，節點 $v \in V$ 表示一個隨機變數 Y_v，$Y = (Y_v)_{v \in V}$，而邊 $e \in E$ 表示隨機變數之間的機率依賴關係。根據機率圖的邊是否有向，可分為有向機率圖模型和無向機率圖模型，第 21 章介紹的貝氏網路屬於前者。機率圖模型的劃分框架如圖 23-1 所示。

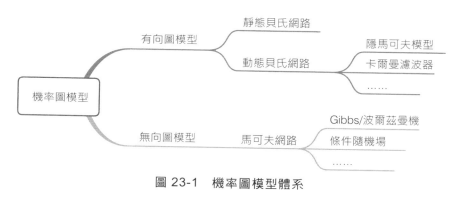

圖 23-1　機率圖模型體系

如圖 23-1 所示，我們將機率圖模型劃分為有向圖和無向圖兩大類，其中有向圖模型包括靜態貝氏網路模型和動態貝氏網路模型，而本章要談到的隱馬可夫模型就屬於該類。無向圖模型主要是指馬爾可夫網路，其代表性的模型正是下一章要介紹的條件隨機場模型。

23.2　HMM 的定義與相關概念

在正式引入 HMM 之前，我們先把目光聚焦到**馬爾可夫模型**（Markov model）以及相關的幾個概念上。馬爾可夫模型描述了一類重要的隨機過程：對於一個隨機變數序列，序列中各隨機變數並不是相互獨立的，每個隨機變數的值可能會依賴於之前的序列狀態。

假設某個系統有 N 個有限狀態 $S = \{s_1, s_2, \cdots, s_N\}$，序列狀態會隨時間變化而轉移。假設 $Q = (q_1, q_2, \cdots, q_T)$ 是一個隨機變數序列，隨機變數取值為序列狀態 S 中的某個狀態，令隨機變數在時刻 t 的狀態為 q_t。系統在時刻 t 處於狀態 s_j 的機率取決於時刻 t 之前，即 $1, 2, \cdots, t-1$ 的狀態，該機率可以表示為：

$$P(q_t = s_j \mid q_{t-1} = s_i, q_{t-2} = s_k, \cdots) \tag{23-1}$$

假設系統在時刻 t 的狀態只與時刻 $t-1$ 的狀態相關，有：

$$P(q_t = s_j \mid q_{t-1} = s_i, q_{t-2} = s_k, \cdots) = P(q_t = s_j \mid q_{t-1} = s_i) \tag{23-2}$$

那麼式(23-2)就是一個一階的**馬可夫鏈**（Markov chain）。更進一步，如果式(23-2)是獨立於時刻 t 的隨機過程：

$$P(q_t = s_j \mid q_{t-1} = s_i) = a_{ij}, \ 1 \leqslant i, j \leqslant N \tag{23-3}$$

那麼該隨機過程就稱為馬爾可夫模型。一個典型的馬爾可夫模型如圖 23-2 所示。

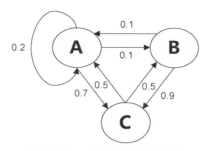

圖 23-2　馬可夫模型範例

圖 23-2 中有 A、B、C 三個節點，節點之間的狀態轉移機率都標註在圖中，對應的狀態轉移矩陣為：

$$\begin{bmatrix} 0.2 & 0.1 & 0.7 \\ 0.1 & 0 & 0.9 \\ 0.5 & 0.5 & 0 \end{bmatrix}$$

在給定初始狀態的情況下，根據狀態轉移矩陣即可推導計算其他時刻的狀態。

簡單介紹了馬爾可夫模型的相關概念之後，下面正式進入 HMM 的內容。HMM 是關於時序的機率模型，描述一個隱藏的馬可夫鏈隨機生成不可觀測的隨機狀態序列，再由各個狀態生成一個觀測而產生隨機序列的過程。其中隱藏的馬可夫鏈隨機生成的狀態的序列稱為狀態序列，每個狀態產生的觀測構成的序列稱為觀測序列。HMM 的簡明示意圖如圖 23-3 所示。

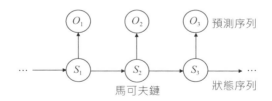

圖 23-3　HMM 示意圖

假設 HMM 的初始狀態機率向量為，狀態轉移機率矩陣表示為，觀測機率矩陣表示為，其中 $\boldsymbol{\pi}$ 和 $\boldsymbol{A}$ 決定了狀態序列，$\boldsymbol{B}$ 決定了觀測序列，而 $\boldsymbol{\pi}$、$\boldsymbol{A}$ 和 $\boldsymbol{B}$ 共同決定了一個 HMM，所以一個 HMM 可以用一個三元符號來表示：

$$\mu = (\boldsymbol{A}, \boldsymbol{B}, \boldsymbol{\pi}) \tag{23-4}$$

令 Q 為所有可能的狀態的集合，V 為所有可能的觀測的集合，即：

$$Q = \{q_1, q_2, \cdots, q_N\} \, , \, V = \{v_1, v_2, \cdots, v_M\} \tag{23-5}$$

其中 N 是可能的狀態數量，M 是可能的觀測數量。

令 I 是長度為 T 的狀態序列，O 是與之對應的觀測序列，即：

$$I = (i_1, i_2, \cdots, i_T) \, , \, O = (o_1, o_2, \cdots, o_T) \tag{23-6}$$

狀態轉移機率矩陣 $\boldsymbol{A}$ 可表示為：

$$\boldsymbol{A} = \left[a_{ij}\right]_{N \times N} \tag{23-7}$$

其中 $a_{ij} = P(i_{t+1} = q_j \mid i_t = q_i)$，$i = 1, 2, \cdots, N$，$j = 1, 2, \cdots, N$ 是在時刻 t 處於狀態 q_i 的條件下在時刻 $t+1$ 轉移到狀態 q_j 的機率。

觀測機率矩陣 $\boldsymbol{B}$ 可以表示為：

$$\boldsymbol{B} = \left[b_j(k)\right]_{N \times M} \tag{23-8}$$

其中 $b_j(k) = P(o_t = v_k \mid i_t = q_j)$，$k = 1, 2, \cdots, M$，$j = 1, 2, \cdots, N$ 是在時刻 t 處於狀態 q_i 的條件下生成的觀測 v_k 的機率。

三要素中最後一個是初始狀態向量 $\boldsymbol{\pi}$：

$$\boldsymbol{\pi} = (\pi_i) \tag{23-9}$$

其中 $\pi_i = P(i_1 = q_i)$。

用純數學語言描述 HMM 可能會有一些抽象，我們以經典的盒子摸球模型為例[①]來實際理解 HMM。假設有 4 個盒子，每個盒子裡面都有紅白兩種顏色的球，各個盒子裡面的紅白球數量分布如表 23-1 所示。

表 23-1　盒子中的紅白球數量分布

盒子	1	2	3	4
紅球個數	5	6	2	3
白球個數	5	4	8	7

從盒子中摸球的規則如下：首先從 4 個盒子裡等機率地選擇 1 個盒子，從這個盒子裡隨機摸一個球，記錄顏色後放回。然後從目前盒子隨機轉移到下一個盒子，轉移規則如下：如果目前盒子為 1，那麼下一個盒子一定是 2；如果目前盒子是 2 或者 3，則分別以機率 0.4 和 0.6 轉移到左邊或者右邊的盒子；如果目前盒子是 4，那麼各以 0.5 的機率停留在 4 或者轉移到 3，確定了轉移的盒子後，就從該盒子中隨機摸取一個球記錄其顏色並放回。將上述摸球試驗獨立重複進行 5 次，得到一個球的觀測序列為

$$O = \{白, 紅, 白, 紅, 紅\}$$

按照 HMM 的三要素來分析該例子。在上述摸球過程中，我們只能觀測到摸到的球的顏色，即可以觀測到球的顏色序列，而觀察不到球是從哪個盒子摸到的，即觀測不到盒子的序列。所以，該例中狀態序列即為盒子的序列，觀測序列即為摸到的球的顏色序列，具體如下所示。

狀態序列為：

$$Q = \{盒子\ 1, 盒子\ 2, 盒子\ 3, 盒子\ 4\}, N = 4$$

觀測序列為：

$$V = \{紅球, 白球\}, M = 2$$

狀態序列和觀測序列長度 $T = 5$，初始機率分布為：

$$\boldsymbol{\pi} = (0.25,\ 0.25,\ 0.25,\ 0.25)^{\mathrm{T}}$$

---

① 本例來自《統計學習方法》例 10.1

狀態轉移機率分布矩陣為：

$$A = \begin{bmatrix} 0 & 1 & 0 & 0 \\ 0.4 & 0 & 0.6 & 0 \\ 0 & 0.4 & 0 & 0.6 \\ 0 & 0 & 0.5 & 0.5 \end{bmatrix}$$

根據表 23-1 可得觀測機率矩陣為：

$$B = \begin{bmatrix} 0.5 & 0.5 \\ 0.6 & 0.4 \\ 0.2 & 0.8 \\ 0.3 & 0.7 \end{bmatrix}$$

根據前面的理論和案例分析，在 $\mu = (A, B, \pi)$ 的情況下，其觀測序列由下列步驟產生：

(1) 根據初始狀態機率 π_i 分布選擇一個初始狀態 i_1；

(2) 令 $t = 1$；

(3) 根據狀態 i_t 的觀測機率分布 $b_{i_t}(k)$ 生成 o_t；

(4) 根據狀態轉移機率分布 $a_{i_t i_{t+1}}$，將目前時刻 t 的狀態轉移到 $t+1$ 時刻的狀態 i_{t+1}；

(5) $t = t+1$，若 $t < T$，則重複執行步驟(3)和(4)，反之則退出演算法。

下面根據盒子摸球模型，我們嘗試基於 NumPy 實現一個盒子摸球的序列生成方法，完整過程如程式碼清單 23-1 所示。

程式碼清單 23-1　盒子摸球模型的 HMM 觀測序列生成

```python
# 匯入 numpy
import numpy as np
### 定義 HMM 類別
class HMM:
    def __init__(self, N, M, pi=None, A=None, B=None):
        # 可能的狀態數
        self.N = N
        # 可能的觀測數
        self.M = M
        # 初始狀態機率向量
        self.pi = pi
        # 狀態轉移機率矩陣
        self.A = A
```

```python
        # 觀測機率矩陣
        self.B = B

    # 根據給定的機率分布隨機返回資料
    def rdistribution(self, dist):
        r = np.random.rand()
        for ix, p in enumerate(dist):
            if r < p:
                return ix
            r -= p

    # 生成 HMM 觀測序列
    def generate(self, T):
        # 根據初始機率分布生成第一個狀態
        i = self.rdistribution(self.pi)
        # 生成第一個觀測資料
        o = self.rdistribution(self.B[i])
        observed_data = [o]
        # 遍歷生成後續的狀態和觀測資料
        for _ in range(T-1):
            i = self.rdistribution(self.A[i])
            o = self.rdistribution(self.B[i])
            observed_data.append(o)
        return observed_data

# 初始狀態機率分布
pi = np.array([0.25, 0.25, 0.25, 0.25])
# 狀態轉移機率矩陣
A = np.array([
    [0,   1,   0, 0],
    [0.4, 0,   0.6, 0],
    [0,   0.4, 0,   0.6],
    [0,   0,   0.5, 0.5]])
# 觀測機率矩陣
B = np.array([
    [0.5, 0.5],
    [0.6, 0.4],
    [0.2, 0.8],
    [0.3, 0.7]])
# 可能的狀態數和觀測數
N = 4
M = 2
# 建立 HMM 實例
hmm = HMM(N, M, pi, A, B)
# 生成觀測序列
print(hmm.generate(5))
```

輸出如下：

```
[1, 0, 0, 1, 0]
```

程式碼清單 23-1 給出了基於盒子摸球模型的 HMM 觀測序列生成過程。在程式碼中，我們首先定義了一個 HMM 類別，包括 5 個 HMM 基本參數，包括可能的觀測數、可能的狀態數、初始狀態機率分布、狀態轉移機率矩陣和觀測機率矩陣。然後定義了一個根據分布生成採樣資料的方法，並在此基礎上，根據 HMM 觀測序列生成邏輯，即先生成初始狀態和初始觀測，再由狀態轉移機率矩陣生成後續狀態，並根據觀測機率矩陣由隱狀態生成後續觀測序列。最後在給定 HMM 參數的情況下，程式碼生成了一個長度為 5 的觀測序列：紅, 白, 白, 紅, 白（1 表示紅球，0 表示白球）。

23.3　HMM 的三個經典問題

當基於 $\mu = (A, B, \pi)$ 確定了 HMM 之後，就有三個經典問題需要我們解決，分別是機率計算問題、參數估計問題和序列標註問題。針對這三個問題，都有對應的演算法進行處理。但在正式介紹這三個問題之前，需要明確兩個重要假設，這兩個假設在三個問題的推導中起著重要作用。

第一個假設是齊次馬爾可夫假設。該假設說的是，除初始時刻的狀態由參數 π 決定外，任意時刻的狀態只取決於前一時刻的狀態，與其他時刻的狀態無關，即：

$$P(i_t = q_j \mid i_{t-1} = q_i, i_{t-2} = q_k, \cdots) = P(i_t = q_j \mid i_{t-1} = q_i) \tag{23-10}$$

其中 $t = 2, 3\cdots, T$。

第二個假設為觀測獨立性假設。即任意時刻的觀測只取決於該時刻的隱狀態，與其他條件無關：

$$P(o_t = v_j \mid o_{t-1} = v_i, o_{t-2} = v_k, \cdots, i_t) = P(o_t \mid i_t) \tag{23-11}$$

其中 $t = 1, 2, \cdots, T$。

23.3.1　機率計算問題與前向/後向演算法

所謂 HMM 機率計算問題，是指在給定模型參數 $\mu = (A, B, \pi)$ 和觀測序列 $O = (o_1, o_2, \cdots, o_T)$ 的情況下，計算該觀測序列出現的機率 $P(O \mid \mu)$。如果直接對 $P(O \mid \mu)$

進行估計，計算量比較大，時間複雜度達到 $O(TN^T)$ 階。所以，針對 HMM 的機率計算問題，分別有前向演算法和後向演算法兩種高效的計算方法。

先來看前向演算法。

假設有如圖 23-4 所示的 HMM 序列，序列長度為 T。

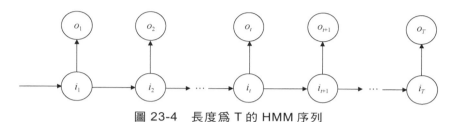

圖 23-4　長度為 T 的 HMM 序列

給定 HMM 參數 μ 和 t 時刻的狀態以及 $1, 2, \cdots, t$ 時刻的觀測，它們的聯合機率 $\alpha_t(i)$ 可以表達為：

$$\alpha_t(i) = P(o_1, o_2, \cdots, o_t, i_t = q_j \mid \mu) \tag{23-12}$$

該聯合機率 $\alpha_t(i)$ 即可定義為前向機率，即在給定模型參數 μ 的條件下，觀測 $o_1, o_2, \cdots, o_t$ 和 i_t 之間的聯合機率。前向機率對應到圖 23-4 的 HMM 序列中，如圖 23-5 框中所示。

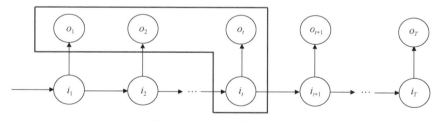

圖 23-5　前向機率圖示

下面我們根據前向機率的定義寫出其初始值 $\alpha_1(i)$：

$$\begin{aligned}\alpha_1(i) &= P(o_1, i_1 = q_j \mid \mu) \\ &= P(i_1 = q_j \mid \mu)P(o_1 \mid i_1 = q_j, \mu) = \pi_i b_i(o_1)\end{aligned} \tag{23-13}$$

其中 $b_i(o)$ 表示由狀態 q_j 生成觀測資料的機率，令 t 時刻的觀測資料 $o_t = v_j$，那麼：

$$b_i(o_t) = b_i(o_t = v_j) = P(o_t = v_j \mid i_t = q_i) = b_{ij} \tag{23-14}$$

根據式(23-12)前向機率的定義公式，可得 T 時刻的前向機率為：

$$\begin{aligned}
\alpha_T(i) &= P(o_1, o_2, \cdots, o_T, i_T = q_j \mid \mu) \\
&= P(O, i_T = q_j \mid \mu)
\end{aligned} \tag{23-15}$$

由式(23-15)，對 i_T 的取值進行遍歷求和，可得觀測資料 O 的邊際機率：

$$\sum_i^N \alpha_T(i) = \sum_i^N P(O, i_T = q_j \mid \mu) = P(O \mid \mu) \tag{23-16}$$

現根據前向機率公式，假設已知 $\alpha_t(1), \alpha_t(2), \cdots, \alpha_t(N)$，需要推導 $\alpha_{t+1}(*)$，由前向機率的定義公式可得：

$$\alpha_{t+1}(j) = P(o_1, o_2, \cdots, o_{t+1}, i_{t+1} = q_j \mid \mu) \tag{23-17}$$

對式(23-17)引入變數 $i_t = q_i$，有：

$$\begin{aligned}
\alpha_{t+1}(j) &= \sum_{i=1}^N P(o_1, o_2, \cdots, o_{t+1}, i_t = q_i, i_{t+1} = q_j \mid \mu) \\
&= \sum_{i=1}^N P(o_{t+1} \mid o_1, o_2, \cdots, o_t, i_t = q_i, i_{t+1} = q_j, \mu) P(o_1, o_2, \cdots, o_t, i_t = q_i, i_{t+1} = q_j \mid \mu)
\end{aligned} \tag{23-18}$$

先看式(23-18)中的第一項，根據式(23-11)的觀測獨立性假設，第一項可化簡為：

$$P(o_{t+1} \mid o_1, o_2, \cdots o_t, i_t = q_i, i_{t+1} = q_j, \mu) = P(o_{t+1} \mid i_{t+1} = q_j) = b_j(o_{t+1}) \tag{23-19}$$

根據式(23-10)的齊次馬爾可夫假設，第二項可化簡為：

$$\begin{aligned}
&P(o_1, o_2, \cdots, o_t, i_t = q_i, i_{t+1} = q_j \mid \mu) \\
&= P(i_{t+1} = q_j \mid o_1, o_2, \cdots, o_t, i_t = q_i, \mu) P(o_1, o_2, \cdots, o_t, i_t = q_i \mid \mu) \\
&= P(i_{t+1} = q_j \mid i_t = q_i) P(o_1, o_2, \cdots, o_t, i_t = q_i \mid \mu) = \alpha_{ij} \alpha_t(i)
\end{aligned} \tag{23-20}$$

將式(23-20)和式(23-19)代入式(23-18)中，可得：

$$\alpha_{t+1}(j) = \sum_{i=1}^N \alpha_{ij} b_j(o_{t+1}) \alpha_t(i) \tag{23-21}$$

以上就是前向演算法的基本推導過程。繼續以上一節的盒子摸球為例，假設摸到的球的序列 $O = (\text{紅, 白, 紅, 白, 白})$，在給定 HMM 參數 $\mu = (A, B, \pi)$ 的情況下，基於前向演算法計算條件機率 $P(O \mid \mu)$。

下面我們基於 NumPy 來實現盒子摸球實驗的前向演算法，如程式碼清單 23-2 所示。

```
### 前向演算法計算條件機率
def prob_calc(O):
    '''
    輸入：
    O：觀測序列
    輸出：
    alpha.sum()：條件機率
    '''
    # 初始值
    alpha = pi * B[:, O[0]]
    # 遞推
    for o in O[1:]:
        alpha_next = np.empty(4)
        for j in range(4):
            alpha_next[j] = np.sum(A[:,j] * alpha * B[j,o])
        alpha = alpha_next
    return alpha.sum()

# 給定觀測
O = [1,0,1,0,0]
# 計算生成該觀測的機率
print(prob_calc(O))
```

輸出如下：

```
0.  01983169125
```

程式碼清單 23-2 的前向演算法的實現邏輯按照式(23-21)進行編寫，在給定生成觀測序列為(紅, 白, 紅, 白, 白)的條件下，HMM 生成該觀測的機率為 0.02。

再來看後向演算法。

跟前向演算法先定義一個前向機率一樣，針對後向演算法，我們也需要先定義一個後向機率 $\beta_t(i)$：

$$\beta_t(i) = P(o_{t+1}, o_{t+2}, \cdots, o_{T-1}, o_T \mid i_t = q_j, \mu) \tag{23-22}$$

後向機率對應到圖 23-4 的 HMM 序列中，如圖 23-6 框中所示，後向機率即在給定模型參數的條件下，觀測 $o_{t+1}, o_{t+2}, \cdots, o_T$ 和 i_t 之間的聯合機率。

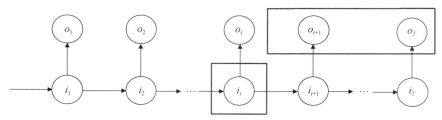

圖 23-6　後向機率圖示

下面開始基於後向機率的推導。規定後向機率初始值為：

$$\beta_T(1) = \beta_T(2) = \cdots = \beta_T(i) = 1 \tag{23-23}$$

根據後向機率的定義式(23-22)，有：

$$\beta_1(i) = P(o_{t+1}, \, o_{t+2}, \, \cdots, \, o_{T-1}, \, o_T \mid i_1 = q_i, \, \mu) \tag{23-24}$$

下面推導 $\beta_1(i)$ 與要計算的目標機率 $P(O \mid \mu)$ 之間的關係：

$$
\begin{aligned}
P(O \mid \mu) &= P(o_1, \, o_2, \, \cdots, \, o_T \mid \mu) \\
&= \sum_{i=1}^{N} P(o_1, \, o_2, \, \cdots, \, o_T \mid i_1 = q_i, \, \mu) \\
&= \sum_{i=1}^{N} P(o_1 \mid o_2, \, \cdots, \, o_T, \, i_1 = q_i, \, \mu) P(o_2, \, \cdots, \, o_T, \, i_1 = q_i \mid \mu) \\
&= \sum_{i=1}^{N} P(o_1 \mid i_1 = q_i) P(i_1 = q_i \mid \mu) P(o_2, \, \cdots, \, o_{T-1}, \, o_T \mid i_1 = q_i, \, \mu) \\
&= \sum_{i=1}^{N} b_i(o_1) \pi_i \beta_1(i)
\end{aligned} \tag{23-25}
$$

然後，我們假設所有 $\beta_{t+1}(i)$ 是已知的，基於 $\beta_{t+1}(i)$ 來推導 $\beta_t(i)$：

$$
\begin{aligned}
\beta_t(i) &= P(o_{t+1}, \, \cdots, \, o_T \mid i_t = q_i, \, \mu) \\
&= \sum_{j=1}^{N} P(o_{t+1}, \, \cdots, \, o_T, \, i_{t+1} = q_j \mid i_t = q_i, \, \mu) \\
&= \sum_{j=1}^{N} P(o_{t+1}, \, \cdots, \, o_T \mid i_{t+1} = q_j, \, i_t = q_i, \, \mu) P(i_{t+1} = q_j \mid i_t = q_i, \, \mu)
\end{aligned} \tag{23-26}
$$

針對式(23-26)，後一項 $P(i_{t+1} = q_j \mid i_t = q_i, \mu)$ 即為狀態轉移機率 a_{ij}，而第一項可以根據觀測獨立性假設化簡為：

$$
\begin{aligned}
&P(o_{t+1}, \cdots, o_T \mid i_{t+1} = q_j, i_t = q_i, \mu) \\
&= P(o_{t+1}, \cdots, o_T \mid i_{t+1} = q_j, \mu) \\
&= P(o_{t+1} \mid o_{t+2}, i_{t+1} = q_j, \mu) P(o_{t+2}, \cdots, o_T \mid i_{t+1} = q_j, \mu) \\
&= P(o_{t+1} \mid i_{t+1} = q_j) P(o_{t+2}, \cdots, o_T \mid i_{t+1} = q_j, \mu) = b_j(o_{t+1}) \beta_{t+1}(j)
\end{aligned}
\tag{23-27}
$$

將式(23-27)結果代入 $\beta_t(i)$，可得：

$$
\beta_t(i) = \sum_{j=1}^{N} a_{ij} b_j(o_{t+1}) \beta_{t+1}(j)
\tag{23-28}
$$

以上就是後向演算法的基本推導過程。同樣以盒子摸球為例，假設摸到的球的序列(紅，紅，白，白，紅)，在給定 HMM 參數 $\mu = (A, B, \pi)$ 的情況下，基於後向演算法計算條件機率 $P(O \mid \mu)$。感興趣的讀者可以參考程式碼清單 23-2 的前向演算法進行嘗試，這裡略去不講。

23.3.2 參數估計問題與 Baum-Welch 演算法

HMM 的參數估計問題，也就是 HMM 的學習演算法問題。HMM 的參數估計問題指的是，在給定觀測序列 $(o_1, o_2, \cdots, o_T)$，但沒有對應狀態序列的情況下，求 HMM 參數 $\mu = (A, B, \pi)$。這種情況下 HMM 事實上是一個含有隱變數的機率模型：

$$
P(O \mid \mu) = \sum_I P(O \mid I, \mu) P(I \mid \mu)
\tag{23-29}
$$

針對含有隱變數的參數估計問題，通常使用 EM 演算法進行求解，在 HMM 參數估計問題中，EM 演算法也叫 Baum-Welch 演算法。我們首先寫出完全資料的對數似然函數，然後基於 Baum-Welch 演算法求解 HMM 參數問題。

假設所有觀測資料可以寫為 $O = (o_1, o_2, \cdots, o_T)$，所有隱狀態資料為 $I = (i_1, i_2, \cdots, i_T)$，完全資料為 $(O, I) = (o_1, o_2, \cdots, o_T, i_1, i_2, \cdots, i_T)$，完全資料的對數似然函數為 $\log P(O, I \mid \mu)$。下面開始 EM 演算法的推導。

先給出 EM 演算法的 E 步，定義 EM 演算法 Q 函數為：

$$Q(\mu,\ \mu^{(t)}) = \mathrm{E}_{I|O,\ \mu^{(t)}} \log P(O,\ I \mid \mu)$$
$$= \sum_I \log P(O,\ I \mid \mu) P(O,\ I \mid \mu^{(t)}) \tag{23-30}$$

其中 $\mu^{(t)}$ 是 HMM 目前參數估計值，μ 是要極大化的 HMM 參數。

根據前向機率的相關推導，有：

$$P(O,\ I \mid \mu) = \pi_{i_1} b_{i_1}(o_1) a_{i_1 i_2} b_{i_2}(o_2) \cdots a_{i_{T-1} i_T} b_{i_T}(o_T) \tag{23-31}$$

將式(23-31)代入式(23-30)中，Q 函數可以寫為：

$$Q(\mu,\ \mu^{(t)}) = \sum_I \log \pi_{i_1} P(O,\ I \mid \mu^{(t)}) + \sum_I \left(\sum_{t=2}^{T} \log a_{i_t i_{t+1}} \right) P(O,\ I \mid \mu^{(t)}) +$$
$$\sum_I \left(\sum_{t=1}^{T} \log b_{i_t}(o_t) \right) P(O,\ I \mid \mu^{(t)}) \tag{23-32}$$

下面再來看 EM 演算法的 M 步，即極大化 Q 函數，並求模型參數 A, B, π。觀察式(23-32)，可以看到，要極大化的參數分別位於該式的 3 個獨立項中，當求解其中一個參數時，另外兩項可以直接去掉，所以我們可以對該式的 3 項分別進行最佳化。

先看第一項 $\sum_I \log \pi_{i_1} P(O,\ I \mid \mu^{(t)})$，該項是關於參數的最佳化表達式。我們將其改寫為：

$$\sum_I \log \pi_{i_1} P(O,\ I \mid \mu^{(t)}) = \sum_{i=1}^{N} \log \pi_i P(O,\ i_1 = q_i \mid \mu^{(t)}) \tag{23-33}$$

π_i 作為一個機率分布，滿足約束條件 $\sum_{i=1}^{N} \pi_i = 1$，所以，可以使用拉格朗日乘數法將式(23-33)轉化為無約束最佳化問題，如式(23-34)所示：

$$L_{\pi_i} = \sum_{i=1}^{N} \log \pi_i P(O,\ i_1 = q_i \mid \mu^{(t)}) + \gamma \left(\sum_{i=1}^{N} \pi_i - 1 \right) \tag{23-34}$$

對式(23-34)求偏導並令結果為 0：

$$\frac{\partial L}{\partial \pi_i} \left(\log \pi_i P\left(O,\ i_1 = q_i \mid \mu^{(t)}\right) + \gamma \left(\sum_{i=1}^{N} \pi_i - 1 \right) \right) = 0 \tag{23-35}$$

化簡有：

$$P(O,\ i_1 = q_i \mid \mu^{(t)}) + \gamma\pi_i = 0 \tag{23-36}$$

對 i 求和有：

$$\gamma = -P(O \mid \mu^{(t)}) \tag{23-37}$$

將式(23-37)代入式(23-34)，即可得：

$$\pi_i = \frac{P(O,\ i_1 = q_i \mid \mu^{(t)})}{P(O \mid \mu^{(t)})} \tag{23-38}$$

式(23-32)第二項可以改寫為：

$$\sum_I \left(\sum_{t=1}^{T-1} \log a_{i_t i_{t+1}} \right) P(O,\ I \mid \mu^{(t)}) = \sum_{i=1}^{N} \sum_{j=1}^{N} \sum_{t=1}^{T-1} \log a_{ij} P(O,\ i_t = i,\ i_{t+1} = j \mid \mu^{(t)}) \tag{23-39}$$

對於式(23-39)應用約束條件 $\sum_{j=1}^{N} a_{ij} = 1$，基於拉格朗日乘數法可解得：

$$a_{ij} = \frac{\displaystyle\sum_{t}^{T-1} P(O,\ i_t = i,\ i_{t+1} = j \mid \mu^{(t)})}{\displaystyle\sum_{t=1}^{T-1} P(O,\ i_t = i \mid \mu^{(t)})} \tag{23-40}$$

同理，對於式(23-32)第三項 $\sum_I \left(\sum_{t=1}^{T} \log b_{i_t}(o_t) \right) P(O,\ I \mid \mu^{(t)})$，基於 $\sum_{k=1}^{M} b_j(k) = 1$ 的約束條件，使用拉格朗日乘數法可解得：

$$b_j(k) = \frac{\displaystyle\sum_{t=1}^{T} P(O,\ i_t = j \mid \mu^{(t)}) I(o_t = v_k)}{\displaystyle\sum_{t=1}^{T} P(O,\ i_t = j \mid \mu^{(t)})} \tag{23-41}$$

最後，整理一下 EM 演算法在 HMM 參數估計問題上的迭代求解公式：

$$\pi_i^{(t+1)} = \frac{P(O,\ i_1 = q_i \mid \mu^{(t)})}{P(O \mid \mu^{(t)})} \tag{23-42}$$

$$a_{ij}^{(t+1)} = \frac{\sum_{t}^{T-1} P(O,\ i_t = i, i_{t+1} = j \mid \mu^{(t)})}{\sum_{t=1}^{T-1} P(O,\ i_t = i \mid \mu^{(t)})} \tag{23-43}$$

$$b_{j}^{(t+1)} = \frac{\sum_{t=1}^{T} P(O,\ i_t = j \mid \mu^{(t)}) I(o_t = v_k)}{\sum_{t=1}^{T} P(O,\ i_t = j \mid \mu^{(t)})} \tag{23-44}$$

基於 Baum-Welch 演算法的 HMM 參數估計問題本節略過，讀者可以基於本節的推導和 EM 演算法流程自行嘗試。

23.3.3　序列標註問題與維特比演算法

HMM 的最後一個問題是，給定模型參數 $\mu = (A,\ B,\ \pi)$ 和觀測序列 $O = (o_1,\ o_2,\ \cdots,\ o_T)$，求最高機率的隱狀態序列 $(i_1,\ i_2,\ \cdots,\ i_T)$。這類問題稱為 HMM 的序列標註預測問題，也叫解碼問題。

求解 HMM 序列標註問題（如圖 23-7 所示）的方法叫作**維特比演算法**（Viterbi algorithm）。將序列標註問題中的求解目標，即隱狀態的最高機率，對應為一種最優路徑，實際上維特比演算法是一種基於動態規劃求解最優路徑的演算法。

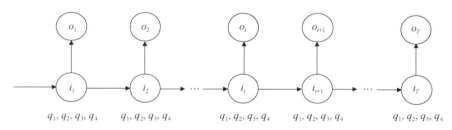

圖 23-7　序列標註問題圖示

如圖 23-7 所示，模型參數 μ 和觀測序列 O 已知，隱狀態 $(i_1,\ i_2,\ \cdots,\ i_T)$ 未知，且每個狀態的取值都是 $q_1,\ q_2,\ q_3,\ q_4$ 中的任意一個。觀測序列取值範圍為 $(v_1,\ v_2,\ v_3,\ v_4)$，假設 $o_1 = v_1$，如圖 23-8 所示。

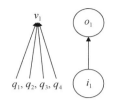

圖 23-8　序列標註推導第一步

現在我們定義一個新的變數 $\delta_1(i)$，表示從 i_1 取值為 q_1 到 q_4，然後再生成 $o_1 = v_1$ 這樣一個過程的機率，i_1 的取值由初始機率 π_i 決定，那麼有：

$$\delta_1(i) = \pi_i b_i(o_1) \tag{23-45}$$

若序列長度為 1，即 $T = 1$，最優路徑就是：

$$i_T^* = \arg\max_i \delta_T(i) \tag{23-46}$$

接著我們轉移狀態 i_2，假設還有 $o_2 = v_1$，由 i_2 生成觀測的計算一樣，但關鍵在於由 i_1 到 i_2 該如何計算最高機率，如圖 23-9 所示。

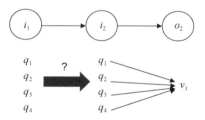

圖 23-9　序列標註推導關鍵問題：如何計算由 i_1 到 i_2 的最高機率

將該問題推廣到到 i_t 到 i_{t+1}，其中 i_t 為最優路徑，可以寫出由 i_t 到 i_{t+1} 的最高機率為：

$$\delta_T(j) = \left[\max_i \delta_{T-1}(i) a_{ij} \right] b_j(x_{T-1}) \tag{23-47}$$

對應到最優路徑上，所以對式(23-47)還需要取索引：

$$\varphi_T(j) = \arg\max_i \delta_{T-1}(i) a_{ij} \tag{23-48}$$

上述過程就是維特比演算法的基本概念。同樣以盒子摸球模型為例，給定模型參數 $\mu = (A, B, \pi)$ 分別如下，已知觀測序列為(紅, 白, 紅, 紅, 白)，根據維特比演算法求解最優隱狀態路徑。下面我們基於 NumPy 來求解該問題，實現過程如程式碼清單 23-3 所示。

程式碼清單 23-3　維特比解碼演算法

```
### 序列標註問題和維特比演算法
def viterbi_decode(O):
    '''
    輸入：
    O：觀測序列
    輸出：
    path：最優隱狀態路徑
    '''
    # 序列長度和初始觀測
    T, o = len(O), O[0]
    # 初始化 delta 變數
    delta = pi * B[:, o]
    # 初始化 varphi 變數
    varphi = np.zeros((T, 4), dtype=int)
    path = [0] * T
    # 遞推
    for i in range(1, T):
        delta = delta.reshape(-1, 1)
        tmp = delta * A
        varphi[i, :] = np.argmax(tmp, axis=0)
        delta = np.max(tmp, axis=0) * B[:, O[i]]
    # 終止
    path[-1] = np.argmax(delta)
    # 回溯最優路徑
    for i in range(T-1, 0, -1):
        path[i-1] = varphi[i, path[i]]
    return path

# 給定觀測序列
O = [1,0,1,1,0]
# 輸出最可能的隱狀態序列
print(viterbi_decode(O))
```

輸出如下：

```
[0, 1, 2, 3, 3]
```

程式碼清單 23-3 給出了 HMM 序列標註問題的維特比演算法實現過程。在程式碼中，我們首先初始化 δ 和 φ 變數，然後根據式(23-47)進行遞推，滿足終止條件後，回溯最優路徑即可。可以看到，在給定觀測序列為(紅, 白, 紅, 紅, 白)的條件下，最優隱狀態路徑為(0, 1, 2, 3, 3)。

23.4 小結

HMM 是一個關於時序預測的生成式機率模型，描述了一個由隱藏的馬可夫鏈隨機生成不可觀測的隱狀態序列，並由該隱狀態序列生成觀測序列的過程。HMM 由初始狀態機率向量 π、狀態轉移機率矩陣 A 和觀測機率矩陣 B 共同決定。一個 HMM 可以表示為 $\mu = (A, B, \pi)$。

針對 HMM 有三個經典問題，分別是機率計算問題、參數估計問題和序列標註問題。機率計算問題是在給定模型參數和觀測序列的條件下，計算觀測序列出現的最高機率，常用的求解方法為前向演算法或者後向演算法。參數估計問題是在給定觀測序列且狀態序列未知的情況下，求解模型參數，這是一個含有隱變數的極大似然估計問題，一般使用 Baum-Welch 演算法進行求解。序列標註問題則是在已知模型參數和觀測序列的條件下，求機率最大的隱狀態序列，使用基於動態規劃原理的維特比演算法來求解該問題。

第 24 章

條件隨機場

區別於隱馬爾可夫這樣的機率有向圖和生成式模型，條件隨機場是一種機率無向圖和判別式模型。條件隨機場是在給定一組輸入隨機變數的條件下，另一組輸出隨機變數的條件機率模型，並且該組輸出隨機變數構成馬爾可夫隨機場（Markov random field）。本章以條件隨機場的經典應用——詞性標註問題作為引入，在介紹機率無向圖的基礎上，闡述條件隨機場的定義和形式。然後介紹條件隨機場的三大問題和相應解法：機率計算問題與前向/後向演算法、參數估計問題與迭代尺度演算法以及序列標註問題與維特比演算法，同時給出部分程式碼實現範例。

24.1 從生活畫像到詞性標註問題

假設我們要處理這樣一個圖像分類問題：現有筆者從早到晚的一系列照片，我們想根據這些照片對筆者日常活動進行分類判斷，比如吃飯、上班、學習和運動等。要達到這個目的，我們可以訓練一個圖像分類模型來對照片所對應的活動進行分類。在訓練資料足夠的情況下，是可以達到這個分類目的的。但這種一般的圖像分類訓練方法一個最大的缺陷是，忽略了筆者這些照片之間是存在時序關係的，如果能確定某一張照片的前一張或者後一張的活動狀態，那對於分類工作大有幫助。

另一個典型的自然語言處理問題是**詞性標註**（part-of-speech tagging）。詞性標註是指為分詞結果中每個單字標註一個正確詞性的程式，即確定每個詞是名詞、動詞、形容詞或其他詞性的過程。比如給「louwill wrote the code carefully」這句話的每個單字註明詞性後是這樣的：「louwill（名詞）wrote（動詞）the（冠詞）code（名詞）carefully（副詞）」。

以上(名詞, 動詞, 冠詞, 名詞, 副詞)的標註序列是我們給出的真實的詞性標註，但在實際用模型預測一句話的詞性序列時，可能的標註序列有很多種。上面這句話可以標註為(名詞, 動詞, 動詞, 名詞, 副詞)，還可以標註為其他可能的結果，詞性標註預測要做的就是從這麼多可能的標註中選擇最可靠的那一個作為這句話的標註。但就該例而言，第二個標註顯然不如第一個可靠，因為它把「the」標註為動詞，並且接在了「wrote」這個動詞後面，從語法的角度來看顯然不符合規範。

所以這種符合語法的規範性就被我們用作判斷標註靠不可靠的特徵指標。現在我們將這些特徵指標量化，建立一個特徵函數集合和打分機制，標註序列滿足某個正向的特徵就得正分，比如副詞用在動詞後作為修飾，具備某個負向的特徵就得負分，比如動詞後面還接動詞。最後根據得分來評選出最可靠的標註序列。

條件隨機場（conditional random field, CRF）是針對這種帶有時序關係的圖像分類問題和經典的詞性標註問題的一種經典序列模型。

24.2 機率無向圖

因為 CRF 是一種機率無向圖模型，所以在正式介紹之前，我們需要簡單了解機率無向圖。如上一章所述，機率圖是一種由圖表示的機率分布模型。給定一個聯合機率分布和其表示的無向圖 G，下面定義由無向圖表示的隨機變數之間存在的成對馬爾可夫性、局部馬爾可夫性和全域馬爾可夫性。

首先看成對馬爾可夫性。假設 u 和 v 是無向圖 G 中任意兩個沒有邊連接的節點，u 和 v 分別對應隨機變數 Y_u 和 Y_v，其他節點集合為 O，對應的隨機變數組為 Y_O，成對馬爾可夫性是指在給定隨機變數組 Y_O 的條件下 Y_u 和 Y_v 是獨立的，即有：

$$P(Y_u, Y_v|Y_O) = P(Y_u | Y_O)P(Y_v | Y_O) \tag{24-1}$$

圖 24-1 表示式(24-1)所示的成對馬爾可夫性。

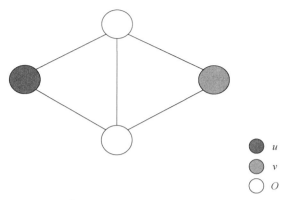

圖 24-1　成對馬爾可夫性

然後是局部馬爾可夫性。假設 $v \in V$ 是無向圖 G 中任意一個節點，W 是與 v 有邊連接的所有節點，O 是除 v 和 W 外的所有節點。v 表示隨機變數 Y_v，W 表示隨機變數組 Y_W，O 表示隨機變數組 Y_O，局部馬爾可夫性指的是在給定隨機變數組 Y_W 的條件下，隨機變數 Y_v 與隨機變數 Y_O 是獨立的，即有：

$$P(Y_v, Y_O \mid Y_W) = P(Y_v \mid Y_W)P(Y_O \mid Y_W) \tag{24-2}$$

圖 24-2 表示式(24-2)所示的局部馬爾可夫性。

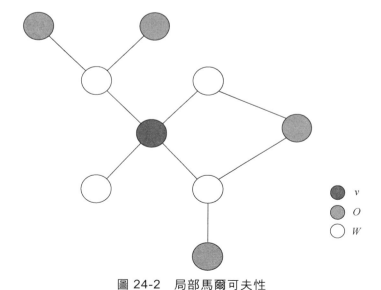

圖 24-2　局部馬爾可夫性

最後是全域馬爾可夫性。假設節點 A、B 是無向圖 G 中被集合 C 分開的任意節點的集合，節點集合 A、B、C 分別對應隨機變數組 Y_A、Y_B 和 Y_C。全域馬爾可夫性是指在給定隨機變數組 Y_C 的條件下，隨機變數組 Y_A 和 Y_B 是獨立的，即有：

$$P(Y_A, Y_B \mid Y_C) = P(Y_A \mid Y_C)P(Y_B \mid Y_C) \tag{24-3}$$

圖 24-3 表示式(24-3)所示的全域馬爾可夫性。

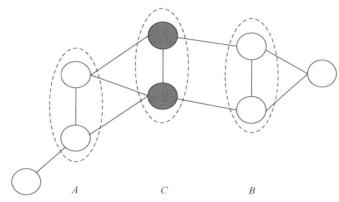

圖 24-3　全域馬爾可夫性

如果聯合機率分布 $P(Y)$ 能夠滿足成對馬爾可夫性、局部馬爾可夫性和全域馬爾可夫性，那麼它就可以稱為機率無向圖模型，也稱**馬爾可夫隨機場**（Markov random field, MRF）。

如果一個無向圖太大，我們可以透過因子分解的方式將其表示為若干個聯合機率的乘積。這裡我們先引出**團**（clique）的概念。無向圖 G 中任何兩個節點均有邊連接的節點子集稱為團。若 C 為無向圖 G 的一個團，且不能再加進任何一個節點使其成為更大的團，那麼 C 就是 G 的最大團。機率無向圖的因子分解是指將無向圖的機率分布模型表示為其最大團上的隨機變數的函數乘積形式。C 為無向圖 G 的最大團，Y_C 表示 C 對應的隨機變數，那麼聯合機率分布 $P(Y)$ 可以表示為所有最大團 C 上的函數的乘積形式，即：

$$P(Y) = \frac{1}{Z(Y)} \prod_C \Psi_C(Y_C) \tag{24-4}$$

其中 $Z(Y)$ 為規範化因子：

$$Z = \sum_Y \prod_C \Psi_C(Y_C) \tag{24-5}$$

$\Psi_C(Y_C)$ 稱為勢函數，一般定義為指數函數形式。

圖 24-4 是由 4 個節點構成的機率無向圖。根據機率無向圖的因子分解，該無向圖可以表示為：

$$P(Y) = \frac{1}{Z(Y)} (\Psi_1(Y_1,\ Y_2,\ Y_3) \cdot \Psi_2(Y_2,\ Y_3,\ Y_4)) \tag{24-6}$$

可以看到，$(Y_1,\ Y_2,\ Y_3)$ 和 $(Y_2,\ Y_3,\ Y_4)$ 是該無向圖的兩個最大團。

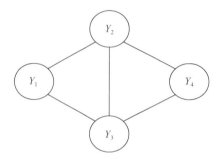

圖 24-4　無向圖的團和最大團

24.3 CRF 的定義與形式

CRF 是在給定隨機變數 X 的條件下，隨機變數 Y 的馬爾可夫隨機場。$P(Y\mid X)$ 是給定 X 的條件下 Y 的條件機率分布，且 Y 能夠構成一個由機率無向圖 $G = (V,\ E)$ 表示的馬爾可夫隨機場，即有：

$$P(Y_v \mid X,\ Y_w,\ w \neq v) = P(Y_v \mid X,\ Y_w,\ w \sim v) \tag{24-7}$$

式(24-7)對任意節點 v 都成立，那麼條件機率分布 $P(Y\mid X)$ 就稱為條件隨機場。其中 $w \sim v$ 表示圖 G 中與節點 v 有邊連接的所有節點 w，$w \neq v$ 表示節點 v 以外的所有節點，Y_v 和 Y_w 為節點 v 和 w 對應的隨機變數。在條件隨機場 $P(Y\mid X)$ 中，Y 為輸出變數，表示的是標註序列，參照隱馬可夫模型，標註序列有時候也叫狀態序列，X 為輸入變數，表示的是觀測序列。

式(24-7)定義的是一種廣義的 CRF 模型，一般我們說的 CRF 序列建模，指的是 X 和 Y 具有相同的圖結構，即**線性鏈 CRF**（linear chain CRF）。假設 $X = (X_1, X_2, \cdots, X_n)$、$Y = (Y_1, Y_2, \cdots, Y_n)$ 均為線性鍊表示的隨機變數序列，在給定 X 的條件下，Y 的條件機率分布 $P(Y \mid X)$ 構成條件隨機場，即滿足馬爾可夫性：

$$P(Y_i \mid X, Y_1, \cdots, Y_{i-1}, Y_{i+1}, \cdots, Y_n) = P(Y_i \mid X, Y_{i-1}, Y_{i+1}) \tag{24-8}$$

則 $P(Y \mid X)$ 為線性鏈 CRF。線性鏈 CRF 如圖 24-5 所示。

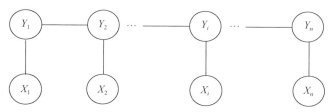

圖 24-5　線性鏈 CRF

由式(24-4)可知，機率無向圖的聯合機率分布可以因式分解為若干個最大團的乘積。由圖 24-5 的線性鏈圖可知，每一個 $(Y_i \sim X_i)$ 對即為一個最大團。

基於以上特徵我們來看 CRF 的建模總公式。假設 $P(Y \mid X)$ 為線性鏈 CRF，在隨機變數 X 取值為 x 的條件下，隨機變數 Y 取值為 y 的條件機率表達式為：

$$P(y \mid x) = \frac{1}{Z(x)} \exp\left(\sum_{i, k} \lambda_k f_k(y_{i-1}, y_i, x, i) + \sum_{i, l} u_l s_l(y_{i-1}, x, i) \right) \tag{24-9}$$

其中：

$$Z(x) = \sum_y \exp\left(\sum_{i, k} \lambda_k f_k(y_{i-1}, y_i, x, i) + \sum_{i, l} u_l s_l(y_{i-1}, x, i) \right) \tag{24-10}$$

式(24-9)和式(24-10)即為線性鏈 CRF 的建模基本公式。其中 f_k 和 s_l 均為特徵函數，分別表示轉移特徵和狀態特徵。24.1 節詞性標註例子中一定的語法規範就可以規約為 CRF 的特徵函數，λ_k 和 u_l 為對應特徵函數的權重。x 為輸入的觀測序列，i 為觀測序列 x 中第 i 個取值，y_i 為輸出的標註序列第 i 個取值的標註，y_{i-1} 為輸出的標註序列第 i 個取值的標註。可以看到，轉移特徵 f_k 依賴於目前位置和前一個位置，f_k 滿足特定的轉移條件時取 1，否則為 0。狀態特徵 s_l 則僅依賴於目前位置，同樣，s_l 滿足某一狀態列件時取 1，否則為 0。

一個線性鏈 CRF 由特徵函數 f_k 和 s_l 以及對應的權重 λ_k 和 u_l 確定。以上就是線性 CRF 的建模部分。

24.4　CRF 的三大問題

跟 HMM 一樣，CRF 也有機率計算、參數估計和序列標註三大基本問題。對應這三大問題，也分別有前向/後向演算法、基於各類最佳化演算法的極大似然估計和維特比算來進行求解。

24.4.1　CRF 的機率計算問題

在闡述 CRF 的機率問題之前，我們先將 CRF 進行矩陣化表示。對於給定條件隨機場 $P(Y|X)$，引入起點和終點的狀態標記 $y_0 = \text{start}$ 和 $y_{n+1} = \text{stop}$，此時我們可以對 CRF 進行矩陣表示。對觀測序列 x 的每一個位置 $i = 1,\ 2,\ \cdots,\ n+1$，定義一個 m 階矩陣，m 表示標註 y_i 的取值個數。相關公式如下：

$$M_i(x) = \left[M_i(y_{i-1}, y_i \mid x) \right] \tag{24-11}$$

$$M_i(y_{i-1}, y_i \mid x) = \exp(W_i(y_{i-1}, y_i \mid x)) \tag{24-12}$$

$$W_i(y_{i-1}, y_i \mid x) = \sum_{k=1}^{K} w_k f_k(y_{i-1}, y_i, x, i) \tag{24-13}$$

根據式(24-11)~式(24-13)，給定觀測序列 x，對應標註序列 y 的聯合機率可以透過該序列 $n+1$ 個矩陣相應元素的乘積 $\prod_{i=1}^{n+1} M_i(y_{i-1}, y_i \mid x)$ 得到。所以，CRF 可以矩陣化表示為：

$$P(y \mid x) = \frac{1}{Z(x)} \prod_{i=1}^{n+1} M_i(y_{i-1}, y_i \mid x) \tag{24-14}$$

同時，規範化因子 $Z(x)$ 可以表示為：

$$Z(x) = (M_1(x)M_2(x)\cdots M_{n+1}(x))_{\text{start,stop}} \tag{24-15}$$

然後我們來看 CRF 的機率計算問題。該問題是指在給定條件隨機場 $P(Y|X)$、輸入序列 x 和輸出序列 y 的情況下，計算條件機率 $P(Y_i = y_i \mid x)$、$P(Y_{i-1} = y_{i-1}, Y_i = y_i \mid x)$ 和相

關數學期望的問題。跟 HMM 求解機率計算問題一樣，CRF 也是基於前向/後向演算法來電腦率。

同樣定義前向/後向向量，然後遞迴地計算上述機率。對於每一個位置，定義前向向量 $\alpha_i(x)$：

$$\alpha_0(y \mid x) = \begin{cases} 1, & y = \text{start} \\ 0, & \text{否則} \end{cases} \tag{24-16}$$

前向遞推公式為：

$$\alpha_i^{\mathrm{T}}(y_i \mid x) = \alpha_{i-1}^{\mathrm{T}}(y_{i-1} \mid x)[M_i(y_{i-1}, y_i \mid x)], \ i = 1, \ 2, \ \cdots, \ n+1 \tag{24-17}$$

式(24-17)可簡化為：

$$\alpha_i^{\mathrm{T}}(x) = \alpha_{i-1}^{\mathrm{T}}(x)M_i(x) \tag{24-18}$$

其中 $\alpha_i(y_i \mid x)$ 表示在位置 i 的標註為 y_i 並且到位置 i 的前部分標註序列的非規範化機率，由於 y_i 可能的取值有 m 個，所以 $\alpha_i(x)$ 是個 m 維向量。

基於同樣的方式來定義後向機率。對於每一個位置，定義後向向量 $\beta_i(x)$：

$$\beta_{n+1}(y_{n+1} \mid x) = \begin{cases} 1, & y_{n+1} = \text{start} \\ 0, & \text{否則} \end{cases} \tag{24-19}$$

後向遞推公式為：

$$\beta_i(y_i \mid x) = [M_i(y_i, y_{i+1} \mid x)]\beta_{i+1}(y_{i+1} \mid x) \tag{24-20}$$

同樣，式(24-20)可簡化為：

$$\beta_i(x) = M_{i+1}(x)\beta_{i+1}(x) \tag{24-21}$$

其中 $\beta_i(y_i \mid x)$ 表示在位置 i 的標註為 y_i 並且到位置 $i+1$ 至 n 的後部分標註序列的非規範化機率。由前向/後向向量可得 $Z(x)$ 為：

$$Z(x) = \alpha_n^{\mathrm{T}}(x) \cdot \mathbf{1} = \mathbf{1}^{\mathrm{T}}\beta_1(x) \tag{24-22}$$

根據前向/後向向量的定義，可計算標註序列在位置 i 為標註 y_i 的條件機率以及在位置 $i-1$ 與 i 為標註 y_{i-1} 和 y_i 的條件機率分別為：

$$P(Y_i = y_i \mid x) = \frac{\alpha_i^{\mathrm{T}}(y_i \mid x)\beta_i(y_i \mid x)}{Z(x)} \tag{24-23}$$

$$P(Y_{i-1} = y_{i-1}, \; Y_i = y_i \mid x) = \frac{\alpha_{i-1}^{\mathrm{T}}(y_{i-1} \mid x)M_i(y_{i-1}, \; y_i \mid x)\beta_i(y_i \mid x)}{Z(x)} \tag{24-24}$$

其中 $Z(x) = \alpha_n^{\mathrm{T}}(x) \cdot \mathbf{1}$。

以上就是關於 CRF 機率計算問題的基本推導。

24.4.2 CRF 的參數估計問題

CRF 的模型參數主要指的是特徵函數的 f_k 的權重 λ_k，所以 CRF 的參數估計問題就是在給定訓練集條件下的模型學習問題，即估計模型參數。由式(24-9)可知，CRF 本質上是一種定義在序列資料上的對數線性模型。CRF 的學習演算法主要是極大似然估計，具體的最佳化演算法包括梯度下降法、改進的迭代尺度法和擬牛頓法等。

訓練資料的對數似然函數為：

$$L(w) = \log \prod_{x,y} P(y \mid x)^{\tilde{P}(y \mid x)} = \sum_{x,y} \tilde{P}(y \mid x) \log P(y \mid x) \tag{24-25}$$

若 $P(y \mid x)$ 為式(24-9)和式(24-10)給出的 CRF 模型，則式(24-25)可以表示為：

$$\begin{aligned}
L(w) &= \sum_{x,y} \tilde{P}(y \mid x) \log P(y \mid x) \\
&= \sum_{x,y} \left[\tilde{P}(y \mid x) \sum_{k=1}^{K} w_k f_k(y, \; x) - \tilde{P}(y \mid x) \log Z(x) \right] \\
&= \sum_{j=1}^{N} \sum_{k=1}^{K} w_k f_k(y_j, \; x_j) - \sum_{j=1}^{N} \log Z(x_j)
\end{aligned} \tag{24-26}$$

針對式(24-26)給出的 CRF 參數最佳化目標式，直接使用梯度下降法進行最佳化，即每次取 $L(w)$ 關於梯度 w 的負梯度方向進行搜尋。按照式(24-27)進行迭代最佳化：

$$w^{(k+1)} = w^{(k)} + \lambda(-\nabla L(w^{(k)})) \tag{24-27}$$

本節僅對 CRF 參數估計問題進行了簡要闡述，詳細過程可參考《統計學習方法》。

24.4.3 CRF 的序列標註問題

CRF 的序列標註問題是指在給定條件隨機場 $P(Y|X)$ 和輸入觀測序列 x 的條件下，求最高機率的輸出標註序列 y^*。跟 HMM 一樣，序列標註問題也叫序列解碼問題，基本的求解演算法仍然是基於動態規劃的維特比演算法。

我們可以將 CRF 簡寫成如下形式：

$$P(y|x) = \frac{\exp(w \cdot F(y, x))}{Z(x)} \tag{24-28}$$

其中：

$$Z(x) = \sum_y \exp(w \cdot F(y, x)) \tag{24-29}$$

$F(y, x)$ 表示包含特徵權重和特徵函數的全域特徵向量。

基於式(24-28)，可將最高機率的輸出標註序列 y^* 表示為：

$$
\begin{aligned}
y^* &= \arg\max_y P(y|x) \\
&= \arg\max_y \frac{\exp(w \cdot F(y, x))}{Z(x)} \\
&= \arg\max_y \exp(w \cdot F(y, x)) \\
&= \arg\max_y (w \cdot F(y, x))
\end{aligned}
\tag{24-30}
$$

由式(24-30)可知，CRF 的預測問題可以轉化為求非規範化機率最大值的最優路徑問題，這裡最優路徑即為最優序列解碼的標註序列。在式(24-30)中：

$$w = (w_1, w_2, \cdots, w_K)^\mathsf{T} \tag{24-31}$$

$$F(y, x) = (f_1(y, x), f_2(y, x), \cdots f_K(y, x))^\mathsf{T} \tag{24-32}$$

$$f_k(y, x) = \sum_{i=1}^n f_k(y_{i-1}, y_i, x, i), \ k = 1, 2, \cdots, K \tag{24-33}$$

根據式(24-32)將式(24-30)改寫為：

$$\arg\max_y (w \cdot F_i(y_{i-1}, y_i, x)) \tag{24-34}$$

其中：

$$F_i(y_{i-1}, y_i, x) = (f_1(y_{i-1}, y_i, x, i), f_2(y_{i-1}, y_i, x, i), \cdots, f_K(y_{i-1}, y_i, x, i))^T \quad (24\text{-}35)$$

下面基於維特比演算法來求解式(24-34)的路徑最佳化問題。首先給出位置 1 的各個標註的 $j = 1, 2, \cdots, m$ 非規範化機率：

$$\delta_i(j) = w \cdot F_1(y_0 = \text{start}, y_1 = j, x), \ j = 1, 2, \cdots, m \quad (24\text{-}36)$$

然後根據遞推公式求出位置 i 的各個標註 $l = 1, 2, \cdots, m$ 的非規範化機率最大值：

$$\delta_i(j) = \max_{1 \le j \le m}\{\delta_{i-1}(j) + w \cdot F_i(y_{i-1} = j, y_i = l, x)\}, \ l = 1, 2, \cdots, m \quad (24\text{-}37)$$

並記錄非規範化機率最大值的路徑：

$$\Psi_i(j) = \arg\max_{1 \le j \le m}\{\delta_{i-1}(j) + w \cdot F_i(y_{i-1} = j, y_i = l, x)\}, \ l = 1, 2, \cdots, m \quad (24\text{-}38)$$

直到 $i = n$ 時終止計算，此時非規範化機率最大值為：

$$\max_y(w \cdot F(y, x)) = \max_{1 \le j \le m} \delta_n(j) \quad (24\text{-}39)$$

最後進行最優路徑回溯：

$$y_i^* = \Psi_{i+1}(y_{i+1}^*), \ i = n-1, n-2, \cdots, 1 \quad (24\text{-}40)$$

可求得最優路徑 $y^* = (y_1^*, y_2^*, \cdots, y_n^*)^T$。

以上就是 CRF 序列解碼問題的維特比演算法過程。

24.4.4　基於 sklearn_crfsuite 的 CRF 程式碼實現

為了節省篇幅，本節使用 sklearn_crfsuite 函式庫來給出 CRF 各個問題的實現方式。sklearn_crfsuite 是一個輕量級的 CRF 演算法函式庫，之所以用 sklearn 進行冠名，是因為 sklearn_crfsuite 可以提供跟 sklearn 一樣的呼叫方式，包括模型訓練和預測等方法。其核心類模組為 `sklearn_crfsuite.CRF`。

下面基於 sklearn_crfsuite 給出 CRF 的機率計算、參數估計和序列標註問題的實現和呼叫範例，如程式碼清單 24-1 所示。

程式碼清單 24-1   sklearn_crfsuite 呼叫範例

```
# 匯入 sklearn_crfsuite
import sklearn_crfsuite
# 設定訓練資料
X_train = None
y_train = None
# 建立 CRF 模型實例
crf = sklearn_crfsuite.CRF(
    algorithm='lbfgs',
    c1=0.1,
    c2=0.1,
    max_iterations=100,
    all_possible_transitions=True
)
# CRF 模型訓練
crf.fit(X_train, y_train)
# CRF 模型預測
y_pred = crf.predict(X_test)
# 一組輸入觀測序列
observed_seq = None
# 維特比演算法解碼為最可能的輸出標註序列
y = crf.predict_single(observed_seq)
```

程式碼清單 24-1 基於 sklearn_crfsuite 給出了 CRF 的模型呼叫方式。首先建立 CRF 模型實例並指定相關參數，包括擬牛頓法的求解演算法、L1 和 L2 正則化係數、最大迭代次數等，然後執行模型訓練和預測，最後給定一組觀測序列，基於 predict_single 方法進行序列解碼，從程式碼可以看到明顯的 sklearn 風格。完整的 sklearn_crfsuite 程式碼應用實例可參考本書配套程式。

24.5 小結

CRF 是一個關於時序預測的判別式機率模型，描述了在給定輸入隨機變數 X 的條件下，輸出隨機變數 Y 的機率無向圖模型，也稱馬爾可夫隨機場。CRF 的建模表達式為參數化的對數線性模型。除非特別說明，一般情況下的 CRF 模型指的是線性鏈 CRF。

針對 CRF 也有三個經典問題，分別是機率計算問題、參數估計問題和序列標註問題。機率計算問題是指在給定條件隨機場 $P(Y|X)$、輸入序列 x 和輸出序列 y 的情況下，計算條件機率 $P(Y_i = y_i | x)$、$P(Y_{i-1} = y_{i-1}, Y_i = y_i | x)$。跟 HMM 求解機率計算問題一樣，CRF 也是基於前向/後向演算法來電腦率。

CRF 的參數估計問題是在給定訓練集的條件下的模型學習問題，即估計模型參數。CRF 的學習演算法主要是極大似然估計，具體的最佳化演算法包括梯度下降法、改進的迭代尺度法和擬牛頓法等。

CRF 的序列標註問題是指在給定條件隨機場 $P(Y\,|\,X)$ 和輸入觀測序列 x 的條件下，求最高機率的輸出標註序列 y^*。跟 HMM 一樣，序列標註問題也叫序列解碼問題，基本的求解演算法仍然是基於動態規劃的維特比演算法。

## 第 25 章

馬可夫鏈蒙地卡羅方法

馬可夫鏈蒙地卡羅方法是一種將馬可夫鏈和蒙地卡羅方法相結合、用於在機率空間中進行隨機採樣來估算目標參數的後驗機率分布方法。本章在給出馬可夫鏈和蒙地卡羅方法等前置知識的基礎上，詳細闡述馬可夫鏈蒙地卡羅方法的兩種基本構造方法——Metropolis-Hasting 抽樣和 Gibbs 演算法，並給出相應的程式碼實現範例，最後結合貝氏方法，闡述馬可夫鏈蒙地卡羅方法的相關應用情況。

25.1　前置知識與相關概念

25.1.1　馬可夫鏈

經過前面的介紹，我們對馬爾可夫相關概念已經不陌生了。關於**馬可夫鏈**（Markov chain），前文也多少有涉及，但並不系統和全面。為了本章知識的系統性和完整性，這裡我們有必要簡單闡述馬可夫鏈。

馬可夫鏈的定義比較簡單。對於一個隨機變數序列，假設某一時刻狀態的取值只依賴於它的前一個狀態，符合該特徵的隨機變數序列就可以稱作馬可夫鏈。假設給定隨機變數序列 $(X_1, X_2, \cdots, X_{t-2}, X_{t-1}, X_t, X_{t+1}, \cdots)$，馬可夫鏈的基本性質就是在時刻 $t+1$ 的狀態僅依賴於前一時刻 t 的狀態，即：

$$P(X_{t+1} \mid X_1, X_2, \cdots, X_{t-2}, X_{t-1}, X_t) = P(X_{t+1} \mid X_t) \tag{25-1}$$

所以，只要給定初始狀態機率向量 $\boldsymbol{\pi}$ 和序列間的狀態轉移機率矩陣 $\boldsymbol{A}$，我們就可以求出任意兩個狀態之間的轉換機率，一條馬可夫鏈就可以隨之確定。一個馬可夫鏈範例如圖 25-1 所示。

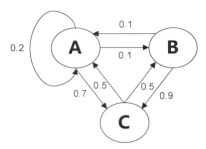

圖 25-1　馬可夫鏈範例

假設一個非週期性的（即狀態轉移不是循環的）馬可夫鏈的轉移機率矩陣為 P，且其在任意時刻的兩個狀態都是相同的，那麼 $\lim_{n\to\infty} P_{ij}^n$ 存在且與 i 無關，記為 $\lim_{n\to\infty} P_{ij}^n = \pi_j$，相應地可得：

$$\lim_{n\to\infty} P^n = \begin{bmatrix} p_1 & p_2 & \cdots & p_j \\ p_1 & p_2 & \cdots & p_j \\ p_1 & p_2 & \cdots & p_j \\ \vdots & \vdots & \vdots & \vdots \end{bmatrix} \tag{25-2}$$

$$\pi_j = \sum_{i=0}^{\infty} p_i P_{ij} \tag{25-3}$$

如果 $\lim_{n\to\infty} P_{ij}^n = \pi_j$ 存在，則由：

$$P(X_{n+1} = j) = \sum_{i=0}^{\infty} P(X_n = i)P(X_{n+1} = j \mid X_n = i) = \sum_{i=0}^{\infty} P(X_n = i)P_{ij} \tag{25-4}$$

兩邊取極限可得：

$$\pi_j = \sum_{i=0}^{\infty} p_i P_{ij} \tag{25-5}$$

若 π 是 $\pi P = \pi$ 的唯一非負解，其中 $\pi = \begin{bmatrix} \pi_1, & \pi_2, & \cdots, & \pi_j, & \cdots \end{bmatrix}$，$\sum_{i=0}^{\infty} \pi_i = 1$，則 π 為馬可夫鏈的平穩分布。

假定以初始分布 p_0 為起始點在馬可夫鏈上做狀態轉移，X_i 的機率分布為 p_i，相應地有 $X_0 \sim p_0(x)$，$X_1 \sim p_1(x)$，其中 $p_i(x) = p_{i-1}(x)P = p_0(x)P^n$。根據馬可夫鏈收斂性質 $p_i(x)$ 將收斂到平穩分布 $p(x)$，則有 $X_0 \sim p_0(x), X_1 \sim p_1(x), \cdots, X_m \sim p_m(x)$，$X_{m+1} \sim p_{m+1}(x) = p(x)$，所以它們都是同分布但不獨立的隨機變數。假設從一個很明確

的初始狀態 p_0 出發，沿著馬可夫鏈按照機率轉移矩陣更新狀態，相應的更新結果就是一個轉移序列 $p_0, p_1, p_2, \cdots, p_m, p_{m+1}, \cdots, p_n, \cdots$。根據馬可夫鏈的收斂性質，$p_{m+1}, \cdots, p_n, \cdots$ 都是平穩分布 $\pi(x)$ 的樣本。

25.1.2 蒙地卡羅演算法

蒙地卡羅（Monte Carlo）方法源於 18 世紀法國數學家布豐（Comte de Buffon）的投針實驗，得名於二戰期間摩納哥的一座名為蒙地卡羅的賭城。這是一種經典的統計模擬和隨機抽樣方法，在數學、機率統計和金融工程等領域都有廣泛應用。圖 25-2 是基於蒙地卡羅方法來計算橢圓形區域的面積。我們可以在矩形區域內隨機投放 n 個點，看有多少個點落入橢圓形區域，計算落入該區域的比例，並乘以矩形區域的面積，就可以近似估算橢圓形區域的面積了。

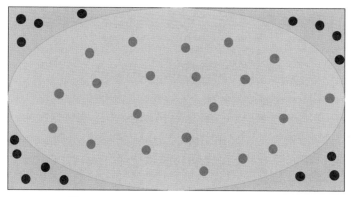

圖 25-2　用蒙地卡羅方法求橢圓面積

蒙地卡羅方法的一個經典應用例子是計算定積分。比如有如下積分計算：

$$y = \int_a^b f(x)\mathrm{d}x \tag{25-6}$$

當 $f(x)$ 表達式形式複雜且難以求出原函數時，式(25-6)會是一個很難求解的定積分。在這種情況下，可以使用蒙地卡羅方法來模擬求解該積分的近似值。假設 $f(x)$ 的函數圖像如圖 25-3 所示。

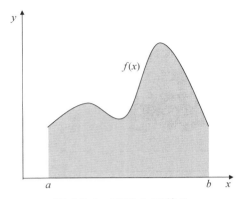

圖 25-3　蒙地卡羅積分

圖 25-3 將式(25-6)轉化為求函數曲線 $f(x)$ 下的面積。蒙地卡羅積分的基本做法是在積分區間 $[a, b]$ 上採樣 n 個點 $x_0, x_1, \cdots, x_{n-1}$，計算這 n 個點的函數值的均值來作為 $f(x)$ 在該區間上的近似積分值。所以，該定積分可以近似求解為：

$$\frac{b-a}{n}\sum_{i=1}^{n-1}f(x_i) \tag{25-7}$$

雖然式(25-7)可以求出定積分的近似解，但忽略了一個重要的假設，即 x 在區間 $[a, b]$ 上是均勻分布的，但大多數情況下，x 在區間 $[a, b]$ 上不是均勻分布的。在這種情況下，還是沿用式(25-7)進行積分計算的話，會產生較大的偏差。針對這個問題，我們可以嘗試得到 x 在 $[a, b]$ 上的機率分布函數 $p(x)$，那麼式(25-6)可以寫為：

$$y = \int_a^b f(x)\mathrm{d}x = \int_a^b \frac{f(x)}{p(x)}p(x)\mathrm{d}x \approx \frac{1}{n}\sum_{i=0}^{n-1}\frac{f(x_i)}{p(x_i)} \tag{25-8}$$

式(25-8)即為蒙地卡羅積分的一般形式。

現在問題變成了如何求 x 的機率分布函數 $p(x)$ 所對應的若干樣本。在 $p(x)$ 已知的情況下，我們可以基於機率分布進行採樣，然後再進行蒙地卡羅積分。對於常見的機率分布函數，我們可以直接進行採樣，但當 x 的機率分布不常見時，就無法直接對其進行採樣了。

對於這種機率分布不常見的情況，一個可行的方法是使用接受/拒絕採樣來得到該複雜分布的樣本。其基本想法是既然 $p(x)$ 無法直接採樣，那我們可以設定一個能夠直接採樣的常見分布 $q(x)$，然後按照一定的方式來接受或者拒絕某些樣本，以達到接近 $p(x)$ 的目的，其中 $q(x)$ 也叫**建議分布**（proposal distribution）。

除建議分布外，還需要準備一個輔助的均勻分布$U(0, 1)$，以及設定一個最小常數值c，使得滿足：

$$c \cdot q(x) \geqslant f(x) \tag{25-9}$$

具體操作如下，首先從建議分布$q(x)$中採樣得到樣本Y，然後從輔助均勻分布$U(0, 1)$中採樣得到樣本U，若有$U \leqslant f(Y)/(c*q(Y))$，則接受本次採樣，否則拒絕並重新從$q(x)$中採樣。如果我們每次生成兩個樣本$Y$和$U$，對應圖25-4矩形框內的一點$P(Y, U*c*q(Y))$，採樣接受條件為$U \leqslant f(Y)/(c*q(Y))$，即$U*c*q(Y) \leqslant f(Y)$，其幾何意義是點P在$f(x)$下方，採樣不接受則在$f(x)$上方。

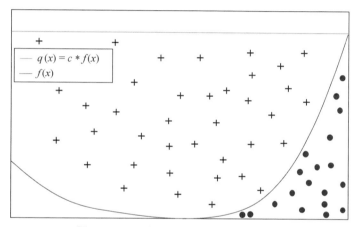

圖 25-4　拒絕/接受採樣的幾何意義

25.2 MCMC 的原理推導

從蒙地卡羅方法來看，我們能夠基於它對一些常見或者不那麼常見的分布進行採樣。但是很多時候用蒙地卡羅方法依然無法有效採樣，比如對於一些二維分布$P(X, Y)$，或者一些高維的非常見分布，使用拒絕/接受採樣效果不佳。

從馬可夫鏈來看，假定我們可以得到需要採樣樣本的平穩分布所對應的馬可夫鏈狀態轉移矩陣，那麼就可以透過馬可夫鏈採樣得到我們需要的樣本集，進而進行蒙地卡羅模擬。但是有一個重要問題，在給定一個平穩分布π的情況下，如何得到其所對應的馬可夫鏈狀態轉移矩陣P呢？

不管是蒙地卡羅方法還是馬可夫鏈,雖然都能實現採樣,但均有較大的限制性。所以,一種將二者結合起來的採樣方法——MCMC(Markov chain Monte Carlo,**馬可夫鏈蒙地卡羅**)方法就應運而生了。

MCMC 的基本概念是:首先構造一條能夠使其平穩分布為目標參數的後驗機率分布的馬可夫鏈,然後採用相應的抽樣技術從該馬可夫鏈中生成後驗機率分布樣本,最後在此基礎上進行蒙地卡羅模擬。

25.2.1 MCMC 採樣

在討論從給定平穩分布 π 到對應的馬可夫鏈狀態轉移矩陣 $\boldsymbol{P}$ 前,我們先來看一下馬可夫鏈的細緻平穩條件。

假設非週期性的馬可夫鏈的狀態轉移矩陣 $\boldsymbol{P}$ 和機率分布 $\pi(x)$ 對所有 i, j 滿足:

$$\pi(i)\boldsymbol{P}(i, j) = \pi(j)\boldsymbol{P}(j, i) \tag{25-10}$$

則機率分布 $\pi(x)$ 就可以作為狀態轉移矩陣 $\boldsymbol{P}$ 的平穩分布,由細緻平穩條件,有:

$$\sum_{i=1}^{\infty} \pi(i)\boldsymbol{P}(i, j) = \sum_{i=1}^{\infty} \pi(j)\boldsymbol{P}(j, i) = \pi(j)\sum_{i=1}^{\infty} \boldsymbol{P}(j, i) = \pi(j) \tag{25-11}$$

式(25-10)的矩陣可表達為:

$$\pi\boldsymbol{P} = \pi \tag{25-12}$$

所以,想從平穩分布 π 找到對應的馬可夫鏈狀態轉移矩陣,只需要找到使得機率分布 $\pi(x)$ 滿足細緻平穩分布的矩陣 $\boldsymbol{P}$ 即可。但一般情況下,從細緻平穩條件難以找到合適的矩陣 $\boldsymbol{P}$。比如給定目標平穩分布 $\pi(x)$ 和狀態轉移矩陣 $\boldsymbol{Q}$,細緻平穩條件很難滿足:

$$\pi(i)\boldsymbol{Q}(i, j) \neq \pi(j)\boldsymbol{Q}(j, i) \tag{25-13}$$

如何使式(25-13)得到滿足呢?來看看 MCMC 方法是怎麼做的。我們先嘗試對式(25-13)做一個變換,使其能夠成立。引入一個 $\alpha(i, j)$,令式(25-13)兩端取等號:

$$\pi(i)\boldsymbol{Q}(i, j)\alpha(i, j) = \pi(j)\boldsymbol{Q}(j, i)\alpha(i, j) \tag{25-14}$$

這個 $\alpha(i, j)$ 需要能夠滿足如下條件:

$$\alpha(i, j) = \pi(j)\boldsymbol{Q}(j, i) \tag{25-15}$$

$$\alpha(j,\,i) = \pi(i)\boldsymbol{Q}(i,\,j) \tag{25-16}$$

此時 $\pi(x)$ 對應的狀態轉移矩陣 $\boldsymbol{P}$ 為：

$$\boldsymbol{P}(i,\,j) = \boldsymbol{Q}(i,\,j)\alpha(i,\,j) \tag{25-17}$$

如何理解上述操作呢？簡單來說，我們所要獲取的目標平穩分布矩陣 $\boldsymbol{P}$ 可以透過任意一個狀態轉移矩陣 $\boldsymbol{Q}$ 乘以一個 $\alpha(i,\,j)$ 得到。這個 $\alpha(i,\,j)$ 如何理解呢？我們可以稱其為接受率，取值在[0,1]之間。即目標矩陣 $\boldsymbol{P}$ 可以透過狀態轉移矩陣 $\boldsymbol{Q}$ 以一定的機率獲得。這跟 25.1 節蒙地卡羅方法的拒絕/接受採樣的思路是一致的，如圖 25-5 所示。

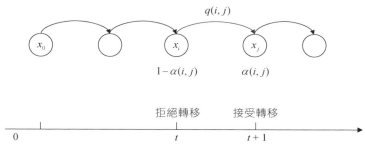

圖 25-5　MCMC 拒絕/接受採樣

所以，我們梳理 MCMC 採樣過程，具體如下。

(1) 給定任意一個狀態轉移矩陣 $\boldsymbol{Q}$、平穩分布 $\pi(x)$、狀態轉移次數 m 和採樣樣本個數 n。

(2) 從任意簡單機率分布採樣得到初始狀態值 x_0。

(3) 從時刻 $t=0$ 到 $m+n-1$ 開始遍歷：

   (a)　從條件機率分布 $\boldsymbol{Q}(x\,|\,x_t)$ 中採樣得到樣本 x_*；

   (b)　從均勻分布 $U \sim [0,\,1]$ 中採樣得到 u；

   (c)　如果 $u \le \alpha(x_t,\,x_*) = \pi(x_*)\boldsymbol{Q}(x_*,\,x_t)$，則接受 $x_t \to x_*$ 的狀態轉移，即 $x_{t+1} = x_*$，否則不接受轉移，即 $x_{t+1} = x_t$。

經過上述 MCMC 採樣流程得到的樣本 $(x_m,\,x_{m+1},\,\cdots,\,x_{m+n-1})$ 即為目標平穩分布所對應的採樣集。

雖然 MCMC 採樣看起來非常好，但實際應用起來很難，主要問題在於上述最後一步中接受率 $\alpha(x_t, x_*)$ 可能會比較低，這會導致大部分採樣被拒絕，採樣效率很低。所以，單純的 MCMC 採樣還不是很好用。

25.2.2　Metropolis-Hasting 採樣演算法

Metropolis-Hasting 採樣簡稱 M-H 採樣，該演算法首先由 Metropolis 提出，經由 Hasting 改進之後而得名，是 MCMC 經典構造方法之一。M-H 採樣最主要的貢獻是解決了 MCMC 採樣接受率過低的問題。

我們先將式(25-14)兩邊擴大 N 倍，使得 $N * \alpha(j, i) = 1$，這樣做可以提高採樣中的轉移接受率，所以最終的 $\alpha(i, j)$ 可以取：

$$\alpha(i, j) = \min\left\{\frac{\pi(j)\boldsymbol{Q}(j, i)}{\pi(i)\boldsymbol{Q}(i, j)}, 1\right\} \tag{25-18}$$

相對於原始的 MCMC 採樣，M-H 採樣的完整流程如下。

(1) 給定任意一個狀態轉移矩陣 $\boldsymbol{Q}$、平穩分布 $\pi(x)$、狀態轉移次數 m 和採樣樣本個數 n。

(2) 從任意簡單機率分布採樣得到初始狀態值 x_0。

(3) 從時刻 $t = 0$ 到 $m + n - 1$ 開始遍歷：

    (a)　從條件機率分布 $\boldsymbol{Q}(x \mid x_t)$ 中採樣得到樣本 x_*；

    (b)　從均勻分布 $U \sim [0, 1]$ 中採樣得到 u；

    (c)　如果 $u \leqslant \alpha(x_t, x_*) = \min\left\{\dfrac{\pi(*)\boldsymbol{Q}(x_*, x_t)}{\pi(t)\boldsymbol{Q}(x_t, x_*)}, 1\right\}$，則接受 $x_t \to x_*$ 的狀態轉移，

    即 $x_{t+1} = x_*$。否則不接受轉移，$t = \max\{t - 1, 0\}$。

經過上述 M-H 採樣流程得到的樣本 $(x_m, x_{m+1}, \cdots, x_{m+n-1})$ 即為目標平穩分布所對應的採樣集。另外，如果選擇的馬可夫鏈狀態轉移矩陣 $\boldsymbol{Q}$ 為對稱矩陣，即滿足 $\boldsymbol{Q}(i, j) = \boldsymbol{Q}(j, i)$，相應的接受機率可以簡化為：

$$\alpha(i, j) = \min\left\{\frac{\pi(j)}{\pi(i)}, 1\right\} \tag{25-19}$$

下面我們借助 Python 進階計算函式庫 SciPy 給出 M-H 採樣演算法的基本實現範例。假設目標平穩分布是常態分布，基於 M-H 的採樣過程如程式碼清單 25-1[①]所示。

程式碼清單 25-1　基於 M-H 採樣的 MCMC 採樣

```
### M-H 採樣
# 匯入相關函式庫
import random
from scipy.stats import norm
import matplotlib.pyplot as plt

# 定義平穩分布為常態分布
def smooth_dist(theta):
    '''
    輸入：
    thetas：陣列
    輸出：
    y：常態分布機率密度函數
    '''
    y = norm.pdf(theta, loc=3, scale=2)
    return y

# 定義 M-H 採樣函數
def MH_sample(T, sigma):
    '''
    輸入：
    T：採樣序列長度
    sigma：生成隨機序列的尺度參數
    輸出：
    pi：經 M-H 採樣後的序列
    '''
    # 初始分布
    pi = [0 for i in range(T)]
    t = 0
    while t < T-1:
        t = t + 1
        # 狀態轉移進行隨機抽樣
        pi_star = norm.rvs(loc=pi[t-1], scale=sigma, size=1, random_state=None)
        alpha = min(1, (smooth_dist(pi_star[0]) / smooth_dist(pi[t-1])))
        # 從均勻分布中隨機抽取一個數 u
        u = random.uniform(0, 1)
```

[①] 這個範例程式參考了劉建平的部落格文章「MCMC（三）MCMC 採樣和 M-H 採樣」，已獲原作者授權使用。

```
        # 拒絕/接受採樣
        if u < alpha:
            pi[t] = pi_star[0]
        else:
            pi[t] = pi[t-1]
    return pi

# 執行 M-H 採樣
pi = MH_sample(10000, 1)
### 繪製採樣分布
# 繪製目標分布散點圖
plt.scatter(pi, norm.pdf(pi, loc=3, scale=2), label='Target Distribution')
# 繪製採樣分布直方圖
plt.hist(pi,
         100,
         normed=1,
         facecolor='red',
         alpha=0.6,
         label='Samples Distribution')
plt.legend()
plt.show();
```

在程式碼清單 25-1 中，我們首先定義目標平穩分布為常態分布，然後基於平穩分布直接定義 M-H 採樣過程，按照拒絕/接受進行採樣，經過 10,000 次迭代後的常態分布採樣效果如圖 25-6 所示。

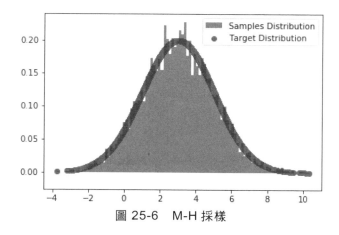

圖 25-6　M-H 採樣

25.2.3 Gibbs 採樣演算法

M-H 採樣雖然解決了接受率過低的問題，但仍然有一些不足。在大數據環境下，M-H 採樣主要有兩大缺陷：一是在資料特徵特別多的情況下，M-H 採樣的接受率計算公式計算效率偏低，二是多維特徵之間聯合機率分布難以給出，這兩點使得 M-H 採樣在資料量較大時有一定局限性。Gibbs 採樣透過尋找更加合適的細緻平穩條件來彌補 M-H 採樣的缺陷。

M-H 採樣透過引入接受率使細緻平穩條件得到滿足。現在換一個思路，我們從二維資料分布開始推演。假設 $\pi(x_1, x_2)$ 為二維聯合機率分布，給定第一個特徵維度相同的兩個點 $A = \left(x_1^{(1)}, x_2^{(1)}\right)$ 和 $B = \left(x_1^{(1)}, x_2^{(2)}\right)$ ，則有下列公式成立：

$$\pi\left(x_1^{(1)}, x_2^{(1)}\right)\pi\left(x_2^{(2)} \mid x_1^{(1)}\right) = \pi\left(x_1^{(1)}\right)\pi\left(x_2^{(1)} \mid x_1^{(1)}\right)\pi\left(x_2^{(2)} \mid x_1^{(1)}\right) \tag{25-20}$$

$$\pi\left(x_1^{(1)}, x_2^{(2)}\right)\pi\left(x_2^{(1)} \mid x_1^{(1)}\right) = \pi\left(x_1^{(1)}\right)\pi\left(x_2^{(2)} \mid x_1^{(1)}\right)\pi\left(x_2^{(1)} \mid x_1^{(1)}\right) \tag{25-21}$$

式(25-20)和式(25-21)兩式右邊部分相等，有：

$$\pi\left(x_1^{(1)}, x_2^{(1)}\right)\pi\left(x_2^{(2)} \mid x_1^{(1)}\right) = \pi\left(x_1^{(1)}, x_2^{(2)}\right)\pi\left(x_2^{(1)} \mid x_1^{(1)}\right) \tag{25-22}$$

進一步地：

$$\pi(A)\pi\left(x_2^{(2)} \mid x_1^{(1)}\right) = \pi(B)\pi\left(x_2^{(1)} \mid x_1^{(1)}\right) \tag{25-23}$$

仔細觀察式(25-23)和式(25-13)的細緻平穩條件，可以發現在 $x_1 = x_1^{(1)}$ 這條直線上，如果用 $\pi\left(x_2^{(2)} \mid x_1^{(1)}\right)$ 作為馬可夫鏈的狀態轉移機率矩陣，那麼任意兩點之間的狀態轉移也滿足細緻平穩條件。假設有一點 $C = \left(x_1^{(2)}, x_2^{(1)}\right)$ ，有：

$$\pi(A)\pi\left(x_1^{(2)} \mid x_2^{(1)}\right) = \pi(C)\pi\left(x_1^{(1)} \mid x_2^{(1)}\right) \tag{25-24}$$

基於以上發現，我們就可以構造分布 $\pi(x_1, x_2)$ 的馬可夫鏈對應的狀態轉移機率矩陣 P。若 $x_1^{(A)} = x_1^{(B)} = x_1^{(1)}$ ，有：

$$P(A \rightarrow B) = \pi\left(x_2^{(B)} \mid x_1^{(1)}\right) \tag{25-25}$$

若 $x_2^{(A)} = x_2^{(C)} = x_2^{(1)}$ ，有：

$$P(A \rightarrow C) = \pi\left(x_1^{(C)} \mid x_2^{(1)}\right) \tag{25-26}$$

此外：

$$P(A \rightarrow D) = 0 \tag{25-27}$$

根據上述狀態轉移矩陣，可以驗證平面上任意兩點 J, K ，能夠滿足如下細緻平穩條件：

$$\pi(J)P(J \rightarrow K) = \pi(K)P(K \rightarrow J) \tag{25-28}$$

這種重新尋找細緻平穩條件的方法就是 Gibbs 抽樣演算法。根據式(25-25)~式(25-27)的狀態轉移矩陣，我們就可以進行二維的 Gibbs 採樣，具體過程如下。

(1) 給定平穩分布 $\pi(x_1, x_2)$ 、狀態轉移次數 m 和採樣樣本個數 n。

(2) 隨機初始化初始狀態機率 $x_1^{(0)}$ 和 $x_2^{(0)}$。

(3) 從時刻 $t = 0$ 到 $m+n-1$ 開始遍歷：

    (a)   從條件機率分布 $P\left(x_2 \mid x_1^{(t)}\right)$ 中採樣得到樣本 x_2^{t+1} ；

    (b)   從條件機率分布 $P\left(x_1 \mid x_2^{(t+1)}\right)$ 中採樣得到樣本 x_1^{t+1} 。

經過上述 Gibbs 採樣流程得到的樣本 $\left\{\left(x_1^m, x_2^n\right), \left(x_1^{m+1}, x_2^{n+1}\right), \cdots, \left(x_1^{m+n-1}, x_2^{m+n-1}\right)\right\}$ 即為目標平穩分布所對應的採樣集。可以觀察到，在 Gibbs 採樣過程中，我們是透過一種輪換座標軸的方式來進行採樣的，採樣過程為：

$$\left(x_1^{(1)}, x_2^{(1)}\right) \rightarrow \left(x_1^{(1)}, x_2^{(2)}\right) \rightarrow \left(x_1^{(2)}, x_2^{(2)}\right) \rightarrow \cdots \rightarrow \left(x_1^{(m+n-1)}, x_2^{(m+n-1)}\right) \tag{25-29}$$

如圖 25-7 所示，Gibbs 採樣是在兩個座標軸上不停輪換進行的。

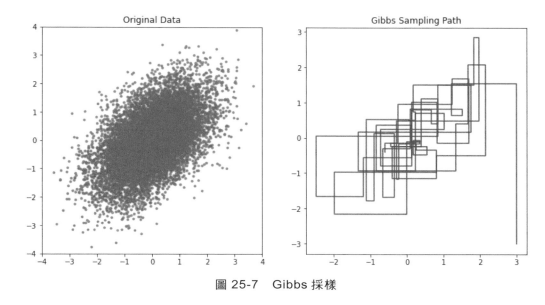

圖 25-7　Gibbs 採樣

我們同樣可以將 Gibbs 採樣擴展到多維的情形，這裡限於篇幅不做進一步展開。下面以二維 Gibbs 採樣為例，給出一個 Gibbs 採樣的 Python 實現過程。假設我們要採樣的是一個二維常態分布 $N(\mu, \Sigma)$，其中：

$$\mu = (\mu_1, \mu_2) = (5, -1) \tag{25-30}$$

$$\Sigma = \begin{pmatrix} \sigma_1^2 & \rho\sigma_1\sigma_2 \\ \rho\sigma_1\sigma_2 & \sigma_2^2 \end{pmatrix} = \begin{pmatrix} 1 & 1 \\ 1 & 4 \end{pmatrix} \tag{25-31}$$

採樣過程中的狀態轉移條件分布為：

$$P(x_1 \mid x_2) = N\left(\mu_1 + \frac{\rho\sigma_1}{\sigma_2(x_2 - \mu_2)}, (1 - \rho^2)\sigma_1^2 \right) \tag{25-32}$$

$$P(x_2 \mid x_1) = N\left(\mu_2 + \frac{\rho\sigma_2}{\sigma_1(x_1 - \mu_1)}, (1 - \rho^2)\sigma_2^2 \right) \tag{25-33}$$

基於上述公式設定，二維常態分布的 Gibbs 採樣實現過程如程式碼清單 25-2[②] 所示。

---

② 這個範例程式參考了劉建平的部落格文章「MCMC（四）Gibbs 採樣」，已獲原作者授權使用。

程式碼清單 25-2　二維常態分布的 Gibbs 採樣

```python
### Gibbs 採樣
# 匯入 math
import math
# 匯入多元常態分布函數
from scipy.stats import multivariate_normal

# 指定二維常態分布均值矩陣和共變異數矩陣
target_distribution = multivariate_normal(mean=[5,-1], cov=[[1,0.5],[0.5,2]])

# 定義給定 x 的條件下 y 的條件狀態轉移分布
def p_yx(x, mu1, mu2, sigma1, sigma2, rho):
    '''
    輸入：
    x：式(25-32)中的 x2
    mu1：二維常態分布中的均值 1
    mu2：二維常態分布中的均值 2
    sigma1：二維常態分布中的標準差 1
    sigma2：二維常態分布中的標準差 2
    rho：式(25-32)中的 rho
    輸出：
    給定 x 的條件下 y 的條件狀態轉移分布
    '''
    return (random.normalvariate(mu2 + rho * sigma2 / sigma1 *
                                 (x - mu1), math.sqrt(1 - rho ** 2) * sigma2))

# 定義給定 y 的條件下 x 的條件狀態轉移分布
def p_xy(y, mu1, mu2, sigma1, sigma2, rho):
    '''
    輸入：
    y：式(25-33)中的 x1
    mu1：二維常態分布中的均值 1
    mu2：二維常態分布中的均值 2
    sigma1：二維常態分布中的標準差 1
    sigma2：二維常態分布中的標準差 2
    rho：式(25-33)中的 rho
    輸出：
    給定 y 的條件下 x 的條件狀態轉移分布
    '''
    return (random.normalvariate(mu1 + rho * sigma1 / sigma2 *
                                 (y - mu2), math.sqrt(1 - rho ** 2) * sigma1))

def Gibbs_sample(N, K):
    '''
    輸入：
    N：採樣序列長度
    K：狀態轉移次數
```

```
        輸出：
        x_res：Gibbs 採樣 x
        y_res：Gibbs 採樣 y
        z_res：Gibbs 採樣 z
        '''
        x_res = []
        y_res = []
        z_res = []
        # 遍歷迭代
        for i in range(N):
            for j in range(K):
                # y 給定得到 x 的採樣
                x = p_xy(-1, 5, -1, 1, 2, 0.5)
                # x 給定得到 y 的採樣
                y = p_yx(x, 5, -1, 1, 2, 0.5)
                z = target_distribution.pdf([x,y])
                x_res.append(x)
                y_res.append(y)
                z_res.append(z)
        return x_res, y_res, z_res

# 二維常態分布的 Gibbs 抽樣
x_res, y_res, z_res = Gibbs_sample(10000, 50)

# 繪圖
num_bins = 50
plt.hist(x_res, num_bins, normed=1, facecolor='red', alpha=0.5,
        label='x')
plt.hist(y_res, num_bins, normed=1, facecolor='dodgerblue',
        alpha=0.5, label='y')
plt.title('Sampling histogram of x and y')
plt.legend()
plt.show();
```

在程式碼清單 25-2 中，我們首先指定了要抽樣的二維常態分布，然後分別定義狀態
轉移條件分布式(25-32)和式(25-33)，並在此基礎上定義二維常態分布的 Gibbs 採樣過
程。基於 Gibbs 演算法的二維常態分布採樣的三維效果如圖 25-8 所示。

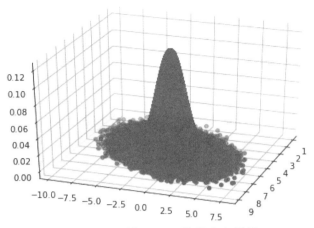

圖 25-8 二維 Gibbs 常態分布採樣

25.3 MCMC 與貝氏推斷

MCMC 的一個重要應用價值，就是與貝氏方法相結合，MCMC 對高效的貝氏推斷有重要作用。假設有如下貝氏後驗機率分布：

$$p(x \mid y) = \frac{p(x)p(y \mid x)}{\int p(y \mid x)p(x)\mathrm{d}x} \tag{25-34}$$

在機率分布多元且形式複雜的情形下，經過貝氏先驗和似然推導後，很難進行積分運算。具體包括以下三種積分運算：規範化、邊緣化和數學期望。首先是後驗推斷中的分母，即規範化計算積分 $\int p(y \mid x)p(x)\mathrm{d}x$，在分布複雜的情況下，該式無法直接進行積分計算。如果是多元隨機變數或者包含隱變數 z，後驗機率分布還需要邊緣化計算：

$$p(x \mid y) = \int p(x \mid z)p(y)\mathrm{d}z \tag{25-35}$$

另外，如果針對某一函數 $f(x)$，計算該函數關於後驗機率分布的數學期望也包含了較為複雜的積分形式：

$$\mathrm{E}_{p(x \mid y)}\left[f(x)\right] = \int f(x)p(x \mid y)\mathrm{d}x \tag{25-36}$$

當觀測資料、先驗機率分布和似然函數都比較複雜的時候，以上三個積分計算都會變得極為困難，這也是早期貝氏推斷受到冷落的一個原因。但有了 MCMC 方法的輔助之後，就可以透過 MCMC 採樣來實現上述複雜積分的計算了，這極大地促進了貝氏方法的進一步發展。

25.4 小結

MCMC 是一種用於在機率空間中進行隨機採樣進而估算目標參數的後驗機率分布的方法。作為一種基於已有方法的綜合性方法，MCMC 分別汲取了馬可夫鏈採樣和蒙地卡羅採樣方法的優點，在複雜分布採樣上具備獨特的優勢。

MCMC 方法有兩種經典的採樣演算法，分別是 Metropolis-Hasting 採樣演算法和 Gibbs 採樣演算法，Metropolis-Hasting 採樣演算法透過提高接受機率的方式來提高採樣效率，而 Gibbs 採樣透過重新尋找細緻平穩條件的方式來處理大數據和高維資料採樣的問題。

MCMC 和貝氏方法的結合使得貝氏推斷更加高效。透過採樣模擬複雜後驗機率分布，能夠快速得到目標參數的後驗估計。

第六部分

總結

第 26 章 機器學習模型總結

機器學習模型總結

本章是對全書機器學習模型與演算法的一個大的總結，將從多個維度對本書涉及的機器學習模型進行歸納和劃分，包括單模型和整合學習模型、監督學習模型和無監督學習模型、判別式模型和生成式模型、機率模型和非機率模型等，最後談談本書的不足並對本書未來的改進提出一些展望。

26.1 機器學習模型的歸納與分類

本書總共介紹了 26 種機器學習模型與演算法，幾乎涵蓋了全部主流的機器學習演算法，包括線性迴歸、邏輯迴歸、LASSO 迴歸、Ridge 迴歸、LDA、k 近鄰、決策樹、感知機、神經網路、支援向量機、AdaBoost、GBDT、XGBoost、LightGBM、CatBoost、隨機森林、聚類演算法與 k 均值聚類、PCA、SVD、最大訊息熵、單純貝氏、貝氏網路、EM 演算法、HMM、CRF 和 MCMC。

其中決策樹、神經網路、支援向量機和聚類演算法都各自代表了一大類演算法，比如決策樹具體包括 ID3、C4.5 和 CART，神經網路包括 DNN、CNN、RNN 等網路模型，這裡僅對大類演算法做區分。

我們將第 1 章圖 1-4 再次拿出來，將圖 26-1 的模型體系劃分打亂，分別從單模型和整合學習模型、監督學習模型和無監督學習模型、判別式模型和生成式模型、機率模型和非機率模型等多個維度來討論本書涉及的 26 種演算法。

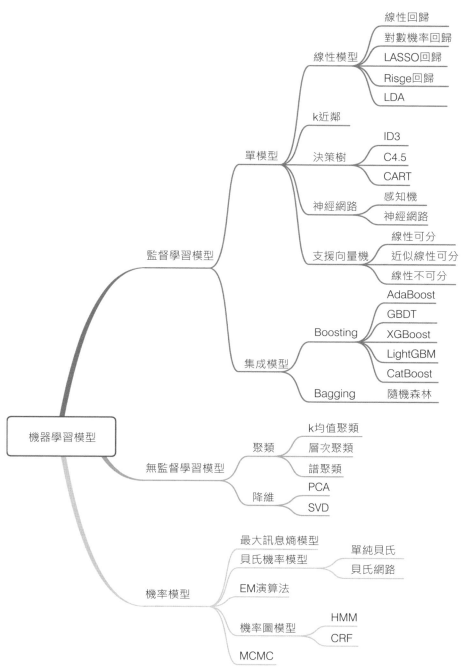

圖 26-1　機器學習模型知識體系

26.1.1　單模型與整合模型

從模型的個數和性質角度來看，可以將機器學習模型劃分為**單模型**（single model）和**整合模型**（ensemble model）。所謂單模型，是指機器學習模型僅包括一個模型，基於某一種模型獨立進行訓練和驗證。本書所述監督學習模型大多可以算作單模型，包括線性迴歸、邏輯迴歸、LASSO 迴歸、Ridge 迴歸、LDA、k 近鄰、決策樹、感知機、神經網路、支援向量機和單純貝氏等。

與單模型相對的是整合模型。整合模型就是將多個單模型組合成一個強模型，這個強模型能取所有單模型之長，達到相對的最優性能。整合模型中的單模型既可以是同類別的，也可以是不同類別的，總體呈現一種「多而不同」的特徵。常用的整合模型包括 Boosting 和 Bagging 兩大類，主要包括 AdaBoost、GBDT、XGBoost、LightGBM、CatBoost 和隨機森林等。單模型和整合模型分類如圖 26-2 所示。

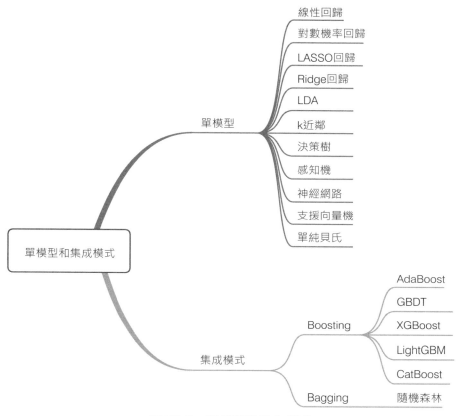

圖 26-2　單模型與整合模型

26.1.2　監督模型與無監督模型

監督模型（supervised model）和**無監督模型**（unsupervised model）代表了機器學習模型最典型的劃分方式，幾乎所有模型都可以歸類到這兩類模型當中。監督模型是指模型在訓練過程中根據資料輸入和輸出進行學習，監督模型包括**分類**（classification）、**迴歸**（regression）和**標註**（tagging）等模型。無監督模型是指從無標註的資料中學習得到模型，主要包括**聚類**（clustering）、**降維**（dimensionality reduction）和一些機率估計模型。

圖 26-2 中所有單模型和整合模型都是監督模型，圖 26-1 中的一部分機率模型也屬於監督模型，包括 HMM 和 CRF，它們屬於其中的標註模型。無監督模型主要包括 k 均值聚類、層次聚類和譜聚類等一些聚類模型，以及 PCA 和 SVD 等降維模型。另

外，MCMC 也可以作為一種機率無監督模型。監督模型和無監督模型的劃分如圖 26-3 所示。

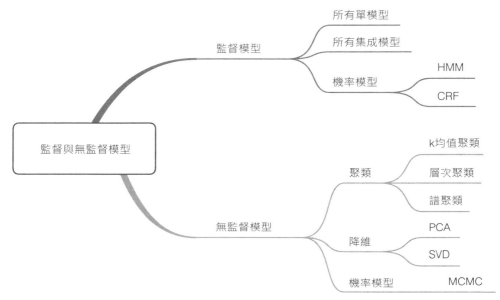

圖 26-3　監督模型與無監督模型

26.1.3　生成式模型與判別式模型

在機器學習模型中監督模型占主要部分，針對監督模型，我們可以根據模型的學習方式將其分為**生成式模型**（generative model）和**判別式模型**（discriminative model）。生成式模型的學習特點是學習資料的聯合機率分布 $P(X, Y)$，然後基於聯合分布 $P(Y|X)$ 求條件機率分布作為預測模型，如式(26-1)所示：

$$P(Y \mid X) = \frac{P(X, Y)}{P(X)} \tag{26-1}$$

常用的生成式模型包括單純貝氏、HMM 以及隱含狄利克雷分布模型等。

判別式模型的學習特點是基於資料直接學習決策函數 $f(X)$ 或者條件機率分布 $P(Y|X)$ 作為預測模型，判別式模型關心的是對於給定輸入 X，應該預測出什麼樣的 Y。常用的判別式模型有線性迴歸、邏輯迴歸、LASSO 迴歸、Ridge 迴歸、LDA、k

近鄰、決策樹、感知機、神經網路、支援向量機、最大訊息熵模型、全部整合模型以及 CRF 等。生成式模型與判別式模型的劃分如圖 26-4 所示。

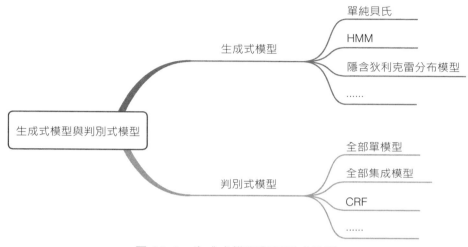

圖 26-4　生成式模型與判別式模型

26.1.4 機率模型與非機率模型

根據模型函數是否為機率模型，可以將機器學習模型分為**機率模型**（probabilistic model）和**非機率模型**（non-probabilistic model）。透過對輸入 X 和輸出 Y 之間的聯合機率分布 $P(X, Y)$ 和條件機率分布 $P(Y|X)$ 進行建模的機器學習模型，都可以稱為機率模型。而透過對決策函數 $Y = f(X)$ 建模的機器學習模型，即為非機率模型。

常用的機率模型包括單純貝氏、貝氏網路、HMM 和 MCMC 等，而線性迴歸、k 近鄰、支援向量機、神經網路以及整合模型都可以算作非機率模型。

需要注意的是，機率模型與非機率模型的劃分並不絕對，有些機器學習模型既可以表示為機率模型，也可以表示為非機率模型。比如決策樹、邏輯迴歸、最大訊息熵模型和 CRF 等模型，就兼具機率模型和非機率模型兩種解釋。機率模型和非機率模型的劃分如圖 26-5 所示。

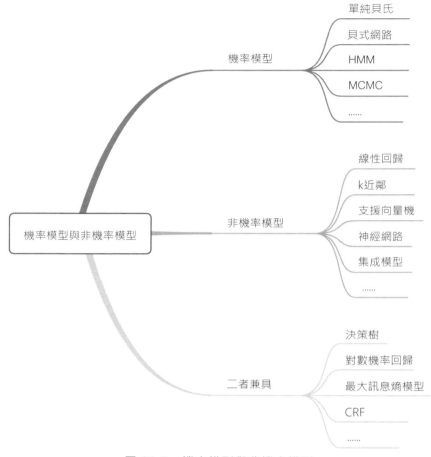

圖 26-5　機率模型與非機率模型

26.2　本書的不足和未來展望

本書的主題圍繞機器學習模型與演算法理論，最大的特點是著重機器學習模型背後的數學推導和不借助或少借助主流機器學習函式庫的程式碼實現。一個可能的好處是，本書對主流的機器學習演算法囊括很全面，對大部分模型與演算法的理論和細節以及必要的推導能落到實處。借助程式碼實現，能夠幫助讀者深入掌握大部分機器學習理論，以及應對工業界相關職位的演算法面試。

儘管如此，本書仍然有較為明顯的不足之處。本書雖然以數學理論和公式推導為支撐，但對於大部分機器學習模型的推導還停留在非常淺薄的層面，部分章節甚至可能有未發現的錯誤。機器學習理論浩瀚龐雜，總體而言，這並不是一本能夠深入到理論本質的參考書，在閱讀過程中，也請各位讀者不要迷信本書的所有推導公式，唯真唯實，方能探尋機器學習的真理。

除此之外，本書也不是一本重在技術實踐的書。通讀全書，可以發現只有極少的章節用了具體的資料實例，對於大多數章節，主要還是以公式理論加上對應的演算法程式碼實現的形式來進行講解。所以，這是一本重在理論而弱於實戰的機器學習演算法書，這既是本書的一項特色，也是一個不足之處。

下一步，筆者將繼續對內容進行最佳化，並不斷收集讀者回饋，最佳化全書中的程式碼實例，並對每一個演算法配套以合適的資料實例，使得全書更完善、更立體。

參考文獻

1. The NumPy community. NumPy quickstart[EB/OL], 2021-06-22.

2. scikit-learn developers. Getting Started[EB/OL], 2020-10-08.

3. 李航. 統計學習方法[M]. 北京: 清華大學出版社, 2012.

4. 周志華. 機器學習[M]. 北京: 清華大學出版社, 2016.

5. 謝文睿, 秦州. 機器學習公式詳解[M]. 北京: 人民郵電出版社, 2021.

6. eriklindernoren. ML-From-Scratch[EB/OL], 2019-10-19.

7. heolin123. id3[EB/OL], 2016-03-23.

8. Fei-Fei Li, Justin Johnson, Serena Yeung. CS231n: Convolutional Neural Networks for Visual Recognition[EB/OL], 2015-11-20.

9. mblondel. svm.py[EB/OL], 2010-09-01.

10. 魯偉. 深度學習筆記[M]. 北京: 北京大學出版社, 2020.

11. Andrew NG, K Katanforoosh, Y B Mourri. Deep Learning Specialization[EB/OL].

12. 周志華. 集成學習 基礎與演算法[M]. 李楠, 譯, 北京:電子工業出版社, 2020.

13. Chen T, Guestrin C. Xgboost: A scalable tree boosting system[C]//Proceedings of the 22nd acm sigkdd international conference on knowledge discovery and data mining. 2016: 785-794.

14. Ke G, Meng Q, Finley T, et al. Lightgbm: A highly efficient gradient boosting decision tree[J]. Advances in neural information processing systems, 2017, 30: 3146-3154.

15. Prokhorenkova L, Gusev G, Vorobev A, et al. CatBoost: unbiased boosting with categorical features[J]. arXiv preprint arXiv:1706.09516, 2017.

16. fmfb. BayesianOptimization[EB/OL], 2020-12-19.

17. pgmpy. pgmpy[EB/OL], 2021-10-05.

18. 宗成慶. 統計自然語言處理[M]. 北京: 清華大學出版社, 2008.

19. 永遠在你身後. 一站式解決：隱瑪律可夫模型（HMM）全過程推導及實現 [EB/OL], 2019-10-09.

20. TeamHG-Memex. sklearn-crfsuite[EB/OL], 2019-12-05.

21. 劉建平. MCMC(三)MCMC 採樣和 M-H 採樣[EB/OL], 2017-03-29.

22. 劉建平. MCMC(四)Gibbs 採樣[EB/OL], 2017-03-30.

23. jessstringham. notebooks[EB/OL], 2018-05-23.

機器學習的公式推導和程式實作

作　　者：魯　偉
企劃編輯：詹祐甯
文字編輯：江雅鈴
設計裝幀：張寶莉
發 行 人：廖文良

發 行 所：碁峰資訊股份有限公司
地　　址：台北市南港區三重路 66 號 7 樓之 6
電　　話：(02)2788-2408
傳　　真：(02)8192-4433
網　　站：www.gotop.com.tw
書　　號：ACD023000
版　　次：2024 年 03 月初版
建議售價：NT$580

授權聲明：本書簡體字版名為《機器學習：公式推導與代碼實現》
（ISBN：978-7-115-57952-2），由人民郵電出版社出版，版權屬人
民郵電出版社所有。本書繁體字中文版由人民郵電出版社授權台灣
碁峰資訊股份有限公司出版。未經本書原版出版者和本書出版者書
面許可，任何單位和個人均不得以任何形式或任何手段複製或傳播
本書的部分或全部。

國家圖書館出版品預行編目資料

機器學習的公式推導和程式實作 / 魯偉原著. -- 初版. -- 臺北
　市：碁峰資訊, 2024.03
　　面；　公分
　ISBN 978-626-324-536-5(平裝)
　1.CST：機器學習　2.CST：演算法
312.831　　　　　　　　　　　　　　　　　112008385